中華傳統文化核心讀本

余秋雨 題

传承中华文化精髓

建构国人精神家园

孝经

全集

注译 | 刘兆祥
主编 | 唐品

天地出版社 TIANDI PRESS

图书在版编目（CIP）数据

孝经全集／唐品主编．—成都：天地出版社，2017.4（2020年3月重印）

（中华传统文化核心读本）

ISBN 978-7-5455-2393-5

Ⅰ．①孝⋯ Ⅱ．①唐⋯ Ⅲ．①家庭道德—中国—古代 ②《孝经》—通俗读物 Ⅳ．①B823.1-49

中国版本图书馆CIP数据核字（2016）第283080号

孝经全集

出 品 人	杨 政
主　　编	唐 品
责任编辑	陈文龙　孟令爽
封面设计	思想工社
电脑制作	思想工社
责任印制	葛红梅

出版发行	天地出版社
	（成都市槐树街2号　邮政编码：610014）
网　　址	http://www.tiandiph.com
	http://www.天地出版社.com
电子邮箱	tiandicbs@vip.163.com
经　　销	新华文轩出版传媒股份有限公司

印　　刷	河北鹏润印刷有限公司
版　　次	2017年4月第1版
印　　次	2020年3月第6次印刷
成品尺寸	170mm×230mm　1/16
印　　张	17.5
字　　数	296千字
定　　价	29.80元
书　　号	ISBN 978-7-5455-2393-5

版权所有◆违者必究

咨询电话：（028）87734639（总编室）

购书热线：（010）67693207（市场部）

本版图书凡印刷、装订错误，可及时向我社发行部调换

序言

　　上下五千年悠久而漫长的历史，积淀了中华民族独具魅力且博大精深的文化。中华传统文化是中华民族无数古圣先贤、风流人物、仁人志士对自然、人生、社会的思索、探求与总结，而且一路下来，薪火相传，因时损益。它不仅是中华民族智慧的凝结，更是我们道德规范、价值取向、行为准则的集中再现。千百年来，中华传统文化融入每一个炎黄子孙的血液，铸成了我们民族的品格，书写了辉煌灿烂的历史。

　　中华传统文化与西方世界的文明并峙鼎立，成为人类文明的一个不可或缺的组成部分。中华民族之所以历经磨难而不衰，其重要一点是，源于由中华传统文化而产生的民族向心力和人文精神。可以说，中华民族之所以是中华民族，主要原因之一乃是因为其有异于其他民族的传统文化！

　　概而言之，中华传统文化包括经史子集、十家九流。它以先秦经典及诸子之学为根基，涵盖两汉经学、魏晋玄学、隋唐佛学、宋明理学和同时期的汉赋、六朝骈文、唐诗宋词、元曲与明清小说并历代史学等一套特有而完整的文化、学术体系。观其构成，足见中华传统文化之广博与深厚。可以这么说，中华传统文化是华夏文明之根，炎黄儿女之魂。

　　从大的方面来讲，一个没有自己文化的国家，可能会成为一个大国甚至富国，但绝对不会成为一个强国；也许它会强盛一时，但绝不能永远屹立于世界强国之林！而一个国家若想健康持续地发展，则必然有其凝聚民众的国民精神，且这种国民精神也必然是在自身漫长的历史发展中由本国人民创造形成的。中华民族的伟大复兴，中华巨龙的跃起腾飞，离不开中华传统文化的滋养。从小处而言，继承与发扬中华传统文化对每一个炎黄子孙来说同样举足轻重，迫在眉睫。中华传统文化之用，在于"无用"之"大用"。一个人的成败很大程度上取决于他的思维方式，而一个人的思维能力的成熟亦绝非先天注定，它是在一定的文化氛围中形成的。中华传统文化作为涵盖经史子集的庞大思想知识体系，恰好能为我们提供一种氛围、一个平台。潜心于中华传统文化的学习，人们就会发现其蕴含的无穷尽的智慧，并从中领略到恒久的治世之道与管理之智，也可以体悟到超脱的人生哲学与立身之术。在现今社会，崇尚中华传统文化，学习中华传统文化，更是提高个人道德水准和构建正确价值观念的重要途径。

　　近年来，学习中华传统文化的热潮正在我们身边悄然兴起，令人欣慰。欣喜之余，我们同时也对中国现今的文化断层现象充满了担忧。我们注意到，现今的青少年对好莱坞大片趋之若鹜时却不知道屈原、司马迁为何许人；新世纪的大学生能考出令人咋舌的托福高分，但却看不懂简单的文言文……这些现象一再折射出一个信号：我们现代人的中华传统文化知识十分匮乏。在西方大搞强势文化和学术壁垒的同时，国人偏离自己的民族文化越来越远。弘扬中华传统文化教育，重拾中华传统文化经典，已迫在眉睫。

　　本套"中华传统文化核心读本"的问世，也正是为弘扬中华传统文化而添砖加瓦并略尽绵薄之力。为了完成此丛书，我们从搜集整理到评点注译，历时数载，花费了一定的心血。这套丛书涵盖了读者应知必知的中华传统文化经典，尽量把艰难晦涩的传统文化予以通俗化、现实化的解读和点评，并以大量精彩案例解析深刻的文化内核，力图使中华传统文化的现实意义更易彰显，使读者阅读起来能轻松愉悦并饶有趣味，能古今结合并学以致用。虽然整套书尚存瑕疵，但仍可以负责任地说，我们是怀着对中华传统文化的深情厚谊和治学者应有的严谨态度来完成该丛书的。希望读者能感受到我们的良苦用心。

前言

　　《孝经》作为中国传统的十三经之一，是十三经中经文最短的一部，仅有1799字。尽管它的字数不到两千，但是，它却对中国两千多年的历史有着深刻的影响，是古人的必读书目之一。一般情况下，小孩自入学开始，首先要读的就是《孝经》。

　　至于《孝经》的作者，历来观点不一，一般说法有孔子、曾子、子思，但大多数人都认同其作者是曾子。其实，作者是谁并不重要，重要的是它的思想，以及它所提出的孝道对中国传统社会的积极影响。

　　收录在十三经注疏中的《孝经》，是由唐玄宗注释的，这也是十三经中唯一一部由皇帝注释的书。

　　《孝经》全文是以孔子解疑的形式来阐述的；可以说层层深入，由整体到细节，由大到小，讲述全面，修辞得当。《孝经》全文字数不多，但是它所论述的道理却影响深远。

　　孝，是一棵从人的心灵深处生长出来的道德之树的根，根正才能长成参天大树，根深才能枝繁叶茂，根蒂牢固才能开花结果，万里飘香。

　　孝行，是顺应人心、顺应人性、顺从人情的德行。我们需要从这种道德的根本上去浇灌、去培土、去养育，并将孝行推而广之。

　　对于生活在家庭中的人来说，孝主要体现在对父母的奉养上。那么怎样侍奉父母才算孝呢？"居则致其敬，养则致其乐，病则致其忧，丧则致其哀，祭则致其严。五者备矣，然后能事其亲。""生事爱敬，死事哀戚。"要以爱敬之心奉养健在的父母，要以哀戚诚敬之心祭奉亡故的父母。子有爱敬之心，则父母乐；子有哀戚诚敬之心，则父母在天之灵安。这就是孝。

孔子揭示了"孝道"是道德教化的根本问题，"夫孝，德之本，教之所由生也"。历史的经验是"先王有至德要道，以顺天下；民用和睦，上下无怨"。然而令人遗憾的是，由于种种原因，在现代的孝道教化中，孝道曾经被猛烈批判过。虽然时过境迁，但那种从根本上打倒维系家族结构和社会框架孝道的做法，给一代人的心中留下了深深的伤痛，以至于随着物质文明的发展，人与人之间最本质的东西一度在沦丧消失。人们之间尔虞我诈，到处充斥着不信任，社会矛盾也进一步加大。

因此，很多人陷入了反思，他们领悟到中华传统文化的深厚底蕴，从而兴起了一股国学热。再次捧读《孝经》，传扬孝道，小则可以使家庭和睦，大则可以使社会和谐、人民安居乐业。因此"孝道"在现代不失为"至德要道"。

《孝经》的意义与价值，《吕氏春秋·孝行览》有这样的话："凡为天下，治国家，必务本而后末。所谓本者，非耕耘种植之谓，务其人也。务其人，非贫而富之，寡而众之，务其本也。务本莫贵于孝。""夫孝，三皇五帝之本务，而万事之纪也。""夫执一术，而百善至，百邪去，而天下从者，其唯孝也。"

重拾经典编写此本《孝经全集》，目的就是希望能够运用孝经的智慧，为当今迷失在物欲中的人们作出指引，让我们的家庭更加幸福美满、社会更加安静和谐。相信此书不单单能够满足人们对于传统文化的阅读需求，它还会带给人们积极向上的力量。此书在编写方面尽量多的应用了解读范例来阐述，所以说它还有着深刻的指导意义。

在写作本书的过程中，我们参考了一些近年来出版的有关《孝经》的编著资料和实用案例，在此谨向原作者表示衷心感谢！限于笔者水平，书中难免有许多疏漏，敬请广大读者批评指正。

目录

- 开宗明义章第一 …………001
- 天子章第二 …………015
- 诸侯章第三 …………024
- 卿大夫章第四 …………032
- 士章第五 …………042
- 庶人章第六 …………051
- 三才章第七 …………058
- 孝治章第八 …………069
- 圣治章第九 …………086
- 纪孝行章第十 …………102
- 五刑章第十一 …………116
- 广要道章第十二 …………129
- 广至德章第十三 …………147
- 广扬名章第十四 …………155
- 谏诤章第十五 …………168
- 感应章第十六 …………185

- 事君章第十七 …………………206
- 丧亲章第十八 …………………213
- 附录一　二十四孝图 …………230
- 附录二　劝孝歌 ………………254

开宗明义章第一

【原文】

仲尼居①，曾子侍②。子曰："先王有至德要道③，以顺天下④，民用和睦⑤，上下无怨⑥，汝知之乎？"

【注释】

①仲尼居：仲尼，孔子的字。居，无事闲坐。②曾子侍：曾子，即曾参，孔子的弟子。侍：指侍坐，在尊长坐席旁边陪坐之意。③先王：指古代像尧、舜、禹、汤等一样英明贤圣的君王。④以顺天下：用来使天下的人和顺。以，用来。⑤民用和睦：用，因此。和睦，相亲相爱。⑥上下无怨：上，做官的、长者、位尊者。下，百姓、幼者、位卑者。

【译文】

孔子在家中闲坐，曾参在一旁陪坐。孔子说："先代的圣帝贤王，有一种至为高尚的品行，至为重要的道德，用它可以使得天下人心归顺，百姓和睦融洽，上上下下没有怨恨和不满。你知道这是什么吗？"

【评析】

这几句话作为本章的引子，尤其是后一句话以提问的形式，点出孝与道德的关系，孝与天下一统的关系，孝与为人处世的关系等。同时本句话也是《孝经》全文的楔引，有着提纲挈领的作用。

试想，一个人如果有一个不管在什么地方都适用的神通妙用法门，那么这个人将是怎样的神清气爽，他的人生又是怎么样的妙不可言呢？而这个不二法门是什么呢？答案就是——孝。

【现代活用】

一生孝顺母亲的"文化战士"

鲁迅的母亲姓鲁，出生于绍兴乡下一个封建家庭。鲁迅去南京求学的时候，母亲就给他定了亲。女方叫朱安，是个没读过书的缠足姑娘。鲁迅一再要求退了这门婚事，但他母亲坚决不同意，说退聘有损两家名声，会给女方造成嫁不出去的痛苦。鲁迅要求朱安放足读书，但对方一样都没有做到。

1906年，鲁迅在日本留学，接到母亲的信，说她患病，要鲁迅回绍兴探亲。其实母亲健康如常，只是听到谣言，说鲁迅在日本有了妻子，所以赶忙让他回家娶亲。当年7月初，当鲁迅赶回家中，只见客厅张灯结彩，中间贴了张大红纸喜字，一切都明白了，为了不伤母亲的心，鲁迅默默接受了母亲的安排，奉命完婚，行礼如仪。入洞房那天晚上，鲁迅对着新娘一言不语。第二天清早，他就独自搬进了自己的书房，过了三天，他就离开家乡踏上了去往日本的征途。

青春时期的鲁迅就被"母命难违"的封建礼教剥夺了男女情爱的权利。他曾对许寿裳说，朱安"是母亲给我的一件礼物，我只能好好地供养她，爱情是我所不知道的"。其实，鲁迅何尝不知道爱情，但是他不愿让母亲为难，他那尚处于萌芽阶段的爱情种子被礼教的"恶魔"吞噬了整整20年，直到后来他同许广平同居为止。

鲁迅出于对母亲的爱，宁肯牺牲自己，吞下了"无爱婚姻"的苦果。他毫无怨言，一如既往地孝敬母亲。

1919年，鲁迅任职于北京教育部，他买下了八道弯的房子。先同二弟周作人夫妇迁入，然后回绍兴接母亲和朱安来京安居。三年后，因常与周作人夫妇发生摩擦，他不得不离开母亲，带着朱安另住砖塔胡同小屋。

过了没多长时间，鲁迅看到65岁的老母亲在周作人家得不到一丝温暖和照顾，时常受到二儿媳妇的嫌弃。他再向各方借贷，买下阜成门内西二胡同一座四合院，将母亲接了过去，让老人得以安度晚年，直到85寿寝。

鲁迅把母亲接到阜成门家中后，他竭尽所能地孝顺母亲，将最好的大房子让母亲住，自己则独居屋后一间简陋的小房充当书房兼卧室。他那时已经四十余岁。但还是像小时候一样，外出上班，必去母亲处说声："阿娘，我出去哉！"回家时必要向母亲说声："阿娘，我回来哉！"每当晚餐以后，他总伴着母亲聊一会儿天，然后回到书房工作。每当他领到薪水的时候，照例要给母亲买她爱吃的糕点，让老母挑选后，才将剩下的一下部分留下自用。除了交出一个月的家用，还每月给母亲26元零花钱。如此种种，在鲁迅生活中已成为一种做儿子的规矩。

鲁迅的母亲非常爱看旧小说，她经常让鲁迅提供。鲁迅或是自己去买或是让别人代买，将一本本小说如张恨水的章回小说，鸳鸯蝴蝶派作品，源源不断地送到母亲手中，即使他后来到了上海，仍从未间断过给母亲寄书。除了书籍，还寄羊皮袍料、金华火腿等衣物食品，每月的家书也从不间断。

有一次，他母亲为修绍兴祖坟之事写信给鲁迅。信中说这笔钱应该三个兄弟共同分担。鲁迅马上回信说，这笔费用他早有准备，现已汇到了绍兴，要她不必向二弟周作人提起，"免得因为一点小事，或至于淘气也"。鲁迅情愿自己节省，也不愿使母亲生气。他母亲看到此信后，十分感动，对人说："他处处想得周到，处处体谅我这老人。"

鲁迅很小的时候父亲就去世了，也因此家道中衰，几十年来他把供养母亲和整个家庭生活的重担压在自己肩上。他时常对人说："我娘是受过苦的，自己应当担负起一切做儿子的责任。"另一方面，他母亲也逢人便夸鲁迅孝顺："他最能体谅我的难处，特别是进当铺典当东西，要遭到多少势利人的白眼，甚至奚落；可他为了减少我的忧愁和痛苦，从来不在我面前吐露他难堪的遭遇，从来不吐半句怨言。"

受人尊敬的伟大的文化战士鲁迅，他一生对母亲至爱至孝，体现了他伟大的人格和崇高的品德。

深厚的师生之谊

徐特立是毛泽东青年时期最为尊重的老师之一。俗话说："一日为师，终身为父。"即使在几十年之后，当上国家主席的毛泽东仍旧对师恩念念不忘。他曾经说过："徐老是我在第一师范读书时最敬佩的老师。"他们之间发生的感人故事广为流传，用"土寿桃"给徐老祝寿就是一个典型的例子。

1937年初，适逢徐老60大寿，这时正是毛泽东工作最繁忙的一个阶段。因为党中央由保安（今志丹县）迁来延安，所以毛泽东常常工作到深夜才能休息。1月31日晚，毛泽东又工作了整整一个通宵。到第二天黎明，警卫员看他一夜一直不停地工作，于是又一次请他休息。他说："我顾不上休息哟，你知道今天是什么日子吗？今天是我老师徐特立的寿辰啊，他也是大家的老师，我还要写贺词呢！"说着，他提笔为徐老写了一封含有浓浓情谊的长信，在信中热情颂扬徐老"革命第一、工作第一、他人第一"的革命精神和道德情操。而作为徐老的学生，毛泽东这样写道："您是我二十年前的先生，您现在仍然是我的先生，您将来必定还是我的先生……"这一番话不仅深深地感动了徐老，而且感染着后世的每一个人。

　　当写完这封长信的结尾之后，毛泽东仍然顾不上休息，他连饭也没来得及吃，就赶去寿堂亲自将祝寿活动的准备情况事无巨细地检查了一番，直到每个环节都落实了他才放心。

　　寿堂设在延安城东的天主教堂里，瓜子、花生、红枣伴着60个热气腾腾的"寿桃"——大馒头，摆满了铺着红布的桌子。参加祝寿的人将教堂挤得满满，等待着徐老的到来。在大家的热切盼望中，徐老头戴一顶鲜艳夺目的大寿帽，在毛泽东等人的陪伴下走进来，人们按捺不住兴奋和喜悦，纷纷起身祝贺。大家热情地将徐老团团围住，每个人都上前恭恭敬敬地向徐老敬献寿酒。在喜气洋洋的气氛中，中国文艺协会的同志们朗诵了一首由丁玲、周小舟、徐梦秋等一起为徐老凑成的祝寿诗：

苏区有一怪，其名曰徐老。
衣服自己缝，马儿跟着跑。
故事满肚皮，见人说不了。
万里记长征，目录已编好。
沙盘教学生，AIUEO。
文艺讲大众，现身说明了。
教育求普及，到处开学校。
绿水与青山，徐老永不老。

　　毛泽东听了之后十分高兴，他说："前两句写的是长征时的神态，很好。'衣服自己缝，马儿跟着跑'，真是这样，很真实。末尾两句也好，'绿水与青山，徐老永不老'。"就在这个时候，一个可爱的小女孩跑上来为徐老系上了一条红领巾。徐老笑容可掬，沉浸在欣慰与感动之中。毛泽东也起身祝贺，真切地献上对老师的现场祝词："老师，俗话说'返老还童'，我们都祝您长命百岁！"

尽管真的能够长命百岁的人屈指可数，但这是一个学生对老师的真诚祝愿，也是一个学生对老师的尊敬爱戴，它跨越了身份的差异，更跨越了时间的流逝。正是这一份诚挚、厚重的情谊，成就了毛泽东与徐特立之间师生情的百年佳话。

二

【原文】

曾子避席①曰："参不敏②，何足③以知之？"子曰："夫孝，德之本④也，教之所由生也⑤。复坐⑥，吾语汝⑦。身体发肤⑧，受之父母⑨，不敢毁伤，孝之始也。立身行道⑩，扬名于后世⑪，以显父母⑫，孝之终也。夫孝，始于事亲⑬，中于事君⑭，终于立身⑮。"

【注释】

①避席：离开坐席。此处指曾子聆听夫子教诲，表示恭敬而离席起立。②参不敏：参，曾子称呼自己，表示尊师之意。不敏，迟钝，曾子自谦之词。③何足：那能够。④德之本：德行的根本。德，德行。本，根本、基本。⑤教之所由生：教，教化。由，自。⑥复坐：返回坐席。⑦语：告诉。⑧身体发肤：身躯、四肢、毛发、皮肤。⑨受之父母：承受于父母。受，承受，秉受。之，于。⑩立身行道：立身，即顶天立地。行道，依道行事。⑪扬名：显扬名声。⑫以显父母：使父母显耀，光宗耀祖的意思。显，显耀。⑬始于事亲：从孝顺父母开始。始，开始。⑭中于事君：然后把对父母的敬爱扩大，侍奉君王，为国家服务，所谓"移孝作忠"。⑮终于立身：（孝亲尊师，奉事君长）最终立身无愧，圆满孝道。终，最终。

【译文】

曾子连忙起身离开席位回答说："我生性愚钝，哪里能知道那究竟是什么呢？"孔子说："那就是孝！孝是一切道德的根本，所有的品行的教化都是由孝行派生出来的。你还是回到原位去，我讲给你听。一个人的身体、四肢、毛发、皮肤，都是从父母那里得来的，所以要特别地加以爱护，不敢损坏伤残，这是孝的开始，是基本的孝行。一个人要建功立业，遵循天道，扬名于后世，使父母荣耀显赫，这是孝的终了，是完满的、理想的孝行。孝，开始时从侍奉父母做起，中间的阶段是效忠君王，最终则要建树功绩，成名立业，这才是孝的圆满的结果。"

【评析】

通过曾子与孔子的一问一答，全面阐述了孝的意义。孝对每个人在任何时候都有着非常重要的意义，是自我修炼的必经之路，也是一个人的"立身"之本。

人的身体和毛发都来自于父母，假如能使自己的身体毫发无损，那么，这就是对父母的一种孝敬。因为父母最不愿看到的就是子女生病，或者白发人送黑发人。

【现代活用】

"药王"尽孝

著名医药学家孙思邈用毕生精力研究医药学，所著《千金方》记载了八百多种药物和三千余个药方，史称"药王"。

这位药王学医的最初动机是为了给父母治病。

孙思邈出生于陕西耀县的一个贫苦家庭里，他的父亲是一名木匠。在他7岁时，父亲得了雀目病（即夜盲症），母亲患了粗脖子病。有一次，父亲在锯木时，看到他在一边发呆，便问他："孩儿，你长大了也要做木匠？"孙思邈回答说："不，我要做一名医生，好给父母亲治病。"父亲见他一片孝心，心里十分感动。第二天就带孙思邈去城外一座大窑里上学。当孙思邈12岁时，父亲送他到附近的中医张七伯家去当学徒。孙思邈走进张七伯家，只见院子里里外外堆满了药草，十分高兴，心想："要是在这些草药里找到治父母亲病的药，那就太好了！"在张七伯家当学徒的三年，他经常向师父问这问那，常常使师父十分为难。后来他才知道，师父只会用一些土方治病，根本不懂药理。师父也懂得徒弟的心思，就对他说："你聪明好学，我不能耽误你的前程，从这里北去40里的铜官县有位名医，是我的舅舅，你到他那里去学医吧！"说完，还送了他一本《黄帝内经》。

孙思邈到了铜官，找到了这位名医。在他那里学了一年，一边学习，一边研究《黄帝内经》，医学知识长进了不少。但这位名医也不知道如何治雀目病和粗脖子病，这使他十分失望。

第二年，孙思邈回到家乡开始给乡亲们治病。在行医时，他不贪财物，对病人同情爱护，渐渐地在家乡有了点名声。有一次，他治好了一位病人的痼疾，病人到他家来答谢，得知孙思邈父母也身患痼疾，就对孙思邈说："我听说太白山麓有一位叫陈元的老医生能治你母亲的病。"孙思邈听了非常高兴，第二天就动身前往太白山。从家乡到秦岭太白山有四百里路程，孙思邈走了半个月才打听到陈元医生，并拜他为师。陈元见他一番孝诚之心，就收他为徒。在那里，孙思邈终于学到了治粗脖子病的祖传秘法，可是如何治雀目病却毫无头绪。

一天，孙思邈问师父："为什么患雀目病的大多是贫苦人家，而有钱人家却很少见这种病？"

陈元听后说："你的话很有道理，不妨给病人多吃点肉食试试。"

孙思邈按照师父的话，要一位病人每天吃几两肉，但病人试了一个月仍不见效。于是他又翻遍大量医书，终于找到"肝开窍于目"的解释，他就给那位病人改吃牛羊肝，不到半个月，果然见效。孙思邈回家时立即用在太白山学到的方法给父母亲治病。不久，他父母亲的雀目病和粗脖子病都痊愈了。

善解人意孝双亲

有关老莱子的生平，众说纷纭。《史记》怀疑老莱子就是老子，但是历史上并无可考，所以他真正的名字没有人知道。传说老莱子是春秋时期的一位隐士，曾婉言谢绝了楚王的聘请。为躲避世乱，自耕于蒙山（在今山东）。

老莱子生性非常孝顺，他把最可口的食物和最好的衣物、用品，都用来供养双亲。父母生活中的点点滴滴，他都关怀照顾得无微不至，体贴至极。父母在他的照料下，过着幸福安康的生活，家里一片祥和景象。人如果能在晚年安享天伦之乐，这样的人生是多么幸福啊！

老莱子虽然已经年过七十，但是他在父母面前，从来都没有提到过一个"老"字。因为上有高堂，双亲比自己的岁数都要大得多。而为人子女的人，如果开口说老，闭口言老，那父母不就更觉得自己已经风烛残年、垂垂老矣了吗？更何况，许多人即使年事已高、儿孙成群，也总是把儿女当成小孩一样看待。

不难想象，一个人年过古稀，他的父母少说也有九十多岁了。对于大多数年近百龄的人来说，身体都会比较虚弱，而且行动不便，耳聋眼花。要跟他讲讲话，可能他已经没有办法听得很清楚了。由于腿脚不太灵活，纵使想要带他们到处去走走看看，也不是一件容易的事情。所以老人家的生活，往往都比较孤寂、单调。

善解亲意的老莱子很能体恤父母亲的心情。为了让父母能够快乐起来，他装出许多活泼可爱的样子，逗双亲高兴，可以说是用心良苦。

在孝顺父母的方式上，老莱子别有一番与众不同。他有一次特别挑了一件五彩斑斓的衣服，非常鲜明。就在他父亲生日那天，他身着这件衣服，装成婴儿的样子，手持拨浪鼓，在父母面前又蹦又跳，一边嬉戏玩耍，一边迈动轻快诙谐的舞步，简直是一个童心未泯的老头儿，让所有人都特别开心。一天，厅堂旁边刚好有一群小鸡，老莱子一时兴起，就学老鹰抓小鸡的动作，逗双亲高兴。一时鸡飞狗跳，热闹不已。小鸡一颠一颠地到处跑，特别可爱。而老莱子故意装成非常笨拙的样子，煞费苦心。看到这番情景，双亲笑得合不拢嘴，温馨的画面，流露出至孝的光辉。为了让父母在生活上有喜悦的点缀，在日常生活中，他经常会出一些点子，逗父母开心。有一次，他挑着一担水，一步一晃地经过了厅堂的前面。突然"扑通"一声，做一个滑稽的跌倒动作。"这个孩子真是养不大，拿他一点办法都没有。"父亲哈哈大笑，母亲在一旁说着。

年纪大的人眼睛昏花、耳朵不灵，行动更是不便，老莱子就在家里扮演一个快乐的丑角。他没有把自己当成年纪大的人，在父母面前，他永远都像小孩子那样活泼可爱。

有人可能会认为老莱子为取悦父母有过分做作之嫌，其实不然，那实在是他一片至纯孝心使然。俗语说："笑一笑，十年少；恼一恼，老一老。"父母年纪大了，怎么承受得起忧愁和烦恼？老莱子正是深谙了这点，才做出了一些看似"做作"的举动。

割发以代首

一千多年前曹操"割发代首"的故事，作为领导人严格执法的典故流传至今，在今天依然有很重要的影响。因为我们知道，古代人把头发看得很重要，认为身体发肤，受之父母，如果不小心损伤了，那就是对不起父母了。

曹操是东汉末年杰出的军事家、政治家、诗人。曹操带兵，军纪十分严明，并且自己也以身作则，带头遵守，因此，他的军队很快就消灭了多股强大的军阀割据势力，统一了中国北方。曹操看到中原一带，由于多年战乱，人民流散，田地荒芜，就采纳部将的建议，下令让军队的士兵和老百姓实行屯田制。很快，荒芜的土地种上了庄稼，收获了大批的粮食。有了粮食，老百姓安居乐业了，军队也有了充足的军粮，为进一步统一全国打下了物质基础。看到这一切，大家都很高兴。可是，有些士兵不懂得爱护庄稼，常有人在庄稼地里放任马匹乱跑，踩坏庄稼。

曹操知道后很生气，下了一道极其严厉的命令：全军将士，一律不得践踏庄稼，违令者斩！

将士们都知道曹操一向军令如山，令出必行，令禁必止，决不姑息宽容。所以此令一下，将士们小心谨慎，唯恐犯了军纪。将士们操练、行军经过庄稼地旁边的时候，总是小心翼翼地通过。有时，将士们看到路旁有倒伏的庄稼，还会过去把它扶起来。

有一次，曹操率领士兵们去打仗。那时候正好是小麦快成熟的季节。曹操骑在马上，望着一望无际的金黄色的麦浪，心里十分高兴。正当曹操骑在马上边走边想问题的时候，突然"扑棱棱"的一声，从路旁的草丛里窜出几只野鸡，从曹操的马头上飞过。曹操的马没有防备，被这突如其来的情况吓惊了，嘶鸣着狂奔起来，跑进了附近的麦田里。等到曹操使劲勒住了惊马，田地里的麦子已被踩倒了一大片。看到眼前的情景，曹操把执法官叫了来，十分认真地对他说："今天，我的马踩坏了麦田，违犯了军纪，请你按照军法给我治罪吧！"

听了曹操的话，执法官犯了难。按照曹操制定的军纪，踩坏了庄稼，是要治死罪的。可是，曹操是主帅，军纪也是他制定的，怎么能治他的死罪呢？想到这，执法官对曹操说："丞相，按照古制'刑不上大夫'，您是不必领罪的。"又说，"丞相，您的马是受到惊吓才冲入麦田的，并不是您有意违反军纪踩坏庄稼的，我看还是免于处罚吧！"

"不！你的理不通。军令就是军令，不能分什么有意无意，如果大家触犯了军纪，都去找一些理由来免于处罚，那军令不就成了一纸空文了吗？军纪人人都得遵守，我也不能例外啊。"

执法官头上冒出了汗，想了想又说："丞相，您是全军的主帅，如果按军令从事，那谁来指挥打仗呢？再说，朝廷不能没有丞相，老百姓也不能没有您啊！"众将官见执法官这样说，也纷纷上前哀求，请曹操不要处罚自己。曹操见大家求情，沉思了一会说："我是主帅，治死罪是不适宜。不过，不治死罪，也要治罪，那就用我的头发来代替我的首级（即脑袋）吧！"说完他拔出了宝剑，割下了自己的一把头发。

三

【原文】

《大雅》①云："无念尔祖，聿修厥德②。"

【注释】

①《大雅》：《诗经》的一部分。《大雅》共三十一篇，大抵为西周时代的作品。②聿修厥德：聿，发语词。（一说：聿，述，遵循。）修，继承。厥，其，指文王。

【译文】

《大雅》里说："怎么能不想念你的先祖呢？要努力去发扬光大你的先祖的美德啊！"

【评析】

到底什么是孝的真谛呢？曾读过这样一个故事，讲的是一个人对自己的父亲不孝，结果后来他自己的儿子也对他很不孝。孝其实就是一种能让人类好好延续的品格，起着教化社会风气的作用，所以古人说"求忠臣于孝子之门"，现在人说"选好丈夫于孝子之门"……

【现代活用】

尽善尽美的孝

鲁恭，字仲康，东汉扶风平陵人（今陕西省咸阳西北），历史上一个德高望重的人，为了等待弟弟成名，他不出仕的故事影响了很多人。

鲁恭的父亲曾任光武帝时的武郡太守多年，后来因病逝世。鲁恭当时12岁，弟弟鲁丕只有7岁。他们俩非常孝顺，从早哭到晚，拒绝接受官府的救济，回到老家把父亲安葬，然全心全意地为父亲守丧，所有礼节都准备得很充分，做得很到位，甚至有很多事情比大人们想得还要周全。乡亲们都非常佩服这两个孩子。等到三年服丧期满，鲁恭已经15岁了，他和母亲、弟弟三人相依为命，住在太学，闭门读书。兄弟俩学习认真、勤奋，因此，进步都很快，受到了人们的普遍称赞。官府得知了鲁恭的才学，就屡次请他做官，但鲁恭认为，弟弟年纪尚小，如果自己先奔赴功名，那就不能每天鞭策弟弟进取，会影响弟弟的进步。所以他想等到弟弟成名立业那一天，再施展自己的抱负。于是，每次都借口自己身体不好，不能胜任官府工作。

母亲知道其中缘由，要求他必须出去做事。无奈之下，鲁恭只好去外地教书。终于等到弟弟鲁丕被举为孝廉的那一天，鲁恭才改变以往的态度，去官府做了一名郡吏。

一个人对功名利禄的追求，可以说是与生俱来的。但鲁恭为了督促弟弟成名、激励弟弟成长，就一直等待，他的隐忍之心是很难得的。他知道只有他和弟弟两个人都功成名就了，才算是真正尽到了完美的孝道，才会真正地光宗耀祖，才能让唯一活着的高堂老母没有遗憾。父母的心思都集中在子女身上，只要有一个子女不成材，父母总会觉得有块心病。让父母放心子女，并以每个子女为荣耀，这才是是对父母真正的"孝"。"孝"能够让父母快乐开心，从而能让一个家庭变得幸福，让社会变得和谐。

父亲是儿子的榜样

从前有个人叫孙元觉，他是陈留人，从小就很懂得孝道。元觉的父亲很不孝顺，元觉的祖父年纪大了，常常生病，身体又瘦又弱。他的父亲渐生嫌恶之心，要把祖父装在盛土的筐子里用车子载着丢弃到深山里去，由他自生自灭。

元觉流着眼泪苦苦劝阻父亲不要这样做。

父亲说："你爷爷虽然看上去还有人样，但已经年老昏乱，心智糊涂了。老而不死，会化成狐狸精的。"

他终究不听儿子的劝告，把祖父扔到深山里去了。元觉哭哭啼啼，跟着祖父到了深山，又一次苦苦哀求父亲。但父亲哪里肯听他的话呢。于是元觉仰天大哭，哭了一会儿，带着载过祖父的车子回家了。父亲看见车子，变了脸色，对他说："这是凶物，你带回来干什么？"

元觉说："这是现成做好了的东西，扔掉了多可惜。以后我如果要把您送到深山去，用这个就行了，省得费心再去做。"

父亲听了这话，惊骇失色，颤声道："你是我的儿子，怎么会丢弃我呢？"

元觉说："父亲教化儿子，就像水往下流一样。既然是父亲的教诲，父亲还有示范在先，做儿子的岂敢违背呢？"

父亲听了儿子的话，沉思了一会，终于醒悟过来。于是他跑到深山里去把祖父接回来，全心全意地侍奉赡养他，祖父得以安享天年。那一年，元觉才15岁。

笑着走完最后的旅程

冬天的一个下午，山东省滕州市第二中学学生袁鑫正跪在母亲床前。被确诊为癌症晚期的母亲，已经第六天拒绝进食。袁鑫闻讯后匆匆从学校赶回来，他在母亲床前跪求道："妈，你会好的，你还要等儿子的大学录取通知书呢！"

就在这时候，妹妹突然举着一张报纸跑进来："哥，快看这则消息！"

报纸上有则新闻：辽宁省阜新市中医药研究所治癌症……

袁鑫拿着报纸的手颤抖了，这则消息给救母心切的袁鑫带来了一丝希望。"我要到辽宁为母亲买药！"

可是，从山东滕州到辽宁阜新，跨州过省，有两千多里路。年仅16岁的小袁鑫从未出过远门，连省城也未去过，何况是孤身一人上路？而且，买药的钱呢？这几个月来，家里的钱已为母亲治病花光了。

"钱我们可以借。我还年轻呢，不怕债还不清。只要借到钱，我就不信赶不到阜新市。只要有一丝希望，就是到天边，我也要把药买回来。"袁鑫安慰着妈妈。

时间，对于垂危的病人来说，是何其珍贵！袁鑫和父亲骑着自行车往返近百里的路程，总算在亲人、朋友那里凑了2000元。

天阴沉沉地下着小雨，袁鑫拿着母亲的病历带着那张报纸和一张地图上路了。从未出过远门，年仅16岁的袁鑫心里紧张极了。一路上，他用胳膊紧紧地掖着那2000元钱，那是母亲的救命钱。

小小的滕州火车站挤满了南来北往的人。终于，通知进站的铃声响了，人们疯狂地向检票口拥去。本来袁鑫是排在前面的，可个子矮矮的他很快就被别人挤到了后面。好不容易进了站，列车门却已被旅客堵得水泄不通。

眼见开车的时间就快到了，急得像头困兽的袁鑫从月台的南头跑到北头，旅客却仿佛已结成一堵密不透风的人墙，把一个个车门口堵得严严实实，人小力弱的袁鑫根本无法接近列车门。

忽然，他发现一群人正攀着列车上一个开着的小窗口，疯狂地往里爬。袁鑫像发现了救星，喜出望外地也挤了过去。可他刚抓着小窗框，就不知被谁一脚踹了下来，重重地摔倒在站台上——左脚就伸在铁轨上，多险。

这一班车挤不上去，就得等几个小时后的下一班车。母亲正在死亡线上挣扎，一分时间就是母亲一分生的希望！顾不上疼痛，他竭尽全力，又一次抓住了窗框，拼命地从小窗口钻进列车内。原来这是列车上一个厕所的窗口，里面早已站了四个小伙子。他们五个人肩并肩紧紧地挤挨着，只能一只脚立地。他不敢随便动一下，更不敢闭一下眼睛，唯恐紧贴胸口的钱会被人摸走。有几次，他想搔一下痒，都没敢。就这样，一只脚站累了就换另一只脚。

清晨四点多，车到阜新站。从滕州到阜新整整18个小时。袁鑫滴水未进。他又困又饿地一头倒在了候车室的长椅上，掏出从家里带来的馒头。馒头

开宗明义章第一

早已变冷变硬，一口咬下去，像是咬在石头上，望着卖热汤的小贩，袁鑫把手伸进了夹袄里层，终究没把钱掏出来，他艰难地咽了口唾沫，把一只馒头塞进了嘴里。

拿着地图和报纸，他披着晨星扑进了外面的寒冷与黑暗中。出站后，他迷路了。借着幽暗的雪光，他从凌晨一直走到天亮，不知在积雪中跌倒了多少次。直到下午，他终于找到那个研究所。

研究所里等着看病的人排着长长的队，这样排下去，下班也轮不上，可袁鑫还得赶回程的火车呢！情急之下，袁鑫挤到医生面前，双腿"扑通"跪下了："医生，救救我的妈妈吧！"

袁鑫说完这句话就哭了——他实在憋不住了，他感到自己的胸腔因长久的压抑而几欲裂开。途中所有的悲怆和辛酸都化作一声低沉的哀嚎……

袁鑫的经历，袁鑫的孝心，感动了在场所有候诊的病人。人们都忍不住掉下了眼泪，纷纷对医生说："您先给这孩子开药吧，让他早点带上回山东去！"

主治大夫罗占友的眼睛也湿了。他知道袁鑫千里迢迢来一趟不易，于是，破例一次就开了几个疗程的药。

两编织袋中草药共八十多斤，终于沉重地扛到了袁鑫瘦弱的肩上。

来时只拎一只小包上车都那么难，现在扛着两编织袋药材挤车，那难度可想而知。好几次，他挤到车门口，又被挤了下来……上车后他吸取了来时的教训，不再站着，而是连药材加整个身子全躺在座位下面……

就这样历尽艰辛，他把药材终于扛到了家。

"我把药买回来啦！"刚进门，袁鑫眼前一黑晕倒在母亲的床前。病危的母亲搂着儿子哭啊，那份疼痛已不是任何病痛所能比拟！

吃了袁鑫买回来的药，母亲的病好了一些。但毕竟是癌症晚期，到了春末，母亲不幸去世。她微笑着走完这最后的春天，很安详，很欣慰，因为她有一个孝顺的儿子。孝顺儿子为母亲千里求药的故事，已经传遍了滕州的村村镇镇……

天子章第二

【原文】

子曰：爱亲者，不敢恶于人①；敬亲者，不敢慢于人②。爱敬尽于事亲，而德教加于百姓③，刑于四海④。盖天子之孝也⑤。

【注释】

①恶：恶（wù），厌恶，憎恨。②慢：不敬，怠慢。③德教：道德修养的教育，即孝道的教育。加：施加。④刑于四海：作为天下的典型。刑，通"型"，典范，榜样。四海，古代以为中国四境环海，故称四方为四海，即天下。⑤盖：句首语气词。

【译文】

孔子说：天子能够亲爱自己的父母，也就不会厌恶别人的父母；能够尊敬自己的父母，也就不会怠慢别人的父母。天子能以爱敬之心尽力侍奉父母，就会以至高无上的道德教化人民，成为天下人效法的典范。这就是天子的孝道啊！

【评析】

尽管天子尊贵，但他也是父母所生，所以天子也应该有他的孝道。一国的元首尽孝道的话，就能够感化人群，可以起到上行下效的感化作用，故为五孝之冠。经句中还运用了一种推己及人的说法，其延伸的意境既有孔子所说的

"己所不欲，勿施于人"，又有孟子说的"老吾老以及人之老，幼吾幼以及人之幼"。一语中的，阐述了孝要怎么去做。

【现代活用】

因孝规定新礼制的帝王

提到朱元璋，大家都知道，他是中国历史上少有的最狠毒的皇帝之一，虽然史学界普遍认为政治上的屠杀有其特殊性。还有一种可能就是朱元璋老年心理上有了问题，从而造成他大规模地杀害有功之臣。

不过要是都这样看待朱元璋，无疑是不全面的。虽然朱元璋作为至高无上的皇帝，动辄斩杀、廷杖大臣，但同时，他又是一个颇有孝心的人。在中国历史上，他是自称为孝子皇帝的第一人。朱元璋在登基的第二年，就下诏书，规定皇帝只能够称为孝子。至于皇太子要称为孝元孙皇帝或孝曾孙嗣皇帝。朱元璋每年都要参加主持太庙的祭祀活动，有一次朱元璋不能自持，在大臣面前流下了眼泪，参与祭祀活动的其他大臣因为受到感染，也情不自禁地流下了眼泪。朱元璋为了教育子孙，叫人绘制了《孝行图》，让子孙朝夕观览，牢记前辈的孝思孝行。

朱元璋讲孝，竟至于把两千多年来的丧礼修改了，洪武七年（1374年），朱元璋的妃子成穆贵妃孙氏去世，死时年仅32岁，无子。按照《礼仪》的规定，孝子的父亲若是还活着，只能为母亲服丧不能为庶母服丧。依照这个规定，穆贵妃就没有孝子为她服丧了。朱元璋认为这个规定不合理，就叫来太子师傅宋濂在历史上去找依据。宋濂不愧知识渊博，他很快就在历史资料中找到了二十四个孝子自愿为庶母服丧的事迹，其中自愿服丧三年的有二十八人，愿意服丧一年的有十四人。朱元璋见历史上有先例可以遵循，就说既然历史上自愿服丧三年的比一年的多出一倍，那么这些孝子都是出自天性，为庶母守孝三年应该立为定制。于是，他当即叫朝臣们做《孝慈录》一书，做了一些新的规定，规定亲生父母都得服丧三年，嫡子、众子都得为庶母服丧一年。于是朱元璋就把周王朱肃过继为成穆贵妃孙氏的儿子，为她服丧三年，其他诸王，都得为成穆贵妃服丧一年。

敬老不分职位高低

在中国共产党内，林伯渠、董必武、吴玉章、徐特立、谢觉哉被尊称为"五老"。他们是早期入党的一批党员，为党和人民的事业奋斗终生，功勋卓著。党和国家领导人周恩来对他们尊敬有加。

1959年8月24日，林伯渠在中南海紫光阁参加最高国务会议。会后，周恩来考虑到林伯渠年迈多病，身体不好，于是亲自陪送林老回家。正逢林伯渠两天后要率代表团赴蒙古人民共和国访问，于是他们就在林老家里商谈关于访问的一些事情。周恩来向来对党内老同志的意见都很尊重，当林伯渠询问总理有什么指示时，周恩来亲切地说："哪里，哪里！林老啊，您是党的老同志，我还有什么指示呢？您按照党的外交政策办就是了。"周恩来从没在别人面前摆过官架子，林伯渠每次出访或归来，无论工作多么繁忙，他总是亲自到机场去迎送。

周恩来不仅尊敬和关怀党内的老同志，而且对党外的老人也一样关心。1961年11月26日，是一个特别的日子，一百位年过七旬的老人欢聚一堂，在全国政协礼堂参加专为他们举办的"百老庆寿大会"。这些老人家有的是在京政协委员和人大代表，有的是各民主党派中央委员，还有其他社会知名人士。那天的庆祝大会之所以特别喜庆，不仅因为到会的老人家身份特殊，也不仅仅是因为这次庆祝活动达百人规模，更因为大会的主持人是大家敬爱的周恩来总理。

大家很早就在礼堂等候，期待庆寿大会开始，更期待总理的到来。周恩来准时到会为百老祝寿，受到大家的热烈欢迎。总理一来就立即向在场的老寿星何香凝走去。那时何香凝是民革中央主席，已经83岁高龄了，她见总理向自己疾步走来，连忙起身迎了上去。然而老人行动不麻利，不小心将手杖失落在地。周总理看到这一幕，急忙加快脚步赶过去，一面弯腰为她拿起手杖，一面热忱地与何香凝握手祝寿。紧接着，总理向到会的老人一一问候祝贺。在场的每一个人都被总理真诚的关怀所感染。一个普通人的热情体贴尚能温暖人心，更何况是一个国家领导人的悉心关怀。

庆祝大会正式开始之后，周总理首先起立举杯为与会的老人们祝寿："今天到会的百位老人，平均八十岁高龄，加起来就是'八千岁'呀！人生望百，二十年后，我们百位老人再一起庆寿，那时大家真的要高呼'万岁'

了!"

总理一番幽默风趣的言谈,引得在座的寿星个个笑逐颜开。总理的亲切关怀,为老人们的心田盖了一床暖被,更为大家的精彩人生增添了一次难忘的回忆。

不仅是对社会知名人士,就是对普通人,周恩来也尽可能地给予力所能及的关怀。1943年,有个进步学生要从重庆到西安去,临行前给远在千里之外的父亲写了一封家信。父亲非常想念儿子,于是千里迢迢赶赴重庆去看望儿子。然而通信不便,路途又很遥远,当父亲赶到重庆时,儿子已经去往别的地方了。年迈的父亲没有看到心爱的儿子,旅途的劳顿和心底的失落涌上心头,不能自已。而当这位老人听说周恩来此时正在重庆时,不禁感叹道:"如果能见到大名鼎鼎的周副主席,我也就不枉此行了……"周恩来听说这件事情以后,二话不说就前往招待所看望这位从未谋面的老人。老人的第一个心愿未能达成,却在周恩来的努力下达成了第二个心愿,本来随口讲出的一种奢望,转眼成为了事实,老人激动得说不出话来。周恩来对他说:"您和我父亲的年岁差不多大呀!您应该是我的父辈了,前来看望您是应该的。"一句话说得老人心里无限温暖。他握着周恩来的手,就像见到了亲人一样,却更胜似亲人。周恩来和老人热情地聊了一个多小时,终于使老人如愿以偿,高兴地返回了家乡。

二

【原文】

《甫刑》①云:"一人有庆,兆民赖之②。"

【注释】

①甫刑:《尚书·吕刑篇》的别名。吕侯(一作甫侯)所作。吕侯,是周穆王(武王第四代孙)的臣子,为司寇,穆王命他作书,取法夏时轻刑之法,以布告天下,故又名甫刑。②一人有庆,兆民赖之:一人,指天子。庆,善事。此处

专指爱敬父母的孝行。兆，十亿。（一说：兆，万亿。）赖，仰仗，依靠。

【译文】

《甫刑》里说："天子有善行，天下万民全都信赖他，国家便能长治久安。"

【评析】

教化如同让人沐浴在春风里一样，能够使周围的社会风气变得越来越好，如果刚好这个人是翘首，那么景从、效法的队伍就像滚雪球一样越来越大，一个好的将领肯定能够带出更多好的将士来。

【现代活用】

孝的伟大作用

郯子是我国春秋时代的名人，没人知道他具体叫什么名字，郯子是人们对他的尊称。郯国的由来就和郯子有着紧密的联系。

史书记载，郯子出生于普通的农民家庭，是家里唯一的儿子。从古至今，人们总是对独生子女宠爱有加，十分溺爱。可是，郯子的父母却反其道而行之。他们对郯子的穿衣吃饭、坐卧玩耍、读书写字、待人接物等，都进行了严格的管教，时时刻刻注意培养孩子美好的道德情操和良好的生活习惯。

郯子父母年纪大了，都患了眼疾，经医生诊治，要经常喝野鹿乳才能治好。医生又给郯子解释了野鹿乳难求的原因：要治愈失明已久的眼睛，必须取野鹿的鲜乳服用才能达到效果，而且还不能让母鹿受到惊吓，因为那样鹿乳的药用价值就大大降低了。可是，草原上的野鹿都是成群结队地出来饮水觅食，每个鹿群中都有好几只年轻力壮的公鹿负责警戒保卫，只要听到一点异常的动静，整队野鹿顷刻间就会跑得无影无踪。在这种情况下，要接近鹿群已是十分困难，再想挤取鹿乳，几乎是不可能的事。

但是郯子最终想出了一个绝妙的主意：把鹿皮披在身上，到深山里去，混进鹿群中，挤取鹿乳，供奉双亲。

有一天，他又上山挤取鹿乳，不巧遇到猎人捕猎，猎人把身披鹿皮的他当作野鹿了。正当猎人要猎杀的危险时刻，郯子急忙掀起鹿皮走出来，告诉猎人自己是为了挤取鹿乳给双亲治病才身披鹿皮的。猎人听后很感动，对他肃然起敬，不仅把鹿乳送给了他，还护送他出山。

从此，郯子的贤名传遍四邻八乡。人们慕名而来，纷纷拜郯子为师，学知识，学做人。有的人为了求学的方便，干脆就在这里住了下来。孔子也曾经来此住过一段时间，接受郯子的教诲。人越聚越多，郯子的家乡由乡村变成了城镇，又由城镇变成了邦国，被人称作郯国。当地的人们都一致地推举郯子做了郯国的第一任国君，郯子也成了诸侯之一。

侍奉祖母的千古一帝

康熙之孝顺祖母，不独自有帝皇以来所未有，即平常百姓家亦罕见。据记载，康熙二十四年（1685）八月二十八日夜四更时分，孝庄文皇后突然右侧身瘫痪，右手伸展不直，言语不清。经御医张世良、李玉柏诊断，患的是中风病。这时玄烨正在外地巡视，留在宫中照看太皇太后的福全迅速将太皇太后得病、医治情况飞报皇上。玄烨得知祖母患病，在奏折上批道："知道了。朕赶紧去。"他心急如焚，昼夜兼程赶回。从九月初二到九月十七日16天中，看望祖母达30次。

康熙二十六年（1687）十一月二十一日，孝庄文皇后再一次病倒，而且病情很重。玄烨昼夜守候在祖母的病榻旁，衣不解带，"隔幔静候，席地危坐。一闻太皇太后声息，即趋至榻前。凡有所需，手奉以进"。为了给祖母治病，玄烨"遍检方书，亲调药饵"。每次祖母吃药前，他先"亲尝汤药"。一连熬了35个昼夜，身体消瘦，容颜清减。他传谕内阁："非紧要事勿得奏闻。"十二月初一日，玄烨决定祈祷上天保佑祖母早日康复。为了表示自己的虔诚，他不骑马，不乘轿，步行到天坛。他跪在地上，面对上苍，虔诚地恭读自己亲自撰写的祝文。

嗣天子臣玄烨敢昭告于皇天上帝曰：臣仰承天佑，奉事祖母太皇太后，高年荷庇，藉得安康。今者，疹患骤作，一旬以内，渐觉沉笃，旦夕可虑。臣夙夜靡宁，寝食捐废，虔治药饵，遍问方医，罔克奏效，五内忧灼，莫知所措。窃思天心仁爱，覆帱无方，矧臣眇躬，夙蒙慈养。忆自弱龄，早失怙恃，趋承祖母膝下二十余年，鞠养教诲，以至有成。设无祖母太皇太后，断不能致有今日成立，罔极之恩，毕生难报。值兹危殆，方寸愦迷。用敢洁蠲择日，谨率群臣，呼吁皇穹，伏恳悯念笃诚，立垂昭鉴。俾沉疴迅起，遐龄长延。若大数或穷，愿减臣玄烨龄，冀增太皇太后数年之寿。为此匍伏坛下，仰祈洪佑，不胜恳祷之至。

玄烨读罢祝文，泪流满面。这篇祝文发自肺腑，出于至诚，感动得在场臣工无不落泪。

永远记着母恩

"回家叫一声妈妈，是一件很幸福的事。"这就是身为国家一级导演的翟俊杰先生，对孝道的诠释。现如今他已六十多岁，所以他分外珍惜与八十多岁老妈妈相聚的时光。

导演的工作，使他不能常守候在母亲的身边，恪尽孝道。为了能更多和母亲团聚，他想了一个两全其美的办法，把母亲接到拍戏的片场。母亲，成了他的第一观众。多少次深夜拍戏回来，看到已经像孩子般熟睡的母亲，翟导演感到无限温馨和甜蜜。小时候，多少个夜晚，母亲也是这样默默地守望着睡梦中的儿子。转眼间，儿子已经有了儿子，母亲却渐渐老去。这更提醒他人生苦短，行孝要及时。

最让人难以忘怀的是拍摄《冰糖葫芦》的那个炎热夏天，老妈妈担心儿子中暑，亲手熬了绿豆汤，凉凉了，装瓶后往肩上一挎，倒几趟公交车给儿子送去。妈妈给儿子扇着扇子，看儿子美美地喝着绿豆汤，此时母子间的浓浓亲情，用语言是无法表达的。翟导演说："再高级的饮料，也比不上妈妈熬的绿豆汤，它使人忘记了炎热，感受到母爱的清润和甘美。"

长时间奔波在他乡，钢铁般的汉子也会思念妈妈。18岁参军那年妈妈给纳的布鞋，穿旧了，翟导演珍藏在身边，40年都舍不得丢下。他说："每当想妈妈的时候，就拿出来看一看，看过之后却更想家……这里面有母亲的气息，有慈母缝进去的密密牵挂。"

妈妈也想儿子，又担心影响儿子的工作，就把对儿子的思念写在日记里，儿子回来了，不用多讲话，看看日记，就知道了妈妈的心里话。几年下来，文化程度不高的妈妈，写下了厚厚的五大本20万字的日记。我们仿佛看到，灯光下，带着老花镜的妈妈，认认真真，一笔一画，写下的都是老母亲对儿子的嘱咐和时时的惦念。

有一张照片，情景是这样的：儿子正带着老花镜，给幸福的妈妈剪脚趾甲。作为弟妹心目中最好的大哥，翟导演做出了最好的榜样。照顾妈妈，不能有丝毫的含糊。洗脚的水温既不能太冷也不能太热，而且还要边洗边加水，洗完以后记着给老妈妈修剪脚趾甲，因为母亲为儿女操劳了一辈子，现在年纪大了，关节硬了，弯不下腰。当看到有的弟弟妹妹觉得这很脏的时候，大哥就不客气地批评他们："父母什么时候嫌过我们脏？你小时候，难道不是父母一把屎一把尿地拉扯大？能够把父母给我们的十分，回报给父母一分，就是个孝子！"

回忆孩童时期，翟导演印象最深的是母亲在刺骨的冰水里，给一家人洗衣服。爷爷、奶奶、爸爸，还有六个没长大的孩子，妈妈整年整月地捶啊、洗啊，衣服、床单，晾满了整整一个院子。年复一年，妈妈洗过的衣服大概能装一火车皮了。母爱的伟大，就这样地被细化，每顿饭、每件衣、每杯水里，都看得见它。

每当看到妈妈那布满老茧的双手，儿子的眼泪都会忍不住夺眶而出。这双手，为了养活儿女，洗了多少件衣服，剁了多少菜，和了多少面，蒸了多少个馒头？做人，要懂得知恩报恩啊。孝，何必要做给别人看呢？孝本来是天经地义，是为人子应尽的本分啊。

翟导演的夫人也是一位军人，因为工作的需要，忍痛离开才哺乳三个月的女儿。而他们的儿子出生后仅仅两个月，就要离开妈妈的怀抱。看到痛苦而无奈的妻子，翟导演把最后的乳汁封存在三个小瓶子里，准备留作纪念。没想到，20年后，儿女长大成人了，原本洁白的乳汁，变成了血一般的红色。

女儿的婚期马上就要到的时候，翟导演对女儿说："你结婚，爸爸要送你一件礼物。"女儿说："我什么都不缺。"翟导演说："这件东西你一定要收下。"说着，他就拿出了那个密封的小瓶。看着瓶子里血红色的液体，女儿刚开始不知道是什么，可是当爸爸告诉她，这是妈妈20年前的奶水时，女儿一下愣住了，她没有接过小瓶子，而是冲着这一小瓶奶水跪下，痛哭流涕。

这是妈妈的乳汁，妈妈用它把我们养大，原来，我们是喝着母亲的血长大的。世界上最珍贵的是什么？不是金银财宝，而是母亲的乳汁！这最最珍贵的纪念告诉我们：父母用他们的心血，养育我们长大。

最让翟导演感到欣慰的是，在上行下效的孝道中，儿女都身心健康地成长。当父亲给奶奶洗脚时，儿子小兴被奶奶那难以言表的幸福表情感动，决心把孝接过来，传下去。

　　翟导演曾说："亲情要发自内心，永远不要忘记母亲的养育之恩。我觉得所有人都应当永远记住父母的养育之恩，都应永远在心里保存着这一种真诚的爱，这是多么好的事情。对我们影视创作人员来说，如果一个人是虚伪的，是不孝的，又怎么能够在银幕、屏幕上创作出来感人至深的艺术形象来？不可能！"是啊，人如果不孝，不仅演不出感人至深的艺术形象，也根本做不好自己本有的人的角色。

诸侯章第三

【原文】

在上不骄①，高而不危②；制节谨度③，满而不溢④。高而不危，所以长守贵⑤也。满而不溢，所以长守富⑥也。

【注释】

①在上不骄：在上，诸侯为一国之君，地位仅次于天子，而在万民之上。骄，自满，自高自大。②高而不危：高，言诸侯居于列国最高之位。危，危险。③制节谨度：制节，指所有开支费用节约俭省。谨度，指行为举止谦逊谨慎而合乎典章制度。④满而不溢：满，充满，这里指国库充实，钱财很多。溢，水充满容器而漫出。这里指奢侈、浪费。⑤贵：指政治地位高。⑥富：指钱财多。

【译文】

身居高位而不骄傲，那么尽管高高在上也不会有倾覆的危险；俭省节约，慎守法度，那么尽管财富充裕也不会僭礼奢侈。高高在上而没有倾覆的危险，这样就能长久地保守尊贵的地位。资财充裕而不僭礼奢侈，这样就能长久地保守财富。

【评析】

生活在社会中的人，不论是古代的还是现代的，就像处在坐标系中的点由其横竖坐标决定一样，由其社会关系决定着。通俗地讲，一个人的职位越高他所承担的责任就越重大，对上对下的责任是免不了的。这里以上奉天子之命，下受民众拥戴的诸侯为例，说明只有不骄不躁、谦虚谨慎，才能够拥有长久的平安、富贵。在现代社会中，一方的行政长官，或者极有影响力的大众人物，都应该能从这句话中得到启迪。

【现代活用】

孝行感天动地的重华

舜，远古帝王，传说中的五帝之一，姓姚，名重华，号有虞氏，史称虞舜。相传他的父亲瞽瞍及继母和同父异母的弟弟象，多次谋害他，但舜聪明过人，每次都能化险为夷。比如瞽瞍让舜去修补谷仓仓顶，却从下面纵火烧谷仓，舜手持两个斗笠乘风跳下而逃脱；又让舜掘井，待井掘深，瞽瞍与象却用土填井，舜另掘地道，再次脱险。

话说舜在一家人如此这般对待自己之后，却毫不嫉恨，仍对父母恭顺，不失孝道，对弟弟始终慈爱。于是他的孝行感动了天帝，当舜在历山耕种时，有大象替他耕地，有鸟儿代他锄草。这般奇迹又被人间帝王尧所听闻，就带领百官去看望舜，并让自己的九个儿子来侍奉他，还把两个女儿娥皇和女英嫁给了他，任命他为宰相。经过多年观察和考验，选定尧舜做了他的继承人。

舜帝做了王后，他的后母因为年迈，眼睛就像他父亲的眼睛一样，也变瞎了。据说舜帝抱着后母的头，用他自己的舌头舔她的眼睛，最后后母的眼睛复明了。

如果我们抛开传说里虚构的一面，来看这个故事里的"孝"，对现在的人们来说，不无现实意义。舜对家人的祸心的不嫉恨，体现的是一种宽恕的精神，一种隐忍的精神，于是就有"忍人之所不能忍"，最终"成人之所不能成"的人生智慧。这对于一个要掌管天下的帝王来说，就是一个很必要的条件，既然尧要禅让给一个能把天下管理好的人，舜的行为当然说明了他是一个不错的人选。而作为一国之君，舜的孝行更能够感染百姓，为社会树立一种良好的风气。事实也证明舜帝治理的国家百兽率舞、四海承风，一片莺歌艳舞的气象。舜成为了历史上最有名的有德之君之一。

穷人的孩子早当家

刘伯承小时候家境贫寒，父亲由于过度劳累和贫困生活的折磨，身患肺病，过早地离开了人世。为了给父亲买口棺材，借了四十吊钱的高利贷，这样，使本来就十分贫困的家庭无异于雪上加霜。父亲去世以后，年仅15岁的刘伯承就和母亲一起承担全家七口人的生活重担，并且成了全家的主事人。他主动替母亲分忧，能自己做的事情从不让母亲去做，家里的大事小情、里里外外全靠他去张罗。

　　虽然一家人勉强度日，但生活上的安排还是井井有条，刘伯承每天天刚放亮就起床，日落之后才回家，精心地侍弄家里的那几亩薄田。虽然每天起五更睡半夜地出力流汗，付出了常人难以想象的劳动，但终因土地贫瘠，一年下来也就只收四五担毛谷，除了还债基本上就没有多少剩余了。全家人只能靠吃糠咽菜勉强度日。母亲为此长吁短叹，刘伯承就经常安慰母亲说："我们家里现在虽然很困难，但只要勤奋，就有希望。"母亲说："这谈何容易啊，我是心疼你呀孩子。你这么小，家里的担子都压在你的身上，母亲心里难受啊！"刘伯承笑呵呵地说："母亲您放心吧，您别看我年纪小，可我身子骨结实，有使不完的劲。"母亲知道这是儿子在为自己树立生活信心，但是她也不想把儿子拖累在家里。于是，她对刘伯承说："你父亲经常讲，好男儿志在四方，你不能一辈子总这样在这里忙活着，应当到外边的世界去闯一闯。要想干出点名堂来，千万不能把读书放下，没有文化到什么地方也吃不开。"刘伯承听了母亲的话，心里非常受用，他想："家里的生活如此困难，母亲不是让他长久地留在家里，减轻她的负担，而是督促他学习，到外边发展，这是多么伟大的母爱，多么高尚的品德，只有母亲才有这么宽广的胸怀。"

　　打这以后，他更加忘我地劳动了。每天除了种好家里的几亩田外，他还利用闲暇时间到有钱的人家里打短工，挣几个铜板或换几升米回来，这样就能改善一下家里的伙食。可一到农闲时，他就特别着急，因为这个时候，没有人家需要短工，他就把眼光投到别的地方，寻找挣钱的门路。当他听说御河沟煤厂用人挑煤时，他心里很高兴，回家就与母亲说了。可母亲说什么也不想让他去，对他说："孩子呀，你不能去干那个活，御河煤厂离咱家20多里路，这一去一回就得50里路，再挑一天煤，你受不了呀，压伤了身体可是一辈子的事。"伯承一听母亲不同意，知道是为自己好，可好不容易有这么个挣钱的机会，怎么也不能把机会放过。于是，他向母亲表态，自己会多加注意的。母亲无奈，只好答应了他。

　　刘伯承为了每天多挑几趟，天不亮就起床，可晚上一回到家里，肩膀磨破了一层皮，钻心的疼，两条腿就像灌了铅，每走一步都很费劲，腰酸背疼，简直难以忍受，可他怕母亲看了难过，总是装着一身轻松的样子。

一代名将孝子心

在许世友的一生当中，占有绝对重要位置的一个是毛泽东，一个是他的母亲。"活着尽忠，忠于毛主席；死了尽孝，替老母守坟。"这便是他常挂在嘴边的一句话。

许世友的母亲许李氏，是一位老实、善良的山区劳动妇女。1905年2月28日，许李氏生下了她的三伢仔许仕友（红军长征后，毛泽东为他改名为许世友）。就是这个三伢仔，由于吃不饱，穿不暖，更别提营养了，那小胳膊小腿瘦得简直如同柴火秆，直到两岁多了，连站都站不稳。时逢连年灾荒，一家九口，缺衣少食。许世友的父亲许存仁在万般无奈的情况下，准备以两斗稻谷把三伢仔卖给人贩子，许李氏不顾一切地扑了过去，死活不放手，三伢仔最终没被卖掉。

许世友的父亲在他很小的时候就去世了，使得支撑门户和抚育子女的重担全部落在了他母亲的肩上。在童年许世友的心目中，母亲是世界上最伟大、最了不起的人。许世友以后那倔强、果断、勤俭、自立的个性，大都得益于母亲以身示范的启蒙。

许世友8岁那年，为了吃上一口饭，活上一条命，母亲把他交给了一个慈眉善目的少林高手，让他到嵩山少林寺打杂学艺。就要分开了，母亲从手上脱下那堪称家中唯一财产的她当年的陪嫁品——一副银镯子，交给她的三伢仔，叮嘱道："今后有娘的这副镯子在你身边，你就不会想娘了。记着，好好用功学艺。"

到了少林寺之后，老方丈告诫他："家有家法，寺有寺规。入寺要受戒，受戒就要削发为僧，灭七情，绝六欲，不认爹娘……"许世友一听就急了，忙道："师父，俺来学艺练武就是为了俺娘，往后养娘。你要是不让俺认娘那俺就不学了，俺这就回家去。"老方丈道："念你对母一片孝心，又是远道而来，就在这里做个杂役吧！"

自此以后，许世友开始了少林寺的杂役生活。8年后，16岁的许世友艺成返家。母亲见昔日的三伢仔长高了，也壮实了许多，她那飘着缕缕白发的脸庞上，流露出幸福的微笑。

许世友从少林寺归家后没多长时间，就逢恶霸少爷李满仓无故寻衅闹事，殴打大哥，污辱母亲。许世友非常愤怒，仅两拳就打得那小子去阎王爷那报到了。许世友知道自己闯下了大祸，决定离家出走。临走前，他从内衣口袋中掏出8年辛苦换来的20块大洋，双手敬给母亲。可是，当他在追赶的狗吠声慌慌忙忙中跑出村外时，却发现他给母亲的20块大洋又回到了自己的小包袱中……后来，许世友当上了农民敢死队的队长，上木兰山打游击去了。还乡团举着屠刀回来了，母亲带着儿女们东躲西藏，吃尽了苦头。在大别山的一片野林里，许世友背着大刀找到了母亲，"扑通"一声跪下："娘，孩儿不孝，俺参加革命连累您了。""傻孩子，别说这些。共产党好，共产党报了咱家的世代深仇。你参加革命，娘心里高兴。"

红四方面军要西征了，刚办完婚事的许世友接到了去往前线的命令。许世友又跪在母亲面前说："娘，部队要走了，今夜就出发，你让俺去吗？"母亲先是吃了一惊，继而缓缓说道："娘不拦你，你去吧！"这次一别就是十多年，直到1948年初秋的一天，许世友的母亲才从当地党组织负责人那里得到她的三伢仔的消息："世友同志没有牺牲，他现在担任解放军山东军区司令员，正率部辗转于山东大地……"

不久，远在济南的许世友收到了母亲捎来的书信，还有布鞋、鞋垫等物，他那思念母亲的感情像闸门一下打开了。一星期后，许母便被儿子派人接到了泉城。

对于儿子的孝敬，母亲当然感到十分高兴。可是，过了一星期，母亲就住不下去了。她不习惯这里的生活。儿子理解妈妈，更敬重妈妈。他愿意满足妈妈的一切愿望。于是，许母又回到了大别山下那个小村子。

1957年冬，南京军区司令员许世友回到了阔别已久的家乡。这是许世友在新中国成立后第一次回乡，也是他一生中最后一次与母亲相见。

那一天下午5时左右，许世友刚跨进家门就轻轻地喊了一声："娘。"

许母一听到这再熟悉不过的声音，连忙放下手中的活儿，惊喜地打量着这个突然出现在眼前的儿子，喃喃地说："噢，真是我那三伢仔呀。"许世友紧紧地搂扶着年迈慈祥的母亲，双眼闪动着不易轻弹的游子泪。

离别的时候，许世友用他那双厚实有力的大手，拉着母亲久久地说不出一句话。还是母亲先开口了："孩子，你放心地去吧。"

许世友含着泪水安慰母亲："娘，您放心，俺还会回来看望您老人家的。"说完，他举起右手向母亲庄重地行了一个军礼。不想这一别，竟成了母子俩的最后一别。

1985年10月22日，一代名将许世友在南京逝世。10月26日下午，受党中央领导同志委托，王震将军向许世友将军的遗体沉痛告别，并转达了中央对许世友后事的处理意见：许世友同志是一位具有特殊性格、特殊贡献的特殊人物。许世友同志土葬，是毛泽东主席生前同意的，邓小平同志签发的，这是特殊中的特殊。

共和国两代伟人，满足了许世友将军死后完尸土葬，伴母长眠的要求。在父母合葬墓东北面约50米的地方，耸立着许世友将军的陵墓，墓碑上仅有简单的7个字："许世友同志之墓。"

许世友终于又回到了母亲的身边。

二

【原文】

富贵不离其身，然后能保其社稷①，而和其民人②。盖诸侯之孝也。《诗》云③："战战兢兢，如临深渊，如履薄冰④。"

【注释】

①社稷：社，祭祀土神的场所，亦代指土神。稷，为五谷之长，是谷神。土地与谷物是国家的根本，因而，"社稷"便成为国家的代称。②和其民人：和，动词，使和睦。民人，即人民，百姓。③《诗》：即《诗经》。汉代以前《诗经》只称为《诗》；汉武帝尊崇儒学，重视儒家著作，为《诗》加上"经"字，称为《诗经》。④战战兢兢，如临深渊，如履薄冰：战战，恐惧的样子。兢兢，谨慎的样子。临，靠近。渊，深水，深潭。履，踏，踩。

【译文】

能够紧紧地把握住富与贵，然后才能保住自己的国家，使自己的人民和睦相处。这就是诸侯的孝道啊！《诗经》里说："战战兢兢，谨慎小心，就像身临深渊唯恐坠陨，就像脚踏薄冰唯恐沉沦。"

【评析】

在古代，诸侯的职责就是：上奉天子之命，以管辖群众；下受民众的拥戴，以服从天子。他负责处理一个诸侯国的所有要政，包括军事、政治、经济、文化等。这种地位极容易犯欺上瞒下的错误。犯了这种错误，不是遭到天子的猜疑，便是引起民众的怨愤，那么他的荣华富贵也就快要结束了。所以，诸侯应以谦逊谨慎、不骄不奢的态度，遵守法律法规，节约吃穿用度，来长久地保持自己的富贵，保全自己的国家，庇护一方人民，使人民和睦快乐。"不危不溢"是诸侯立身行远的长久之计；居上不骄和制节谨慎的作风，才是诸侯当行的孝道。

【现代活用】

尽孝的方式不拘一格

臣下对君王应该是尽孝尽忠，但是君王也应该"在上不骄"。如果君王无道，怎么能够让臣子忠服于他呢？

晏子是春秋时的齐国人。他是一个很有影响力的人，辅佐了齐国三代君王，为齐国的强盛做出了巨大的贡献。

在《晏子春秋》中，记载了一段齐景公与晏子的对话。讨论的是君臣之间的关系。齐景公问晏子作为忠臣应该怎么侍奉国君。晏子说："君有难不死，出亡不送。"意思是："国君有难的时候，做臣下的不要替国君殉难，当国君出逃的时候，做臣下的不要追随国君出逃。"齐景公听后很不高兴，说："国君将土地爵位都给了臣下，国君这时有难，为什么做臣下的就不能够为国君殉难、追随国君出逃呢？那样的臣下能够被称为忠臣吗？"晏子的回答的确与众不同，他说："要是臣子的进谏能够被国君采纳的话，国君本来就不会有什么灾难，臣下哪里用得着为国君去死呢？若国君听从了臣子的建议，国君终身也不会出逃的。如果这样的国君有难的话，臣子去陪国君殉难或是出逃，那就是正确的。要是臣子的话国君不听，最后殉难或者出逃，那就是国君自己咎由自取。

而且，晏子就是那样做的。晏子在齐庄公时，齐庄公昏庸无道，因与权臣崔杼的妻子私通，最后被崔杼杀害。崔杼杀死齐庄公后，就逼晏子自杀，晏子坚决不同意。于是在齐庄公的弟弟齐景公即位后，齐景公和晏子之间就出现了这样的对话。

卿大夫章第四

【原文】

非先王之法服①不敢服，非先王之法言②不敢道，非先王之德行③不敢行。

【注释】

①法服：按照礼法制定的服装。②法言：合乎礼法的言论。③德行：合乎道德规范的行为。

【译文】

不合乎先代圣王礼法所规定的服装不敢穿，不合乎先代圣王礼法的言语不敢说，不合乎先代圣王规定的道德的行为不敢做。

【评析】

卿、大夫为天子或诸侯的左膀右臂，也就是政策决定的集团，全国行政的枢纽，地位也是很高的。但不负守土治民之责，故次于诸侯。他的孝道，就是要在言语上、行动上、服饰上，一切都要合于礼法，示范人群，起领导作用。

【现代活用】

包拯辞官事父母

包公即包拯（999—1062），字希仁，庐州合肥（今安徽合肥市）人，父亲包仪，曾任朝散大夫，死后追赠刑部侍郎。包公少年时便以孝而闻名，性直敦厚。在宋仁宗天圣五年，即公元1027年中了进士，当时28岁。先任大理寺评事，后来出任建昌（今江西永修）知县，因为父母年老不愿随他到他乡去，包公便马上辞去了官职，回家照顾父母。他的孝心受到了官吏们的交口称颂。

几年后，父母相继辞世，包公这才重新踏入仕途。这也是在乡亲们的苦苦劝说下才去的。在封建社会，如果父母只有一个儿子，那么这个儿子不能扔下父母不管，只顾自己去外地做官。这是违背封建法律规定的。一般情况下，父母为了儿子的前程，都会跟去的。父母不愿意随儿子去做官的地方养老，这在封建时代是很少见的，因为这意味着儿子要遵守封建礼教的约束——辞去官职照料自己。历史书上并没有说明具体原因，可能是父母有病，无法承受路上的颠簸，包公这才辞去了官职。

不管情况如何，包公能主动地辞去官职，还是说明他并不是那种迷恋官场的人，对父母的孝敬也堪为众人的表率。

戚继光不负父训

有一次，父亲戚景通问戚继光："宋代岳飞曾说过什么话？"

"文官不贪财，武官不怕死，国家就兴旺。"

"对，你要终生记住这句话，认真读书，苦练武艺，才能为国立功，干一番大事业！"

几年后，戚继光成为一名文武双全的青年军官。这时，父亲正埋头著一部兵书，有人劝他晚年要多置办些田产以留给后代，戚景通听了后对继光说："你知道父亲为什么给你取名继光吗？"

"要孩儿继承戚家军名，光耀门第。"

"继儿，我一生没有留给你多少产业，你不会感到遗憾吧？"

戚继光指着厅堂上父亲写的一副对联："授产何若授业，片长薄枝免饥寒；遗金不如遗经，处世做人真学问。"他读了一遍后说："父亲从小教我读书习武，还教我做一个品德高尚的人，这是留给孩儿的最宝贵的产业，孩儿从没想过贪图安逸和富贵，我只想早些像岳飞建'岳家军'一样，创立一支'戚家军'。"

戚景通听了心中十分宽慰，笑着对儿子说："我这部兵书已经完成了，现在我要传给你，这是我一生的心血，将来你用它报效国家吧！"

戚继光跪在地上，双手接过《戚氏兵法》说："孩儿一定研读这部兵法，不管将来遇到什么艰难险阻，我也不会丢弃父亲的一生心血。"

戚景通在72岁时患重病去世。戚继光接到噩耗从驻防地赶回家奔丧。他在父亲坟上哭着说："继光一定继承您的遗志，为国尽忠，赴汤蹈火，在所不辞！"

明嘉靖三十四年（1555年），朝廷派戚继光负责抗倭。他组织"戚家军"在六年中九战九捷，威震中外。他曾对人说："我之能抗倭取胜，全靠我父亲在世的谆谆教诲啊！"

孝心感化山贼

刘平，字公子，江苏人。王莽掌权时，他任郡吏守苕邱长，政绩显著，治理有方，因此深得百姓爱戴。王莽死后，天下大乱。刘平为了母亲的安全，就带着她逃往异乡，藏在一座深山中。

一日清晨，刘平出去为母亲找食物，遇到了一群山贼，把他抓住并要吃他的肉。刘平毫不担心自己的安危，却挂念着还未进食的老母，并跪在地上向贼人叩头说："我今天早上出来是为了给老母亲寻找野菜充饥，如果我不回去的话，老母亲就会被活活饿死。所以，我请你们高抬贵手，先让我回去把母亲安顿好，然后，我自会回来，接受你们的处置。"其实这些所谓的山贼，无非都是一些战乱中无家可归的饥民，本不是穷凶极恶之徒，只是迫于生计才落草为寇的。他们听了刘平的诚恳话语，动了恻隐之心，于是就放他回去了。

刘平回到母亲处，给母亲吃完了东西，竟然真的信守诺言，又找到了山贼所在之处。面对他的信义和正直，山贼们都很震惊，没想到真有这样的人。于是，山贼的头领说："我们只听说古代有节烈之士，没想到今天能亲眼见到。我们怎么能吃你的肉呢？"就这样，刘平化险为夷，回家服侍母亲去了。

后来，刘平又做了官，先被推举为孝廉，又担任义郎一职。

孝心是相通的，山贼们也是父母生、父母养，何况都是饥饿的难民，不是天生"性恶"。所以，面对孝子刘平的孝心与信义，他们内心善的一面被激发了。可见，"孝道"使人向善。

细节展现孝心

陆绩是三国时期吴国人，字公纪，是当时的天文学家。他自小受父亲陆康高风亮节的熏陶，深懂忠义孝悌之道。陆绩聪明伶俐，酷爱读书，博学多识，人称"神童"，颇有名气。

6岁那年，他跟着父亲去九江拜见大名鼎鼎的袁术，一点也不怯场。袁术提的问题，他侃侃而谈，不卑不亢，袁术惊叹小陆绩的才学，破例地给他赐坐，还命人端来一盘橘子。那橘子圆圆的，大大的，皮色金黄，肉肥汁多，味道极美。陆绩悄悄地往怀里塞了三个，在场的人谁也没有注意到。

一席长谈，袁术对小陆绩的才华非常满意。临走向主人告辞的时候，橘子由于没放平稳，从他的怀里滚落到地上了。袁术开始吓了一大跳，以为那是什么"秘密武器"，待看清那不过是橘子时，不禁哈哈大笑："你这孩子是到我家来做客的，怎么走的时候还要在怀里藏着主人的橘子啊？"陆绩不慌不忙，直视着他的眼睛，真诚地答道："因为我母亲喜欢吃橘子，我想拿回去送给她吃。"

小陆绩振振有词，神色自若，一点也不显得难堪。因为在他心目中，母亲是伟大而神圣的。儿子孝顺母亲，天经地义，没什么见不得人的。袁术听后很惊讶，对这小孩另眼相看，这么小的年纪就懂得孝顺母亲，想他将来肯定能成为一位不同凡响的人物。

果然，陆绩成年后，博学多识，通晓天文、算数，曾作《浑天图》，注《易经》，撰写《太玄经注》，官至俞林太守。

世人对孔融让梨的故事耳熟能详，但真正做到礼让的人却不多。要知道，没有父母，就没有我们的一切。凡事多想想父母，有好东西应该先给父母。不要只顾自己，不管父母。孝心不需要你大量的金钱投资，不需要你无尽的物质补贴，父母在乎的正是你那一个小小的橘子，一把小小的扇子，一句简短的问候！心中有父母就是一种孝的开始，它能够延伸到你生活的每一小的细节，而这些小的细节正是构成一个人道德和名誉的基石。

二

【原文】

是故非法不言，非道不行；口无择言，身无择行。言满天下无口过①，行满天下无怨恶②。三者备矣③，然后能守其宗庙④。盖卿、大夫之孝也。

【注释】

①口过：言语的过失。②怨恶：怨恨，不满。③三者备：三者，指服、言、行，即法服、法言、德行。备，完备齐全。④宗庙：古代祭祀祖宗的屋舍。

【译文】

因此，不合礼法的话不说，不合道德的事不做。由于言行都能自然而然地遵守礼法道德，开口说话无须斟字酌句，选择言辞，行为举止无须考虑应该做什么、不该做什么。虽然言谈遍于天下，但从无什么过失。虽然做事遍于天下，但从不会招致怨恨。完全做到了这三点，服饰、言语、行为都符合礼法道德。然后才能长久地保住自己的宗庙，奉祀祖先。这就是卿、大夫的孝道啊！

【评析】

有这样一种现象：很多取得成功的人，因为不能慎言谨行而导致身败名裂、遗臭万年。而且往往有这么一个规律：一个人的成功需要付出很多努力，但是失败很容易，有时只需要一句话、一个不当的做法，就可以让你身败名裂，陷入万劫不复之地。所以不管是谁，都应当谨言慎行。

【现代活用】

代父从军彰显女儿孝心

北魏末年，柔然、契丹等少数民族日渐强大，他们经常派兵侵扰中原地区，抢劫财物。北魏朝廷为了对付他们，常常大量征兵，加强北部边境的驻防。

木兰从军讲的是当时一位巾帼英雄的故事。木兰据说姓花，商丘（今河南商丘县南）人，从小跟着父亲读书写字，平日料理家务。她还喜欢骑马射箭，练得一身好武艺。有一天，衙门里的差役送来了征兵的通知，要征木兰的父亲去当兵。但父亲已年迈，怎能参军打仗呢？木兰没有哥哥，弟弟又太小，她不忍心让年迈的父亲去受苦，于是决定女扮男装，代父从军。木兰父母虽不舍得女儿出征，但又无其他办法，只好同意她去了。

木兰随着队伍，到了北方边境。她担心自己女扮男装的秘密被人发现，故处处加倍小心。白天行军，木兰紧紧地跟上队伍，从不敢掉队。夜晚宿营，她从来不敢脱衣服。作战的时候，她凭着一身好武艺，总是冲杀在前。从军十二年，木兰屡建奇功，同伴们对她十分敬佩，赞扬她是个勇敢的好男儿。

战争结束了，皇帝召见有功的将士，论功行赏。但木兰既不想做官，也不想要财物，她只希望得到一匹快马，好让她立刻回家。皇帝欣然答应，并派使者护送木兰回去。

木兰的父母听说木兰回来，非常欢喜，立刻赶到城外去迎接。弟弟在家里也杀猪宰羊，以慰劳为国立功的姐姐。木兰回家后，脱下战袍，换上女装，梳好头发，出来向护送她回家的同伴们道谢。同伴们见木兰原是女儿身，都万分惊奇，没想到共同战斗十二年的战友竟是一位漂亮的女子。

这段感人的代父从军故事很快就传开了，人们都佩服木兰的勇敢和一颗炙热的孝女之心。

三

【原文】

《诗》云："夙夜匪懈，以事一人①。"

【注释】

①夙夜匪懈，以事一人：夙，早。匪，非，不。懈，松懈，懈怠。一人，指周天子。

【译文】

《诗经》里说:"即使是在早晨和夜晚,也不能有任何的懈怠,要尽心竭力地去奉事天子!"

【评析】

尽管守土治民的重大责任不属于卿、大夫,但作为政府部门的一个群体,君主诸侯的辅政人员,对政治也具有不可忽视的影响。所以卿、大夫之孝,应以忠于职守、拥护其主为首要因素,还应特别注意确保他们的言行举止万无一失,因为只有这样,卿、大夫才能长久地享有荣华与富贵。

【现代活用】

教人行孝的太守

历史上,在地方官中,教导人们遵从孝行的人,当数北魏时的房景伯。房景伯,性情淳厚,弟弟们敬他如父。房景伯有个族叔做过官,他的族叔房法寿原本是个无赖,只不过比较孝顺。房景伯的家境比较贫寒,早年靠为人抄书供养母亲,后来他做了清河太守。

当时,清河盗贼作乱。郡民刘简虎曾无礼触犯房景伯,后投奔山贼。房景伯就提拔刘简虎的儿子为佐治官吏,让他告谕山贼既往不咎。山贼们见房景伯不记旧仇,于是相率投降。

不过房景伯被后人称道的是,他向管辖的郡内一个不孝的年轻人示范孝敬母亲的故事。

当时清河郡下面有个贝邱县,在今山东境内。贝邱有一位妇人控告儿子不孝,叫房景伯来管管,惩治一下。房景伯本来想把那个儿子叫来大堂训斥一番。但他没有这样做,而是先告诉了自己的母亲。他的母亲说:"这些小民未曾受学,不知礼教,应以德化引导,让他们知耻向善。"于是,房景伯召见妇人,每日同到厅堂,与她相对饮食。房景伯还叫来她的儿子,命其子侍立堂下,观看房景伯侍奉母亲饮食。不到十日,这位不孝的儿子就感到非常的内疚,请求回去。崔氏说:"此子虽然表面羞愧,不知内心是否真正悔过,暂留几日。"于是房景伯又把这对母子留了二十天。后来其子深受感化,叩头流血,真心悔悟,他的母亲也流下眼泪,乞求回去。回去后,这位不孝的儿子果然洗心革面,对自己的母亲很孝顺,成为了当时一个著名的孝子。宋朝有人写诗说:"亲见房太守,殷勤奉旨甘。哪能不心愧,岂止是颜惭。"

陈毅探母

1962年,陈毅元帅出国访问回来,路过家乡,抽空去探望身患重病的老母亲。

陈毅的母亲瘫痪在床,大小便不能自理。陈毅进家门时,母亲非常高兴,刚要向儿子打招呼,忽然想起了换下来的尿裤还在床边,就示意身边的人把它藏到床下。

陈毅见久别的母亲,心里很激动,上前握住母亲的手,关切地问这问那。过了一会儿,他对母亲说:"娘,我进来的时候,你们把什么东西藏到床底下了?"母亲看瞒不过去,只好说出实情。陈毅听了,忙说:"娘,您久病卧床,我不能在您身边伺候,心里非常难过,这裤子应当由我去洗,何必藏着呢。"母亲听了很为难,旁边的人连忙把尿裤拿出,抢着去洗。陈毅急忙挡住并动情地说:"娘,我小时候,您不知为我洗过多少次尿裤,今天我就是洗上10条尿裤,也报答不了您的养育之恩!"说完,陈毅把尿裤和其他脏衣服都拿去洗得干干净净,母亲欣慰地笑了。

陈毅元帅有繁忙的公务在身,但他不忘家中的老母亲,在百忙中抽空回家探望瘫痪在床的母亲,为母亲洗尿裤,以关切的话语温暖抚慰病中的母亲。虽然陈毅元帅为母亲所做的只是一些平常得不能再平常的小事,但从这些平常的小事,看出了他对母亲浓厚的爱。他不忘母亲曾为自己付出的点点滴滴,理解母亲的艰辛和不易,知道报答母亲的养育之恩。

行孝悌,得民心

韩邦靖,字汝度,明朝朝邑(今陕西省大荔县)人。他小时候学习就很勤奋,与哥哥韩邦奇一起考上了进士,当上了山西左参议,守卫大同。当时赶上了荒年,老百姓吃不到粮食,饿死无数人。乡下出现了人吃人的现象。韩邦靖见此情景,很想帮助百姓度过灾难,于是他就上奏此事,希望朝廷能赈济灾民,但是没有被通过。他对朝廷失去了信心,因此就想辞官归隐,但还没得到批准，就要先动身上路。乡亲们知道后，自发组织起来，站在路旁痛哭流涕，劝他留下来。韩邦靖含着泪回到家乡，不久就病逝了。后来他的哥哥韩邦奇也做了参议，来到大同，乡亲们知道他是韩邦靖的哥哥，都纷纷出来迎接他，并激动地哭了起来。

在此以前，韩邦奇曾经身患重病，卧床不起一年多。韩邦靖非常担心哥哥的身体，并亲自服侍哥哥。给哥哥吃的药，他都要先尝一下冷热，他还亲手送上哥哥吃的食物。后来，韩邦靖病重，哥哥韩邦奇也是不分昼夜地照顾他达三个月之久。韩邦靖去世后，哥哥只吃简单的饭菜，穿了五个月的孝服。乡亲们都很感动，并为他们立了一块孝悌碑。

感天地泣鬼神的孝子

张嵩，陇西人，是个有名的孝子。在他八岁的时候，母亲得了重病，躺在床上不思饮食。有一天她忽然想要吃堇菜，张嵩听说，连忙跑到野地里去找。

当时正是冬天，野外是一片一片的枯草，一丝绿意也没有。张嵩把四处都找遍了，还是不见堇菜的踪影。于是他放声大哭："娘啊，您辛辛苦苦把我养大，我却不能报答您。现在您生病了，什么时候才能康复啊。上天如果怜悯我，就让堇菜生长出来吧。"

他哭啊哭，从早上一直哭到中午，天空都为之变了色，红红的太阳躲起来了，乌云越压越低，下了一场雨。雨过天晴，张嵩惊奇地发现有无数棵堇菜破土而出。

原来老天爷也被他的孝心所感动了。张嵩采了许多堇菜回家，母亲吃了堇菜后，便能下地行走，病也立刻好了。

张嵩长大成人后，母亲生病去世了。张嵩家里十分富有，仆役成群，但做棺材、筑坟墓他一律自己动手，不肯让奴仆出力。送葬的时候也不肯让别人帮忙，他们夫妻二人亲自把母亲的棺材背上车，然后张嵩让妻子在前面拉车，他自己则在后面推着，一同向坟地走去。

当时狂风暴雨大作，路上的淤泥可以没过膝盖。但奇怪的是他们送葬所经过的路上却是干干净净，一点泥水也没有。

张嵩把母亲安葬完毕，又哭了一场。此后他天天亲自为母亲培土修坟扫墓，一边做这些事一边哭，哭得头发也掉光了。就这样过了三年。

有一天，张嵩又伏在墓碑上哭。这时在坟墓的正北方向响起了隆隆的雷声，越传越近。伴随着雷声又有一道风云来到了张嵩身旁。风云像长出了双手，抱着他，把他放在东边距坟八十步远的地方。然后，只见一道闪电划破长空，像一把利剑直劈入坟冢，坟被劈成了两半，棺材露了出来。

张嵩非常惊骇，连滚带爬地到了棺材旁边，看见棺材上写着："张嵩的孝心通达于神明，神念你一片至诚的心，暂放你母亲回去，她还可以再活三十二年，你要好好地侍奉她。"

听说了这件事的人都啧啧称奇。最后连皇帝也知道了，大为感动，便拜张嵩为金城太守，后来又升迁为尚书左仆射。

士章第五

一

【原文】

资于事父以事母①，而爱同②；资于事父以事君，而敬同③。

【注释】

①资于事父以事母：资，取，拿。事，奉事。②爱同：指对父、母双方的亲情之爱相同。③敬同：指对父、母双方的尊敬之情相同。

【译文】

取侍奉父亲的态度去侍奉母亲，那爱心是相同的；取侍奉父亲的态度去侍奉国君，那敬心是相同的。

【评析】

大多数人都是这样做的：对母亲很爱戴，而对自己的上司则大多是尊敬的，对父亲则是又爱又敬的。尽管这是对不同人群"孝"的区别，但是如果一个人能够做到这样对待自己的父母和上司，这个人难道不值得被人称赞吗？这样的人难道不会获得社会的认可、取得人生的成功吗？

【现代活用】

孝子不会让父母担心

春秋末期，韩国大夫严仲子因为受到韩哀侯的宠信而受到了韩相侠累的嫉恨。严仲子惧为侠累所害，逃离韩国，开始游历各地，欲寻侠士为自己报离乡之恨，刺杀侠累。后闻听魏国轵地人聂政因杀人避仇，携母及姐隐迹于齐国，其人仁孝侠义，武功高超，当可结识。严仲子遂赴齐，寻至聂政所居，数次登门拜访，并备酒馔亲向聂母致礼，并赠黄金百镒（音益，古代重量单位，1镒为24两，一说20两）与聂母为礼。聂政坚辞不受，但已心许严仲子为知己，所不能从，盖因老母在堂，不能以身许友。

没过多久，聂母与世长辞。严仲子亲执子礼助聂政葬母，聂政感激在心。此后，聂政为母服丧三年，并嫁其姐，独剩孤身始赴濮阳严仲子处，询问严仲子仇家的名字，并谢绝严仲子欲为其遣人相助的要求，孤身赴韩。

韩相侠累府宅护卫森严。那个时候侠累正高坐府堂，执戟甲士侍立两旁。聂政执剑直入韩府，诸多甲士反应不及，正自呆若木鸡时，聂政手执长剑已刺入侠累胸膛，侠累顷刻丧命。顿时府中大乱，甲士们醒悟过来，齐上围攻聂政。聂政执长剑击杀数十人后，难逃重围，遂倒转剑柄，以剑尖划破面颊，剜出双眼，剖肚出肠。

聂政死后，韩侯暴其尸于市，悬赏购求能辨认其人的。聂政姐聂荌闻听消息，即刻想到：这个人一定是聂政，因为他曾与韩相仇人严仲子国士相交，聂政想必是为了报知遇之恩。我应该前去认领。于是动身赴韩，到了那里，一眼就看出尸体是聂政。聂荌伏尸痛哭，失声道："这就是轵地深井里人聂政啊！"

道有往来人，好心劝止道："此乃刺韩相之凶手，韩侯悬赏千金欲求其姓名，你不躲避，怎么还敢来辨认呀？"聂荌回答："这个我知道。然而聂政之所以蒙受屈辱隐迹于市贩之中，都是由于母亲还在世上，以及我还没有出嫁的缘故。严仲子在屠贩之中与聂政相识，并屈身结交，此深厚知遇之恩怎可不报！士为知己者死，聂政不过是因为我还活着，才毁坏自己的躯体，以免被人辨认出来牵连与我。但我又怎能因害怕被牵连而任聂政的英名埋没呢！"

话刚一说完，聂荌长呼三声"天"，即因悲哀过度、心力交瘁，死在聂政的尸体旁。

弘扬孝的使者，诠释孝的孝女

于文华出生于普通的河北农村家庭，祖上世世代代都是农民。这种环境里长大的于文华，太早地理解了母亲的艰辛，也懂得了为母亲分担一些生活的压力，尽可能地多干一些家务事。放学之后，于文华总是去搂猪草、拾煤核、拣树枝、喂猪，什么活都干。

父亲病得非常厉害的时候，家里发电报给她。于文华匆匆从郊区赶到永定门火车站。在路上换乘公交车的时候，她还不忘给老人让座位。其实这种给老人让座的习惯她一直保持了十几年。于文华说，只要她一见到老人，就会想起父亲来。心中对父亲隐隐的情愫，永远挥之不去。让座也算是对父亲的一种缅怀。有一段时间，她总是梦到父亲。在梦里，父亲依然那么慈祥，那么亲切。于文华也时时告诫身边的朋友和同事，一定要即时孝顺自己的父母，不管当儿女的在事业上取得了怎样的成就，哪怕是一句知心的问候也好，千万不要等到父母不在了，再后悔也来不及了。

父母的健康是儿女的福气。母亲只剩下三颗牙齿，吃起东西来很是麻烦。每次吃饭，于文华都会替母亲夹易嚼易消化的食物，吃鱼的时候更会替母亲摘掉一根根细小的鱼刺。然而，看着每次吃饭时母亲艰难、痛苦的表情，于文华心里真如打翻了的五味瓶。她设法联系了牙医，给母亲镶了一口结实、轻便的牙齿。如今母亲都能嚼花生豆了。于文华更是喜上眉梢，心中洋溢着小小的幸福。

由于于文华的母亲习惯了乡下的生活，所以她不愿离开家乡到北京来。好在老家离北京很近，于文华隔三差五地就回去把母亲接过来，小住上几天，为母亲做可口的饭菜，为母亲洗澡、梳头，精心地照顾。直到今天，母亲已经是80岁高龄，却依然精神矍铄，耳聪目明，身体硬朗。对整日忙碌的女儿来说，这就是最大的欣慰。

于文华把自己对父母的感恩之情融入了作品创作之中。《想起老妈妈》、《永远的报答》、《天下父母》、《和谐盛世》——一首首饱含深情的歌曲唱出了心中对父母、对祖国无比的眷恋和感恩。她用自己的歌喉诉说着孝敬父母、忠于祖国的情怀。

二

【原文】

故母取其爱①，而君取其敬，兼之者父也②。故以孝事君则忠③。以敬事长④则顺。忠顺不失⑤，以事其上，然后能保其禄位⑥，而守其祭祀⑦，盖士之孝也。

【注释】

①取：得到。②兼之者父也：兼，同时具备。之，代词，指爱与敬。③忠：忠贞。④长：上级，长官。⑤顺：恭顺，顺从。失：短缺，过失。⑥禄位：俸禄和职位。⑦祭祀：指的是祭祀宗庙祖先。

【译文】

侍奉母亲取亲爱之心，侍奉国君取崇敬之心，只有侍奉父亲是兼有爱心与敬心。所以，有孝行的人为国君服务必能忠诚，能敬重兄长的人对上级必能顺从，忠诚与顺从，都做到没有什么缺憾和过失，用这样的态度去侍奉国君和上级，就能保住自己的俸禄和职位，维持对祖先的祭祀。这就是士人的孝道啊！

【评析】

士的孝道，在于忠于职守、爱岗敬业，和同事相处融洽。因为他要想在事业上取得成功，那他就必须先完成上级交给他的一切任务，并懂得学习他人的长处。如果做事拈轻怕重，那就是不敬业；对同事颐指气使，那便是不顺。这样的人终究不会得到上级的信任和同事的好感。一个人处在如此尴尬的境地，那他还能继续保持其地位并进退自如吗？

【现代活用】

孝悌治家的楷模

鲍出，字文才，三国时期京兆新丰人。天生魁伟，生性至孝。他和母亲以及四个兄弟一起居住。鲍出为人豪放，但是对母亲却照顾得无微不至，兄弟之间也是兄友弟恭，一家人的日子过得和乐美满、其乐融融。

一天，兄弟五人外出，只有母亲一人在家。两个哥哥和弟弟先回到家，发现一伙强盗把他母亲用绳子绑住手，劫走了。他们惊慌失措，又不敢去追。等到鲍出回来后，听说此事，怒发冲冠，抄起一把刀就不顾一切地追了出去。沿途杀了十多个个贼人，终于追上了劫掠他母亲的强盗，邻居家的妇人也被一道劫来了。众贼见他来势凶猛，锐不可当，自己的同伙也已经有好几个死在了他手里，都不敢和他正面交锋，无奈之下就放了他母亲。鲍出指着邻居家的妇人说："这是我嫂子，快放人！"贼人不敢造次，乖乖地把人放了。就这样，母亲和邻家妇人都得救了，鲍出也因此名声大振。

后来战乱纷起，他就侍奉母亲到南阳避难。天下太平后，他们回到家乡。在路上跋山涉水，母亲行走不便，鲍出就亲手编了一个竹笼，请母亲坐在笼中，他背着母亲回到了家乡。鲍出对母亲的照料可谓无微不至，天冷加衣，天热扇席，母亲生病便寸步不离、衣不解带，母亲心情不好，就想方设法逗母亲开心，总之事事按照母亲的意愿行事，从来不敢怠慢。在他的悉心照料下，母亲活到了一百多岁才逝世，那时他也已经七十多岁了，但依然为母亲守丧礼，无所不备。

鲍出的孝行真正做到了孔子所说的"孝子之事亲也，居则致其敬，养则致其乐，病则致其忧，丧则致其哀，祭则致其严"，为后世做出了榜样。他的后代继承了祖先的遗风，成为孝悌治家的楷模。

梅婷与父母

南京姑娘梅婷，因主演《血色童心》、《北方故事》、《红色恋人》、《不要和陌生人说话》等影视剧而拥有了众多的"粉丝"，曾荣获第22届国际开罗电影节"最佳女演员奖"、中国电影华表奖"优秀女演员奖"等多项大奖，是大家公认的实力派明星。

然而，让梅婷感到最骄傲的，并不是她如日中天的事业，而是她拥有一个温馨和睦的家，拥有疼她爱她的父母。

梅婷出生在南京一个普通知识分子家庭，小时候的她聪明伶俐，乖巧懂事，人见人爱。1988年，梅婷考入解放军艺术学院前线歌舞团舞蹈班。舞蹈班的女孩子特别爱美，她们经常一起去街上买漂亮的衣服和各种化妆品，而梅婷上街的次数是少之又少，大多数时间她都是一个人待在练功房里练功。

一天，母亲来学校看女儿，见其他女孩子一个个打扮得像公主，而梅婷简直就是她们中间的"灰姑娘"，母亲感到很内疚，她觉得这样太委屈女儿了。于是，她带着女儿来到商场里，要给她买几套漂亮的衣服，梅婷一个劲地摇头，并说："妈妈，你们为了培养我，已经很不容易了，我不能再给你们增加负担。再说，我从来不和同学们比吃穿，只和她们比学习。"女儿这么小的年纪就能说出这样的话，知道体贴父母，这让母亲感到很欣慰。

5年后，梅婷毕业进入了南京军区前线歌舞团舞蹈队。领到了第一个月的津贴时，她给父母每人买了一个礼物，然后把剩下的钱全部交给了母亲。母亲搂着女儿，幸福地说："我们的小婷婷成了家里的顶梁柱了。"

1996年，梅婷考入了中央戏剧学校表演系，昂贵的学费和在北京的各种开销，对他们家来说，无异于是一笔巨款。梅婷想，自己再也不能加重父母的负担了。因此，上学期间，她总是寻找机会拍摄一些广告，到剧组去客串一些角色，不仅解决了自己的学费和生活费问题，甚至还能给父母一些零花钱。

随着《血色童心》、《北方故事》、《红色恋人》等影视剧的播出，梅婷渐渐有了一定的知名度。此后，她片约不断，很少有时间与父母见面了，但无论走到哪里，她始终觉得自己是一只风筝，线紧紧拽在父母的手里。

平时在外面拍戏，无论多晚，梅婷都要打电话回家，向父母报平安。每次从外地回到家，她都要给父母买大包小包的礼物。随着经济条件的一步步好转，梅婷为父母换了一套住房，添置了家具，还掏钱让父母去国外旅游，让他们看看外面的世界。

梅婷在北京有了自己的房子后，她每年都要把父母接到北京来住一段时间。在这段时间里，梅婷不接戏，推掉一切应酬，甚至连手机也关掉，一心一意在家里陪父母。有时，她还一手牵着父亲、一手牵着母亲在公园里游玩，去街上吃各种小吃。朋友见了，劝梅婷要注意自己的名人形象，她却说："我觉得这样挺好的。在父母的眼里，我永远都是长不大的小女孩。"

三

【原文】

《诗》云："夙兴夜寐，无忝尔所生①。"

【注释】

①夙兴夜寐，无忝尔所生：夙，早。兴，起，起床。寐，睡觉。无，别，不要。忝，羞辱，侮辱。尔，汝。所生，指生身的父母。

【译文】

《诗经》里说："要早起晚睡，努力工作，不要玷辱了生育你的父母！"

【评析】

这里说明了初级官员所要做到的孝道：第一，要尽忠职守；第二，要尊敬长上。初级官员所代表的人群在现代社会有一种普遍的意义，因而具有很强的指导意义。

【现代活用】

爱的谎言

小飞是个10岁的男孩。他爸爸是做生意的，有一次出去三年还没回来。但每过一段时间，小飞和妈妈就会收到爸爸从南方一座城市某条路的67号寄来的信。后来小飞问妈妈："爸爸为什么过年也不回来？"妈妈说："爸爸这两年的生意刚起步，肯定很忙，等忙完这阵子他就回来了。您给他回封信吧。"于是小飞趴在桌子上开始写信。他写完了信，再写信封，写上某某市某某路67号，再贴上邮票，封了口，让妈妈寄出去。

就这样，小飞和爸爸通起了信。

小飞很喜欢看爸爸的回信。在一封信中，爸爸提到了他所住的67号。说那是一幢大的老式房子，他住在那幢房子的四楼。房间里铺着抛光的松木地板，米黄色的窗帘从天花板一直垂到了地上。早晨，太阳从地平线上升起的时候，能听到附近教堂里传来的隐隐约约的福音。下雨的夜晚，站在阳台往下望，就能看见拖着尾光的小汽车在流光溢彩的街道像忙碌的甲壳虫一样来往穿梭。

在另一封信里，爸爸则写到他楼下的花园：从街道进入67号，是一条碎石铺成的小路，小路的两边用铁栅栏围着小小的花园，花园里有一种叫不出名的花，像碗口一样大，会在晚上悄悄开放，刚开时浅红色，但颜色越来越深，每天变七次。还有一种张开五只角的鲜红小花，喜欢沿着栅栏生长，它的叶子细碎而墨绿，淡青色的触须在白天使劲地打着卷儿，一到晚上却爬得老高……

市中心67号那些美丽的鲜花足足在小飞心里开了有几个月。小飞想，放了假我一定要到爸爸那里去玩，到那里亲眼看一看。

小飞想爸爸了。

可是每次小飞对妈妈说起这事，妈妈就重复那几句话说："爸爸做生意非常辛苦，一定不愿意我们去打扰他。"每次小飞都只好打消念头。

爸爸常常给小飞寄东西回来。小飞的书包里装着爸爸买的文具盒，身上穿着爸爸买的运动衫。他很愿意把爸爸给他买的零食和同学们分享，也愿意和他们说起那个67号。但说多了，同学们就问小飞："你到过67号吗？"小飞一下子语塞了，说："我……我当然要去的。"

想去看爸爸的念头又在小飞的心里打鼓了，这回比任何一次都强烈。

小飞的计划是在那年夏天实施的。学校举行为期五天的夏令营时，小时揣着妈妈给他的夏令营用的100块钱去了火车站，用37块钱买了一张通往爸爸所在城市的火车票。

小飞坐了一天一夜的火车才到了目的地。一下车，人流就把他淹没了。这是小飞第一回一个人出远门，而且是去大城市。他想，我不能慌，要镇定。他问一个摆摊的女人，您知道在某某路怎么走吗？那个女人说，某某路？好像很远，到郊区去了。小飞想，她一定是弄错了，我爸说某某路在市中心，怎么会在郊区呢？小飞又问了一位民警、一个中年男人、一个老头，还有三个比小飞大几岁的学生。这些人都告诉小飞，那条路在郊区。小飞奇怪了。爸爸为什么要骗自己呢？

人家还告诉小飞，去那里要转很多路公交车，不过要是有钱也可以打车，那就方便多了。小飞知道打车很贵，不过一想只要找到爸爸，什么问题都没有了，就真的打了个车。但那位司机问明小飞要去的地方以后就不走了。他说，那里太偏了，真要去得加钱，要不只能载小飞到岔路口。小飞算了算钱，说，那就到岔路口吧。在岔路口下车后，小飞看见了几座低矮的平房，房子旁边还有好些菜地，路上的人和车子都很少，他知道真的到郊区来了。他又找人问，某某路怎么走？被问的人往西指了指。可是小飞走了半小时，还没到，他只好又去问人，人家还是往西指了指。小飞越走越觉得不对劲儿，那天小飞一直向西走了近两个小时，才见到某某路的牌子孤零零脏兮兮地立在一个垃圾堆旁。又走了好一会儿，才看见一个门牌上写着107，小飞沿着这个号码往下走，一直走到了路的尽头，67号终于出现在小飞眼前。

但是小飞没有看见鲜花盛开的花园，也没有看见带有米黄色窗帘的窗户。那里的房子，甚至没有阳台。

眼前的景象让小飞惊呆了！

那天小飞转身就离开了那里，后来在一个好心人的帮助下回到了家。到家时，是夏令营的第三天，妈妈还以为小飞提前从夏令营回来了。关于这一次的秘密出行，小飞后来一句话也没有提起。

小飞还是像以前一样和爸爸通信。小飞说我的同学们也都知道67号了，都知道那是一个美丽的地方。爸爸在半年后的一封信里告诉小飞，因为生意好转，他已经不那么忙了，所以在春节以前会回家。

爸爸回家的那天，小飞和妈妈去车站接他。爸爸比以前瘦多了。头上戴了顶帽子，但他一出站，还是被小飞一眼认出来了。小飞疯跑过去，紧紧抱住了爸爸。

19年过去了，小飞依然记得爸爸信中的话：从街道进入67号，是一条碎石铺成的小路，小路的两边用铁栅栏围着小小的花园……

如果您问19年前的那个夏天小飞看见了什么，现在他大概可以心平气和地告诉你了：那天小飞在67号看见的，是一座戒备森严的监狱。

庶人章第六

【原文】

用天之道①，分地之利②，谨身节用③，以养父母，此庶人④之孝也。

【注释】

①用天之道：用，顺应，利用。天之道，自然规律，如春种、秋收等。②分地之利：分，区别，分辨。地之利，农田土地的适应特性和便利条件等。③谨身节用：谨身，指行为举动谨慎小心。节用，指用度花费，俭省节约。④庶人：指天下黎民百姓。

【译文】

利用春、夏、秋、冬节气变化的自然规律，分别土地的不同特点，使之各尽所宜。行为举止，小心谨慎；用度花费，节约俭省；以此来供养父母。这就是庶民大众的孝道啊！

【评析】

普通的平民百姓基本上都知道，田地的收成受自然规律的制约。而行孝道的自然规律就是举止行为小心谨慎，用度花费俭省节约。试想一个人如果挥霍无度，不断地从父母那儿索取，到中年还要父母来供养，这样的行为能算是尽孝道吗？所以说最基本的孝道就是，顺应自然规律，取之有道地得到财物，使自己生活变得充盈，同时能够供养父母，让父母的身心感到快乐。这就是一般平民百姓应尽的孝道。也是一个人做人的最基本的责任与常识。

【现代活用】

不计前嫌孝继母

归钺，字汝威，明朝嘉定（今上海市嘉定县）人。归钺的母亲在他很小的时候就去世了，父亲又娶了一位妻子，也就是归钺的后母。不久后，归钺的后母生了儿子，于是归钺就受到了父亲的冷落。后母得宠后非常讨厌归钺，于是父亲总是以毒打归钺来讨继母的欢心。

他们家很穷，食物不够吃。每次吃饭之前，继母就存心数落归钺的不是，以激怒父亲。父亲盛怒之下竟然将儿子赶出了门，这样饭菜就够吃了。归钺又饿又乏，匍匐在路上。父亲看见了，更觉得他不顺眼，说："你不在家好好待着，跑到外面做乞丐。"又将他打了一顿，差点把他打死。等到父亲去世后，继母又将他赶出家门，他就跟随盐贩子以卖盐为生。每每归乡见着弟弟就问一些继母的情况，得知继母爱吃甘鲜之物，就将自己积攒下来的钱交给弟弟，让弟弟给继母买来吃。后来，遇到饥荒年，继母已经不能养活自己了。归钺就提出由自己来侍奉继母。继母开始觉得心里有愧，不好意思去，后来经归钺诚恳地说服才点头答应。归钺弄到食物，先给继母和弟弟食用，自己却饿得脸色发黄。弟弟可能是认为自己无能，所以自杀了。后来，归钺继续奉养继母，直至继母去世。

恪尽孝道虽说是封建统治者所提倡的，天子、诸侯、卿大夫、士等，身处上层社会的人的固然应该宣扬孝道。然而作为一个普通百姓，甚至是衣不蔽体、食不果腹的苦寒贫民，并且还受到过父母的冷落及家庭暴力，他们也要遵守孝道。虽然由于经济条件的限制，他们不可能像达官显贵一样给父母最好的衣食，但是他们的孝心比达官显贵们有过之而无不及，归钺的孝行就证明了这一点。

三十一年床前有孝子

度过76岁生日的山东省淄博市淄川区罗村镇陈家村家庭妇女张世英，在病床上躺了整整31年，从儿子、儿媳到孙子、孙女，直到重孙女，都一直没有嫌弃她，而是轮流为她嚼食喂饭，代代相传。当人们问她儿女是怎样孝顺她的时候，她用含糊不清的语言告诉大家："俺儿子、媳妇为俺可操碎了心，吃够了苦。没有他们的照顾，俺的老命早不知搁哪儿去了。"她的独生儿子陈思浩在旁边连忙说："还是多亏了共产党，多亏了政府，没有党和政府的关怀，俺哪有今天的好日子。"

自1960年开始，不幸接连降临在陈思浩家中。12岁那年，父亲染病去世，撇下母亲张世英和他的两个妹妹：一个7岁，另一个还在襁褓中。懂事的陈思浩辍学回家，承村里照顾，他母亲在菜园里干活，工作不算累，但挣的工分多。1965年6月的一天，正在菜园干活的张世英突然感到浑身没劲，直想呕吐，经村医生检查是劳累过度，加上感冒发烧，遂上一瓶吊针，但是吊针还没打到一半，她突然发起高烧，经过两次转院治疗，持续高烧三天三夜，而病因仍不能查明。从此，张世英瘫痪了，再也没有起来过。这一年，陈思浩只有16岁。本来就不宽裕的家庭又因看病背上了沉重的债务，他家成为村里的特困户。镇上照顾他到镇办煤井上干活，挣点钱养家。每当想到这里，陈思浩就非常激动，他说："关键时候，是党和政府向我家伸出了解救的手。"逢年过节，村里还专门送来布、面、肉等进行慰问，使他们家能够吃上饭，穿上衣。

张世英瘫痪后，咀嚼无力，只有将煎饼、馒头等泡软，才能食用。到了1970年，她的牙齿全部脱落后，只有靠别人嚼食，一口一口地喂，一喂就是26年。

1967年，经别人介绍，本镇瓦村的姑娘常玉英认识了陈思浩。面对瘫痪在床的张世英和两位幼小的妹妹，常玉英忧虑过，她的姊妹们也劝她慎重考虑。常玉英几次登门接触，感到陈思浩忠诚老实，于第二年腊月与陈思浩结了婚，而她却没有得到一点嫁妆。常玉英过门后，家中仅有一个吃饭的碗，屋里没有值钱的东西。她没有后悔，当天就接过了伺候婆婆的重担。为了分挑生活的重担，常玉英过门第二天就下地干活。那时家里穷，她就把仅存的一点面分顿给婆婆做着吃，她却只喝点汤充饥。后来，他们相继有了一儿两女，日子就更加艰难了。她常常把孩子送到一里外的娘家代管，自己下地干活。年复一年，她的孩子渐渐长大了，能替她伺候老人的饮食，才使她那过于劳累的心得到一丝慰藉。

父母是子女的榜样，陈思浩和常玉英的一言一行都感染了他们的子女。陈广是老大，在村办耐火厂当推销员，经常在外边跑，每当向别人谈起他的家庭时，都非常自豪。他的媳妇高红梅还未过门时，就嚼食喂他奶奶，并帮助梳洗头发。现在，陈家的14口人，尽管有的外嫁他乡，但从未与家人吵过嘴，对老人更是特别照顾，全都在当地被评为五好家庭。

陈思浩一家人尊老敬老的事成为庄里乡亲的一面镜子。陈家村自新中国成立以来，全村从没有发生过刑事犯罪案件，村民打架斗殴、酒后滋事、不赡养老人等现象从没有发生过，至今，这个村庄是全区唯一没设调解委员会的村。罗村镇党委专门作出决定，号召全镇各家各户向陈思浩一家学习，陈家村也成为淄博市首批文明村之一。

二

【原文】

故自天子至于庶人，孝无终始①，而患不及者②，未之有也③。

【注释】

①孝无终始：孝，行孝。无，不分。终，指庶人。始，指天子。②患不及者：患，担忧，忧虑。不及，指做不到。③未之有：没有这种事。之，代指"患不及者"。

【译文】

所以，上自天子，下至庶民，孝道是不分尊卑、超越时空、永恒存在、无终无始的。孝道又是人人都能做得到的。如果有人担心自己做不来、做不到，那是根本不会有的事。

【评析】

总而言之，孝道是不分大小、等级的。只要你作为子女，都应在自己的一亩三分地上，竭尽所能地尽到自己的责任，大则强国富民，小则独善其身，都算是尽了孝道。只要拥有这样一颗孝道的本心，那么做每件事情之前你都会自然而然地站在父母的角度考虑一下，时时想念到父母恩情，也就不敢去做一些违法犯罪的事情了，因为其一言一行，都会牵连到无辜的父母，让父母担忧。他个人是一个孝子，家庭也会因此获得莫大的幸福。

【现代活用】

割肉救母

在清朝乾隆年间，何钟贞年幼时，家里境况原本不错。但不知什么原因家道中落，父亲也早逝了，母亲既要照顾家里的幼子，又要种地卖粮维持家里生计，多年来积劳成疾，在何钟贞成年后，母亲就卧病榻上了。这对本就不富裕的一家来说，更是雪上加霜。由于没钱，母亲的病只能一直拖着，这一拖就是好几年，病痛把母亲折磨得不成人形。何钟贞知道，母亲的病完全是劳累所致，眼看着母亲越来越瘦，越来越虚弱，何钟贞虽然愁苦，但也无可奈何。

一天，病入膏肓的母亲闻到隔壁邻居做菜时传来的肉香味，已经好几年没吃过肉的母亲不由自主地念叨："我真想吃顿肉啊。"恰巧这一幕被刚刚务农回家的何钟贞看见了，内心酸涩不已。晚间，何钟贞做菜时，眼前又浮现母亲那凄苦的神情，想到母亲辛苦操劳的一生，眼泪不由掉下。想想自己七尺男儿，却连母亲最基本的温饱食欲都不能满足，内心非常自责。这件事一直在何钟贞脑海里挥散不去。

过了几天，母亲拉过何钟贞说道："儿啊，是母亲拖累了你，母亲这病是治不好了，与其在这拖累你，不如让母亲死了算了。"说完，母子二人掩不住内心伤感，抱头痛哭。这一番话，更加坚定了何忠贞满足母亲愿望的决心。为防止母亲发现，第二天，何钟贞早早起了床，带上准备好的刀子、止血用的草药以及汗帕，赤着双脚离家，爬上山坡，来到一块大石旁边，他取出刀子，嘴里含着汗帕，比着自己手臂上的肌肉，在手臂上狠狠地划下一大块肉，热汗流下来，剧烈的疼痛已让他什么都感觉不到。草草地止住血，他便提着这篮肉回家了。

到家后，何钟贞忍着痛，将肉烹煮了给母亲吃，并对母亲谎称是自己摘了玉米从街上去换回的猪肉。也许是孝心感动了上天，吃完肉后没多久，母亲的病竟然痊愈了。

何钟贞"割肉救母"的事也在当地传为佳话。为了纪念何忠贞，其曾做过多地知县、衣锦还乡的堂弟便为堂哥立了一座孝子碑。

为人子女，以孝为先

在鄂西南的老山区里，村里有一户姓肖的人家，家中有四口人，男的叫肖山，他的妻子叫腊翠，是一个泼辣的女人，肖山有一位老母亲，双眼失明多年，还有一个九岁的儿子。他们是村里的贫困户。肖山的父亲因为年老体衰，在一次打柴中，不幸感染了风寒，回来后一病不起，没过多久就离开了人世。

刚开始的时候，肖山夫妻俩还算孝顺，可日子一长，矛盾就出来了，这婆媳之间的战争是越来越激烈，他们每天起早贪黑，收获所得还是难以维持生计，这腊翠心里的气不打一处来，对于婆婆这个拖累更是不满，时不时地说些难听的话。老太太一想，自己一个无用之人，拖累了孩子，儿媳说说气话就忍了。可腊翠的火气一天天大了起来，说话也越发狠毒，老太太忍无可忍，稍有顶嘴就不给饭吃。连九岁的小孙子都不时地捉弄她，甚至还跟着儿媳骂她。她心里委屈啊。

一天，吃饭的时候，儿媳又开始骂了："老不死的，没用的东西，白白糟蹋粮食，怎么不去死了！"说着盛了一点饭往老太太面前一掷。"吃！"这怎么吃得下啊！母亲气得对旁边的儿子说："老娘好不容易将你拉扯大了，现在看着我受气，你吱都不吱一声。你是人吗？"肖山是个妻管严，平时虽然没有对老母亲说什么，可心里也是有怨言的，只是对妻子的行为从没加以制止过。老太太继续伤心地喊道："你们既然觉得我连累了你们，不如把我扔到山上喂狼好了，免得让你们看到了碍眼。"一句话好像提醒了梦中人。

晚上，肖山躺在床上，妻子腊翠也不给他好脸色看。背对着他坐在一边，突然，腊翠转过身来对他说："老不死的今天还真是提醒了我，依我看哪，把她背到后山崖甩下去。"肖山惊得坐了起来，"这种事能做吗，要遭雷劈的，她可是我亲娘啊。"腊翠看他一副熊样儿："我怎会嫁给你这个窝囊废，跟着你受穷受苦，还受气，你要不听我的，我打明儿也不干活了，让你们吃去，你看看，我们儿子都瘦成啥样儿了。"一提到儿子，肖山就心疼，由于没有营养，瘦得只剩一把骨头了。为了儿子，他豁出去了。

他们作出这个决定后，反而对老太太好了几天。在一个夜晚，肖山用一个背柴用的架子，上面搁了一块木板，把亲娘往上一放，叫儿子做伴，背着就往后山崖走去，老太太知道儿子要起歹心，早气得说不出话来，心想死了也好，免得活受罪。他们父子俩好半天才爬到崖边，肖山把老太太放下后，坐在地上狠抽旱烟，就对老太太说："娘，别怪儿子太心狠，只怪这日子太难过了。"说完就把那背亲娘用的架子甩下崖去，看着老母亲手发抖了起来，想到家里的妻子，一时愣在了原地，此时，他的小儿子突然说话了："爹，你怎么把背架子给甩了，留着以后我好背你啊！"一句话说得他心里直冒冷气，用力地打了自己一个嘴巴，背上老母亲就往回走。

从此以后，儿媳腊翠再也没有骂过人了，每天把饭端到床前，递到婆婆手里。孙子再也没有捉弄过奶奶。

三才章第七

一

【原文】

曾子曰："甚哉①，孝之大也②！"

【注释】

①甚哉：对"孝之大"的赞叹语。甚，很，非常。哉，语气词，表示感叹。②大：伟大，博大。

【译文】

曾子说："多么博大精深啊，孝道太伟大了！"

【评析】

曾子听了孔子所讲的五等孝道以后，赞美孝道的广大。接着孔子又更进一步给他说明孝道的本源，是取法于天地，立为政教，以教化世人。这也是儒家思想能够被推崇和发扬的重要因素之一。

【现代活用】

孝的标准

中国在南北朝时期，寺庙非常多。因此，做和尚的也非常多，而做和尚就要剃发。中国的传统观念是"身体发肤，受之父母，不敢毁伤"。在当时就发生过好几次要不要剃发的辩论。认为不该剃的，是觉得佛教有悖中国的传统孝道，这成为反对者最有力的一个证据。因为出家是一种回避隐居，这样父母就没人孝养了，君王也没人去辅佐尽忠了（忠是孝的另一种表现）。

当然，支持出家的人也有他们的辩论词，梁释僧佑编辑的《弘明集》中有这样的论断：传统的孝道说割股疗亲是孝道，但是割股疗亲是很严重的毁伤行为，而剃发只能算是小儿科的毁伤行为。何以剃发就不孝，而割股疗亲却是孝呢？

还有一个东汉的牟蓉替佛教徒剃发辩护。他写的文章中说，有个齐国人在乘船过河的时候，他的父亲掉到水里去了，齐人将父亲救起来后，就将父亲的头倒过来，让水从口中出来，这样就救了父亲。牟蓉以此为例说，齐人将他父亲的头倒过来是大不孝，但是，他救了父亲的命，从这一点来说，齐人是对的。牟蓉就引用孔子的话说："可与适道未可与？权所谓时与宜施者也。"意思是说，是否合乎道理就不要讲了，主要是看当时的具体情况，要因时因地制宜，不可死守规矩不知道变通。牟蓉以此来驳剃发不是不孝，很有说服力。

问题是风俗习惯是没多少道理可讲的，自古以来，人们就认为，割股疗伤是孝，而剃发是不孝。

李信换头

以前有个叫李信的，从小就十分孝顺长辈。38岁那年，半夜梦见小鬼来取命，把他带到阴司依法处分。正好经过阎王面前，李信向阎王诉说道："李信自小丧父，与老母相依为命。既然命已尽了，哪敢有什么违抗。只是老母年迈，李信死后，无人照看，但愿大王开恩，让我死在母亲之后。"

阎王问李信母亲的寿命有多少，鬼使说："有90岁，还有27年。"

阎王说："只有27年，放李信回去吧。"

鬼使说："像李信这样的，天下不知有多少，今天若放了他，怕别人照例。"

阎王听了有理，就坚持判李信从死。

众鬼担心李信上诉，就马上截了他的头和手，扔在锅里煮。正好阎王派人来，却是要放李信回去侍奉老母。鬼使对李信说："你的头和手已在锅中煮坏了，没法再捞起来，暂且借别人的头和手，等见过阎王再来换好的头和手，

三才章第七

千万不要就走了。现在事急，只能先给你胡人的头和手了。"

李信一听能回去，非常欢喜，见过阎王后就回去了，忘了去换好的头和手。李信一梦醒来，头和手都是胡人的，他十分烦恼，对妻子说："你听得出我的声音吗？"

妻子说："声音与平时一样，没什么变化呀。"

李信又说："昨夜我梦见一桩怪事，你早上起来时，用被子把我头脸罩住。要送饭来，就放在床前，出去时关好门，我自己会起来吃。"

到了早晨，妻子依从李信的话，用被子把他盖好就走了。等到送饭来时，问李信道："有什么怪事？"说着就把被子掀开了，只见一个胡人睡在里面。妻子大惊，急忙告知婆婆。婆婆拿起棒槌就打李信的头，丝毫不听李信解释。邻里听到声音赶来，问出了什么事。李信才得以诉说详情，他母亲才知道眼前的是儿子，不由抱头痛哭。

汉帝听说了这件事，惊讶地说："自古以来，没有听说过这种事，虽然换了胡人的头和手，但可见他的孝道已通于神明了。"

于是就拜李信为孝义大夫，李信得以侍奉老母至终。

久病床前有孝媳

人常说"久病床前无孝子"，那久病不起的婆婆又能要求一个儿媳妇尽多少孝道呢？然而，长安区郭杜街道羊塬坊村五组村民王月英，却用自己多年来的一言一行为人们讲述了一个"久病床前有孝媳"的故事。

44岁的王月英，1988年嫁到羊塬坊村后，和婆婆生活在一起，丈夫上班，她在家种庄稼，公婆帮她照看小孩，一家人生活得美满幸福。2004年春季，月英74岁的婆婆王玉芳因脑梗、心脏病，突然昏倒在家不省人事，家人急忙把她送往医院，经过抢救，老人的性命保住了，却落下了半身不遂的后遗症。

月英的丈夫在基层单位上班，工作繁忙，根本没有时间照顾母亲，而她的儿子当年又面临中考，平时家里只有婆媳两人，所以照顾婆婆的重任就落在了月英的肩头。从此月英开始了白天下地干活，干活回来就做饭洗衣，晚上照顾卧病婆婆的辛劳生活，一天也没有耽误。为不影响孩子上学和丈夫工作，脏活累活全由她承包，从无一句怨言，也从没有嫌弃过婆婆。

为了让婆婆恢复得更快，她除了每天给婆婆服药喂饭外，还给老人翻身擦背。婆婆僵硬的身体毫无知觉，但是月英还是硬挽扶着老人鼓励她走路。为了使老人早日恢复语言表达能力，月英时常和婆婆拉家常，给婆婆念书念报，讲一些笑话。老人由于行动不便，生活不能自理，有时大小便失禁，王月英不但没有嫌弃，而且更加精心照料，按时给老人整理梳洗，病床收拾得干干净净，让老人生活得安逸舒适。老人有便秘的毛病，有时吃药也没有效果，为了减少她的痛苦，月英戴上手套，用手指将老人的大便抠出来。春夏秋冬，年复一年，功夫不负有心人，婆婆终于可以走路了，也可以和月英进行简单的语言交流。

因为照顾老人，家务又繁忙，虽然离娘家只有二里路，但是月英却很少回娘家，为此娘家人没少埋怨她，她总是笑着说明情况。

经过月英多年来的悉心照顾，现在老人虽然生活还不能自理，但七十多岁的王玉芳面色红润，头脑清醒，心情开朗，幸福的笑容总是洋溢在她的脸庞，当乡亲夸她身体硬朗时，老人便高兴地说："我能活这么些年，能和你们说话，全凭我家月英，要不我早就见阎王爷了，她比我亲闺女还亲啊！"

二

【原文】

子曰："夫孝，天之经①也，地之义②也，民之行③也。天地之经，而民是则之④，则天之明⑤，因地之利⑥，以顺天下⑦，是以其教不肃而成⑧，其政不严而治⑨。"

【注释】

①经：常规，原则，永恒不变的规律。②义：对世道有益的正理，不变的道义。③行：行为准则。④民是则之：是，加强语气的助词。则，以……为准则。之，借指孝。⑤则天之明：取法上天的光明。⑥因地之利：凭依大地的恩惠。⑦以顺天下：以，用来。顺，理顺，治理好。⑧是以其教不肃而成：是以，因此。肃，严厉。成，完美地推行。⑨其政不严而治：严，严刑峻法。治，平治，指天下安

定太平。

【译文】

孔子说:"孝道,犹如天有它的规律一样,日月星辰的更迭运行有着永恒不变的法则;犹如地有它的规律一样,山川湖泽提供物产之利有着合乎道理的法则。孝道是人的一切品行中最根本的品行,是人民必须遵循的道德,人间永恒不变的法则。天地严格地按照它的规律运动,人民以它们为典范实行孝道。效法天上的日月星辰,遵循那不可变易的规律;凭借地上的山川湖泽,获取赖以生存的便利,因势利导地治理天下。因此,对人民的教化,不需要采用严肃的手段就能获得成功;对人民的管理,不需要采用严厉的办法就能治理得好。

【评析】

古代的人们最讲究的就是"天人合一",无论做什么事情都要顺应天意,假如违背了天意,便会被视为"不祥"之兆。孝道就像天体运行一样地顺应着天意,它指导着人类一步步走向文明。

【现代活用】

中元节的由来

中国古代人认为佛教不讲孝道,理由就是佛教把受之父母的头发给剃光了。但是佛教也是讲究孝道的。印度最为著名的阿育王曾经说过,"应该服从父亲和母亲,同样也应该服从年长者"。这些话与《孝经》中的说教相似。

印度有一部《盂兰盆经》,是印度佛教的经典之一,传到中国后,有人将它比作印度的《孝经》,字数约800字,这点和孝经很相似。只不过孝经是分篇章以说理讲孝。而《盂兰盆经》整篇讲了一个故事。故事是这样的:释迦牟尼的弟子目连,通过勤奋修炼,取得了佛家的六神通。六神通之一是天眼通,就是能够看到别人看不到的。目连用练就的天眼看到了母亲在地狱里受到恶鬼的折磨,瘦成了皮包骨头,非常心痛。于是,目连赶紧施法术,送给母亲吃的,母亲虽然得到了吃的,但是当食物送到嘴边的时候,食物马上就变成了火炭,无法入口。目连见此情景,更是痛苦不堪,于是向释迦牟尼求助,希望佛祖能够告诉自己拯救母亲的方法。佛祖告诉目连，办法是有的，就是在七月十五（阴历）这天，多预备一些百味饮食，放在盂兰盆中，供养众僧，这样就可以借助众僧的力量救出你母亲。目连就照着做了，果真救出了母亲。于是目连就问佛祖，其他人是否也能够这样，集百味，施舍于众僧，就能够救出自己的母亲呢？佛祖告诉目连，任何其他人，只要一心向佛，采取同样的方法，一样能够救出自己的母亲。可以看出，这部《盂兰盆经》在劝人信佛的同时，也在教人尽孝。

《盂兰盆经》传到中国后，人们就把七月十五这天作为了一个节日：中元节（和正月十五、十月十五合称三元）。到了这天，无论僧俗都会参加，活动有做法事、还愿、答谢父母的养育之恩等。

三

【原文】

"先王见教之可以化民①也。是故先之以博爱②，而民莫遗其亲③；陈之于德义④，而民兴行⑤。先之以敬让⑥，而民不争⑦；导之以礼乐⑧，而民和睦；示之以好恶，而民知禁⑨。"

【注释】

①化：使变善，使变好。②先：以……为先。③遗：弃置不管，不予赡养。④陈之于德义：陈，施行，宣扬。德义，伦理亲情方面的道理。⑤兴行：兴，感悟之后奋身而起。行，履行，实践。⑥先：同②。⑦不争：指不为获得地位、钱财等而与他人相争。⑧导之以礼乐：导，循循善诱，因势利导。礼乐，都是儒家制定的从外部规范人们行为方式，使之符合当时社会等级制度的手段方法。⑨示之以好恶而民知禁：示，讲解，指明。好，美好的。恶，丑，丑恶。禁，道德禁忌，法律条令。

【译文】

先代的圣王看到通过教育可以感化人民，所以亲自带头实行博爱，于是，就没有人会遗弃自己的双亲；向人民讲述德义，于是，人民觉悟了，就会主动地起来实行德义。先代的圣王亲自带头，尊敬别人，谦恭让人，于是，人民就不会互相争斗抢夺；制定了礼仪和音乐，引导和教育人民，于是，人民就能和睦相处；向人民宣传什么是好的，什么是坏的，人民能够辨别好坏，就不会违犯禁令。

【评析】

道的本质，是顺乎自然的规律，应乎民众的心理。把孝道作为国君教化民众的日常行为准则，不但可以使教化推行得到事半功倍的效果，就是对于政治，也有莫大的益处。所以圣人告诉我们"其教不肃而成，其政不严而治。"

【现代活用】

宾客敬母

裴秀，字季彦，西晋河东闻喜人。父亲裴潜曾经担任三国曹魏时的尚书令。而裴秀也凭借自己的才华和才能，成为西晋的名臣，官拜尚书令，并且被封为济川侯。

裴秀从小就天资聪慧，博览群书，八岁即能赋诗作文，人称其有神童之目。而且，裴秀从小就是一个非常孝顺的孩子。裴秀是小妾所生，其生母身份卑微，因此常常受到嫡母宣氏的歧视和虐待。有一次，家里大宴宾客，嫡母宣氏命裴秀生母给客人上菜，客人看到端菜的是裴秀生母后全都站了起来，并且全都对她行礼，接过她手里的菜不让她再端。宣氏在屏风后面看到了这一幕，心中顿时明白这都是因为裴秀，于是感叹道："像她这样卑微的身份而能受到宾客们如此的礼遇和尊敬，这都是因为秀儿的缘故啊！"从此以后宣氏再也没有轻慢过裴秀的生母。

一个人显赫的身份固然可以使人畏惧，但是高尚的品德和节操更加能够令人敬佩。孝道是构成中华民族传统思想和人格一个不可或缺的部分，一个普通人的孝心可以感动身边的人，而一个位高权重的人的孝心却可以引导整个社会的正气。

身在曹营心在汉

徐庶，字符直，东汉末年颍川阳翟（今河南省禹州市）人，汉末颍川一代名士。归曹后，在魏官至右中郎将，御史中丞。对于徐庶，因中国古典名著《三国演义》对其有精彩的描写，使他可谓家喻户晓，妇孺皆知。书中许多情节虽与正史有所出入，但他至孝侍母，力荐诸葛，史籍却有详细的记载。

徐庶在少年时代，是一名远近闻名的少年侠士。

他曾经杀死了当地一个豪门恶霸，为一位朋友报了家仇，自己却不幸失手被擒。官府对徐庶进行了严酷审讯，徐庶出于江湖道义，始终不肯说出事情真相，又怕因此株连母亲，尽管受尽酷刑，也不肯说出自己的姓名身份。老百姓感于徐庶行侠仗义，没有一个人出面揭穿他的身份。后经徐庶的朋友上下打点，费尽周折，终于将其营救出狱。

徐庶为人忠厚诚恳、豁达大度，才识广博、见解独到，具有卓越的军事才能，很受刘备赏识，并委以重任。后来在一次战争中，刘备战败，徐庶的母亲不幸被曹军掳获，并被曹操派人伪造其母书信召其去许都。徐庶得知此讯，痛不欲生，含泪向刘备辞行。他用手指着自己的胸口说："本打算与您共图王霸大业，但不幸老母被掳，方寸已乱，即使我留在将军身边也无济于事，请将军允许我辞别，北上侍养老母！"刘备虽然舍不得让徐庶离开自己，但他知道徐庶是出了名的孝子，不忍看其母子分离，更怕万一徐母被害，自己会落下离人骨肉的罪名，只好同徐庶挥泪而别。

徐庶虽然离开了刘备，但是却把更有才能的诸葛亮举荐给了刘备，使他能够大展宏图，建立了蜀汉政权，而且徐庶并没有背叛刘备，身在曹营心在汉，孝使他身不由己，但是也更坚定了他对刘备的忠诚和承诺，所以他在归曹后未向曹操献过一策。

四

【原文】

《诗》云："赫赫师尹，民具尔瞻①。"

【注释】

①赫赫师尹，民具尔瞻：赫赫，声威显赫，很有气派的样子。师，指太师，是周三公（太师、太傅、太保）中地位最高者，辅佐天子治理国家。尹，尹氏，周朝人，官太师。具，通"俱"，都。尔瞻，即瞻尔，注视你。

【译文】

《诗经》里说："威严显赫的太师尹氏啊，人民都在仰望着你啊！"

【评析】

前代的君王都非常清楚孝道的妙用，故此他们都以身作则，率先倡导。所以不论你是官大还是官小，就算你是一国之君，只要身体力行，也会受到民众的爱戴与推崇。

【现代活用】

买肉孝父

冯玉祥将军不仅是一位著名的爱国将领，还是一个远近闻名的孝子。

在旧社会，当兵是个苦差事，当兵的经常发不上军饷，逢五排十还要打靶。每到打靶的日子，父亲念其年幼身弱，总想方设法给儿子凑几个小钱，让他买个烧饼充饥。可懂事的小玉祥看到家里日子艰难，父亲又伤了腿，正需补补身子。但如果不要这钱，父亲会生气。于是他就把父亲给的钱一个不花，攒了起来，过些天再把自己平时省下的一点饷钱凑在一起，到肉店买了二斤猪肉，请假回家给父亲烧了锅焖猪肉。父亲见后顿时生疑，便质问这肉的来历。冯玉祥深知父亲的严厉，只好如实道来。听后老父亲一把拉过懂事的孩子，一句话也说不出，眼泪扑簌簌地掉了下来。

樊寮卧冰

樊寮是个非常孝顺的人。他的母亲很早就去世了。父亲娶了新妻子后，樊寮像对待亲生母亲一样侍奉他的后母。

后母长了个毒疮，疼痛难忍，整夜整夜地睡不着觉。樊寮为此愁肠百结，心乱如麻。他衣冠不解地日日夜夜守候在后母身边照料她。这样过了一个多月，后母的病还没有一点点好转的迹象。而樊寮自己也憔悴得不成人样，人们见到他都快认不出来了。

眼看着后母的病情越来越严重，樊寮打算请医生用针灸给后母治疗，但又怕针灸太痛，后母会承受不了，便用嘴在母亲的疮上吸吮。在吸出了几大口脓血后，后母感觉稍微好了一些，晚上也睡得安稳了。

樊寮晚上梦见有一仙人对他的后母说："只有吃鲤鱼，你的疮才会痊愈，以后还会无病无灾延长寿命，不然你的死期很快就会到来。"

樊寮听到这些话，又担忧又恐惧，仰天长叹说："都是因为我不孝顺，才使母亲落到这个地步。十一月正是天寒地冻的时节，哪来的鲤鱼呀！"

樊寮和后母抱头痛哭了一阵，便告别后母出去找鲤鱼了。他来到一个大湖边，看到湖面上结起了厚厚的冰。樊寮越想越伤心，哭得好不凄惨。他对着天空大声哭喊："天啊！你如果哀怜我，就让鱼感应而出吧！如果你没有这个神力，那就算了，我也不会怪你。"

樊寮想就这样哭也不是办法。于是他把外衣脱掉趴在冰上，想以身上的热量来融化冰。他趴了好久，身体都快冻僵了，冰还是没有动静，鱼当然也没出来，他又把里面的衣服也脱掉，赤体卧在冰上。

上天得知了他的孝行，便感召出两条鲤鱼。当樊寮卧在冰上奄奄一息的时候，这两条鲤鱼冲破了冰层跳到他面前来了。樊寮欣喜若狂，带着鱼飞奔回去给后母。后母吃了鲤鱼，又敷了一些在疮上，病很快就好了。

之后，后母活了很多年，直到110岁才去世。

爱比恨只多一笔

父母离婚后，他和妹妹跟了母亲。父亲搬出去，和那个叫李晓娟的女人一起离开了小城。

母亲常常坐在家里，精神恍惚，单位领导替她打了病休报告。

长大是一件不容易的事。那时，他只恨自己长得不够快。为了省几个钱，他去很远的郊外打荒草，再背进家门。母亲的间歇性精神病发作了，他把泪往肚里咽了又咽，终于没有哭出来。

他没考大学，工厂子弟学校正在招老师，他居然考上了，做了体育老师。

后来，他结了婚，日子过得磕磕绊绊。就算母亲犯了病，损坏了东西，妻子也不吭声。他觉得，这就够了。

日子刚过安稳，有一天，父亲回来了，原来，那个女人花光了他的钱，跟别人走了。父亲说："好歹你是我儿子，有血缘关系。"

妻子说："该养儿子时，不见你的影子；快要养老时，你就跑出来当爹。"

母亲拉住儿子的手，说："让他回来吧……"

儿子不吭声，抽了一地的烟头。他问母亲："你真的不恨他？"既是问母亲，又是问自己。

他去了父亲居住的小屋。已是深秋，那里冰冷冰冷的，只有一张小床、一个小电炉、几包方便面。

父亲见到他，紧张得像一个孩子，说："坐吧。"

他坐在床上，居然比父亲高了一截。两个人对着抽烟，很快，屋里烟雾缭绕。

后来，他站起来，走到门口，父亲跟在后面。他说："星期天，我来接你。"

他在离家很近的地方，给父亲租了房，跑前跑后地忙着装修，墙壁是他亲自刷的，屋里的桌椅碗筷，都是他去买的，做这些事时，他好像不恨父亲，居然有些欣喜。

妹妹来了，说："哥，你想好了？"

他点点头。

母亲跟着父亲生活，很久都没犯病。他经常去，坐在小院里，很少说话。

他看到父亲给母亲梳头，很轻很轻，掉的头发，他一根根拾起来，放进一个小盒子里。

父亲说："老伴啊，叶子都掉光了，我们这两棵老树，就该走啦。"

母亲微微一笑。

他站起身，他的心第一次变得宽广了。

那天，他教邻居的孩子写字时，猛然发现，爱比恨只多一笔。就这么一笔，写出的却是人间的冰火两重天。

孝治章第八

【原文】

子曰:"昔者明王之以孝治天下也①,不敢遗②小国之臣,而况于公、侯、伯、子、男③乎?故得万国之欢心④,以事其先王。

【注释】

①明王之以孝治天下也:明王,英明的君王。孝治,以孝治理天下。②遗:遗漏,忽略,不重视。③公、侯、伯、子、男:古代诸侯的五等爵位名,依其功勋与国土之大小,由天子分封。④故得万国之欢心:万,形容多,并非实数。欢心,爱护,拥护之心。

【译文】

孔子说:"从前,圣明的帝王以孝道治理天下;就连小国的使臣都待之以礼,不敢遗忘与疏忽,何况对公、侯、伯、子、男这样一些诸侯呢!所以,就得到了各国诸侯的爱戴和拥护,他们都帮助天子筹备祭典,参加祭祀先王的典礼。

【评析】

假如天子、诸侯、大夫能用孝道来治理天下国家,那么得到人民的欢心,便是指日可待的事了。同时,这也体现出了孝治的本意,也就是不故意伤害他人,不敢怠慢他人的实在表现。

【现代活用】

为母亲尝汤药的孝子

汉文帝刘恒,是汉高祖的第三子,为薄太后所生。高后八年(前180年)即帝位。文帝侍奉母亲从不懈怠。母亲卧病三年,他常常夜不阖目、衣不解带地精心照料。母亲所服的汤药,他亲口尝过后才放心让母亲服用。他以仁孝之名,闻于天下。他在位24年,重文治,兴礼义,注意发展农业,使西汉社会稳定,人口增加,经济得到恢复和发展,后世史学家把他和汉景帝的功绩誉为"文景之治"。

在二十四孝中,帝王有二,其一为舜,其二就为汉文帝刘恒了。古人说得很清楚:"孝"就是对父母养育之恩的一种回报:父母给你生命,所以你要善待父母之生命;父母宁愿自己挨饿受冻,也要让你吃饱穿暖,所以你要照顾父母之温饱;你在父母的怀抱里有三年时间完全不能自立,完全依赖父母而生存,所以父母死后你要守孝三年。

父母对子女的关爱在范围上是无限的,父母对子女的照顾在时间上也是无限的。面对这广大而无限的"慈",照顾父母,是理所应当的。

对待自己的母亲,汉文帝做到了"目不交睫,衣不解带",而且一个皇帝能够在母亲生病时"亲尝汤药",这种至孝的行为自然能够在无形中起到教化的作用,这就应了孔老夫子所说的"一人有庆,兆民赖之"。

邵雍与《孝父母三十二章》

邵雍(1011-1077),字尧夫,又称安乐先生、百源先生,谥康节,后世称邵康节,与周敦颐、程颢、程颐、张载并称北宋五子,是著名的北宋理学家。著有《皇极经世》《伊川击壤集》《观物内外篇》《渔樵问对》等。邵雍在其他方面也颇有建树,涉猎广泛,而且"读万卷书,行万里路",一生游历了很多地方,对地理人文有很深的造诣。当时的名流都很敬重他,富弼、司马光、吕公著等人,曾集资为他买了一所园宅,题名为"安乐窝"。他的言论对后世的影响也非常深远,如"一年之计在于春,一天之计在于晨,一生之计在于勤"就是出自邵雍。

另外,其他的北宋四子没有一个像他那样,留下专著讨论孝,关注孝文化的传播，注重孝净化社会风气的作用。邵雍的《孝父母三十二章》和《孝悌歌》就是专门讨论孝的。《孝父母三十二章》是按照时间顺序来写的，从小孩出生一直写到父母去世，把每个阶段孩子的成长，父母的付出都表述得非常清楚，非常通俗易懂。如：儿若病时心更病，何曾一刻得安然。可叹爹娘手内贫，要穿要用懒求人。劝君六饭三茶外，还要供上几许钱。从中可以看出邵雍的《孝父母三十二章》体现了邵雍与当时理学家的不同，他更加关注人民的日常生活。

瀑布成美酒

从前在日本美浓国（现在的日本歧埠县）有一位非常孝顺的年轻人，他的母亲在他很小的时候便过世了，长久以来，他与父亲俩人相依为命。他们穷得连买米的钱都没有。

父亲很爱喝酒，可是连买米的钱都没有，哪来的钱买酒喝呢？年轻人知道父亲一直想喝酒，每天出门的时候都会对父亲说："爸爸，我一定会努力工作，给您买些酒回来，请您再忍耐一些时候！"可是，砍了一整天的木柴所卖的钱也只能买一顿饭菜回来，一想到父亲有酒喝时高兴的样子，年轻人忍不住难过起来，一步一步拖着疲惫的身子回家。

做父亲的实在不忍心看着儿子每天从早到晚干活却吃不饱一顿饭，还要顾虑他有没有酒喝，看儿子满脸忧戚的样子，他赶紧安慰儿子："别烦恼了，我的好儿子啊，我觉得现在的生活已经很好了，酒不喝没什么关系的。"听到父亲反过来安慰他，年轻人更难过，心想："明天，明天我一定要买酒回来给父亲喝。"

第二天一大早，天还没亮，年轻人便出门往山里头去，从清早到黄昏，年轻人拼命砍柴，得到的数量也比平常多。"这样应该够买一壶酒了。"年轻人很满意地看着今天努力的成绩，然后背起捆好的木柴准备下山去卖，不过，天色已晚，年轻人又太慌忙，一不小心滑了一跤，掉进山谷里去了。

当他朦朦胧胧醒来时，听到附近有流水声，口渴的年轻人撑起摔疼的身体往有流水声的方向走去，发现就在附近的悬崖上有一条小瀑布，而且水质非常清澈。他弯下腰来用手掬起水尝了一口："哇！真好喝！""咦，这水好像有酒味。"年轻人觉得不可思议，于是就又喝了一口，"这是真的酒，嗯，是酒，没错。还是上等美味的酒呢！"年轻人试了好几次，最后他肯定这条小瀑布的水就是酒，便将系在腰间的空葫芦取下来用来装瀑布的酒水，想要带回家去给父亲喝。

年轻人连跑带跳地回家，向等候已久的父亲致歉："爸爸对不起，我今天回来晚了，因为不小心掉进山谷的缘故，让您担心了，请您原谅！"父亲看到儿子满身污泥又全身是伤，心疼地抚摸儿子的头发说："平安回来就好，哪里摔着了，赶紧擦擦药吧！"

"爸爸，我没关系。有件奇怪的事情要告诉您。我在掉进山谷后发现一条小瀑布，瀑布的水简直是世上罕见，那水是上等的酒啊！您一定要喝喝看。这是做儿子的送给您的礼物。"年轻人急忙拿下葫芦并倒出酒来给父亲享用。"真的吗？我来喝喝看。"父亲惊讶地看着儿子倒出葫芦里的水，半信半疑地试喝了一口，"啊，真的是酒，而且还是上等的好酒。"父亲感动得掉下泪来。"我的好儿子，这一定是你的孝心感动上天，才会赐给我们这么宝贵的礼物。"父亲拥抱着儿子泪流满面。

父亲以后不仅有酒可以喝，并且由于儿子每天都去瀑布取回酒水而天天饮用，长年的驼背竟然变直了！这件事情传开来后，美浓国的君主也知道了年轻人的孝行，他传来年轻人当面奖赏他："你真是一位孝顺的好孩子，为父亲所做的一切实在令人钦佩，正符合武士精神，特此封你为美浓国的武士，你要继续努力！"从此以后，人们把那条流着酒水的小瀑布称为"养老瀑布"。

二

【原文】

"治国者①，不敢侮于鳏寡②，而况于士民乎③？故得百姓之欢心，以事其先君④。"

【注释】

①治国者：指天子所分封的诸侯。②鳏寡：孤苦无依的人。鳏，无妻或丧妻的男子。寡，丧夫的妇女。③士民：指士绅和平民。④先君：指诸侯国国君死去

的列祖列宗。

【译文】

"治理封国的诸侯，就连鳏夫和寡妇都待之以礼，不敢轻慢和欺侮，何况对士人和平民呢！所以，就得到了百姓们的爱戴和拥护，他们都帮助诸侯筹备祭典，参加祭祀先君的典礼。"

【评析】

如果不以仁孝治理天下，那么爱敬之道就会走入死胡同，到那时独善其身尚且不能，更何况是兼济天下呢？就算是科学发达、武器先进，但这从来就不是长治久安之道。孟子说过："天时不如地利，地利不如人和。"所以只有以孝道来治理天下的国家，这样才能得到人和，有了人和才会有人民安居乐业、国家繁荣强盛。

【现代活用】

当代孝星

欧阳名友，70岁，湖南省宁远县中和镇新开村农民。

欧阳名友刚出生3天，父亲就被国民党抓了壮丁，3岁时母亲又改了嫁。成了孤儿的欧阳名友，在叔父等好心人的关心照顾下长大，从小就感受到了人间的至爱真情。他常怀一颗感恩之心，把孝敬长辈、回报亲人当作了自己一辈子最大的责任。

十几年前，欧阳名友岳父去世后，他把岳母蒋金玉接到自己家里，像侍候亲生母亲一样照顾老人。日常生活起居，他总是嘘寒问暖；稍有病痛，他到处求医问药；一日三餐，他悉心为老人安排。一年到头，他处处让老人舒心。在他的精心照顾下，老人精神愉悦，活到90多岁。

欧阳名友的叔父欧阳石庆患有严重的风湿病，长期瘫痪在床，生活无依无靠。欧阳名友把这位73岁的老人接到自己家里，早晨他为老人接屎倒尿，晚上为老人脱衣盖被，夏天他把老人背到树荫下乘凉，冬天他把老人背到炭盆边烤火，悉心照料老人16年，直到老人含笑离去。

孤寡老人张顺荣因患高血压不幸中风瘫痪，欧阳名友夫妇就把她认作义母，接到家里悉心照料。为给这位77岁的老人治病，夫妇俩卖了自家的两头大肥猪和一条黄牯牛。后来老人大小便失禁，夫妇俩及时进行清洗。老人卧床1200多天，从未生过一个褥疮，临终时泪流满面地对欧阳名友夫妇说："我这辈子不能报恩，到来世也不会忘记你们的大恩大德。"

四十多年来，家庭并不富有的欧阳名友为照顾和赡养10位亲友长辈，贴工7000多个，贴粮8000多公斤，贴钱2.46万多元。有人对欧阳名友说："这些人又不是你的亲爹亲娘，何必买个老子瞎操心，去当个蠢子？"欧阳名友憨厚一笑："钱是身外之物，这样的蠢子我甘心当。"

父母的乖乖女

林心如至今对母亲多年前的一个巴掌记忆犹新。

那时林心如正在上中学，看着身边的同学们在校外当模特拍广告，她觉得很新鲜很好玩。同学们一般利用寒暑假或是周末去拍广告，有时也利用课余时间参加此类的活动。有一次，有个拍巧克力棒广告的经纪人找到了林心如，邀她当模特。林心如特别想去拍这个广告，但对方的拍摄时间正好是自己的上课时间，胆小的她又不敢逃课，但她太喜欢那个广告了。后来，她要那个经纪人假扮了自己的父亲向学校老师请了假，逃课出去拍广告。

世上没有不透风的墙，班长见她没来上课，就打电话到她家里找她。林心如逃课拍广告的事就露馅了。回家后，母亲问她哪去了，她回答说自己在图书馆看书。母亲伸出手就给了她一巴掌，"很疼，长这么大第一次打我。"从那以后，林心如发誓，一定要做一个孝顺听话的孩子，不让父母担心，不惹他们生气。许多年过去了，她说到做到了。

长大后的林心如，再也没有跟父母吵过一次嘴，甚至对小时候与爸妈顶嘴的经历也十分内疚后悔。她说父母年纪越来越大了，要珍惜跟他们在一起的时间，多说让他们开心的话语。

现如今的林心如在内地拍戏的时间比较多，所以她每年在台湾待的时间基本不会超过两个月。但是只要在台湾，她总是选择和父母待在一块。她说以前回去总要先找朋友们唱歌，到处玩，而现在是先陪父母再陪朋友，林心如目前还和父母住在一起。母亲喜欢喝咖啡，只要有空，她都会陪着母亲去咖啡屋。通常这个时候，母亲会邀上她的三五好友一起品咖啡。而一旁的林心如总会成为母亲口中一个骄傲的话题。让父母引以为自豪的女儿,林心如这个乖乖女,用她一部部优秀的影视作品与一首首动听的歌曲来回报他们。

林心如的"乖"还体现在对父母的关爱上,她要求自己对父母做到体贴入微。只要母亲一说哪里不舒服了,她心里就会有一种紧张感,但紧张之余总是不断催促母亲上医院看医生。那是她在上海拍摄《半生缘》的时候,那部戏一共拍了四个月。母亲胆结石犯了,这种病一般情况下没什么表现,但一碰到患病部位就会感觉非常疼痛。母亲最后在医院进行了手术,住了两个星期。而远在上海的林心如没法回去,她就一天一个电话,询问母亲的病情,非常焦急,当得知母亲没有大碍后,她终于如释重负。现在,林心如每年都会陪着父母去医院做健康检查。

荧幕上,林心如青春靓丽,性格乖巧。生活中,她依然是个父母称道的乖乖女,她用一颗孝心诠释着"乖"这个词的含义,内容丰富而完美。

三

【原文】

治家者①,不敢失于臣妾②,而况于妻子乎③?故得人之欢心,以事其亲④。

【注释】

①治家者:指公卿,大夫。家,指乡邑。②不敢失于臣妾:失,失礼,无礼。臣妾,指服贱役的男仆女婢。③妻子:妻子和儿女。④事其亲:指帮助奉养卿、大夫的父母。

【译文】

治理采邑的卿、大夫,就连奴婢僮仆都待之以礼,不敢使他们失望,何况对妻子、儿女呢。所以,就得到大家的爱戴和拥护,大家都齐心协力地帮助主人,奉养他们的双亲。

【评析】

　　古代的人们是非常重孝道的，这表现在他们尽孝但并不囿于自己的父母，而是把他们的孝敬之心推广到比较广泛的人群中去，使其他人也能享受到被人孝顺的待遇。像这样树立尽孝道的榜样，鼓励人人尽孝，形成一种良好的社会风气，国家还愁不强盛吗？

【现代活用】

老人是家里的福星

　　一对夫妻父母早逝，家中无子，憾缺承膝之欢，妻子便责令丈夫外出寻亲。另外一对夫妇，家中有一耄耋老母，口流涎眼生疮，越看越让人生厌，于是妻子责令丈夫将老人送至野外，盼其自然死亡。

　　不孝之子反复斗争，无奈"妻管严"严重，只好照办。老母被抛弃后，恰被寻亲者遇到，于是背至家中，精心侍奉。

　　有老人的日子，没有闹饥荒，善良的夫妇种瓜得瓜，种豆得豆，天气少雨，旁人无收，他们的稻谷却粒粒饱满。如此循环，日子便越过越好，越过越殷实。

　　而送走老娘的夫妻，没有因节省了口粮而舒坦，反倒越过越紧张，老娘走后，一场天火将房屋烧尽。无奈，夫妻只好双双出门讨饭。

　　好心人家富足，决定放粥三天救济周边穷人。第一天从队伍的东首发放，排在队尾的忤逆夫妻没有分到；第二天，忤逆夫妻赶了个大早抢至东首，但好心人家考虑到前一天西首的人没得到就从西头放起，忤逆夫妻又没有得到；第三天，好心人家从两头放起，花了心眼排在中间的忤逆夫妻又没有得到。三天没有分到一粒米，好心人家深觉愧疚，就把他们请至家中，预备食物招待。忤逆夫妻走进好心人家殷实的堂屋，发现自家耳不聪目不明却满脸红光的老母，顿时羞愧难当。

　　逢年过节，家中有一高寿老者硬朗地坐着，彰显出家庭的安然、宁静和吉瑞。这样的气氛对联贴不出，窗花剪不出，鞭炮的轰鸣创造不出。

　　人老了，不要嫌弃，因为越老的人越是家里的福星。

尊敬老人是富国之道

老人，他们可以让国家变得富强，让国家的生命变得更加旺盛。

以前有个"杀老国"，凡是到了六十岁的，都要被人扔到深山里去活生生地饿死——国王认为，这些人一到这个年龄就只会吃饭，别的事一概不会做，没有什么用。

当时有个小男孩的爷爷也将近六十岁了，但小男孩很爱他的爷爷，他不想让爷爷死，于是他把爷爷藏在家里，结果没有一个人发现他爷爷还活在世上。

某一天，一个国家想要来攻打"杀老国"，有个大臣知道"杀老国"没有老人，就提议：拿一条雄蛇和一条雌蛇混合在一起，让他们在三天之内分辨出哪条是雄的，哪条是雌的，不然就投降。于是，使者拿了蛇来到了"杀老国"。

"杀老国"没有老人，可只有老人才能分辨出雄蛇和雌蛇，国王后悔莫及。这时，小男孩知道了，跑到家里找到了爷爷。爷爷告诉他怎样分辨雄雌蛇的办法，小男孩又将办法告诉了国王，因此，"杀老国"躲过了一劫。国王得知是小男孩的爷爷的点子，恍然大悟，立刻发布要尊敬老人的消息，还把"杀老国"改成了"敬老国"。

老人，他们的经验值得我们学习，他们的年长值得我们尊敬，一个国家怎么能没有老人，怎么能不尊敬老人呢？

老人，他们已没有我们这般旺盛的生命力，他们比我们更加需要爱，只有爱才能让他们感到不孤单，知道还有人在想着他们。

一个城市，一个国家，一个世界，没有老人是万万不行的，只有尊敬老人，才能让国家变得更加富强。

尊师重道的好楷模

张建国，国家一级演员，著名京剧表演艺术家。

提起如今已经八十多岁高龄的师父，张建国饱含深情。20世纪80年代，25岁的张建国才开始拜师学艺，这对京剧这种需要从小苦练的艺术来说，已经是不小的年龄了。为了让张建国早日成才，师父张荣培尽其所有地付出，师徒二人的感情在一点一滴的拜师学艺过程中越积越浓。

当时生活条件异常艰苦，张建国就想尽一切办法来照顾、孝敬师父，承担了师父家的所有力气活。每次外出，都把师父家的生活安排好。有时常常骑着自行车一天往返师父家好几趟。如果隔了一两天见不到师父，张建国的心里就空落落的。他常常到早市买了师父、师母平时最爱吃的饭菜带回来孝敬二老，二老更是把张建国当亲生儿子一样看待。

师父、师母平时最爱看电视，家里当时的那台9英寸的黑白电视机还是托友人组装的，老是三天两头出毛病，张建国就骑着自行车跑十几里路，把电视送到修理店铺，修好了再给师父带回来。有一年张建国的妻子年底发了2000元奖金，张建国一再叮嘱妻子这钱得留着，不能动。原来他心里早有计划。他和妻子一起到电器城挑选了一台最好的大彩电，骑着三轮车径直送到师父家里。师父激动得一时说不出话来，师母喜极而泣。

师母去世的时候，张建国正在外地演出。一接到电报，他就马不停蹄地连夜在火车上站了十几个小时赶回师父家中。师父悲痛欲绝，这让张建国更加放心不下。为了缓解师父的悲痛，张建国把师父从石家庄接到了北京自己的家，让他和自己一起住，这样方便照顾他。平时都做师父爱吃的菜，没事的时候陪师父聊聊天，下下棋，让老人家不再感到惆怅和孤单。每日里给师父熬药、泡茶，张建国从不怠慢。师父几点起床，几点吃饭，几点喝药，几点休息，喜欢喝浓茶还是淡茶，师父生活上这些琐碎的细节，张建国都记得清清楚楚。每隔两天，张建国都会亲自给师父擦热水澡，师父站着不舒服，他就让师父坐着擦。搓背、打浴液、洗头，全部按着步骤来，有条不紊。常常是一次澡洗下来，张建国浑身也像洗过澡一样浑身是汗，可他笑得比孩子还要灿烂。

师父习惯了家乡的生活，又搬回了石家庄，张建国就一个月跑几趟。如今只要团里没有演出，张建国都会回石家庄看望师父。每次一进师父家门，就和师父紧紧地拥抱在一起。这么多年了，这已经成为"父子"二人之间最甜蜜的见面方式。

四

【原文】

"夫然①，故生则亲安之②，祭则鬼享之③。是以天下和平，灾害不生④，祸乱不作⑤。故明王之以孝治天下也如此。"

【注释】

①然：如此，指尽孝道。②生则亲安之：生，生存，指卿、大夫的父母健在。安，安享。之，代指卿、大夫的尽孝奉养。③祭则鬼享之：鬼，指卿、大夫父母的灵魂。之，代指祭祀。④生：发生。⑤祸乱不作：祸，灾祸。乱，叛乱。作，兴起。

【译文】

"正因为这样，所以父母在世的时候，能够过着安乐宁静的生活。父母去世以后，灵魂能够安享祭奠。正因为如此，所以天下和平，没有风雨、水旱之类的天灾，也没有反叛、暴乱之类的人祸。圣明的帝王以孝道治理天下，就会出现这样的太平盛世。"

【评析】

俗话说："家和万事兴。"家和就是看一个家的所有成员能否和睦相处。在这个过程中，孝起主要作用。试想，如果儿子孝顺父母，那么儿子的儿子也会是一个坚守孝道的人，他们构成的团体，必然是互敬互爱的，一切矛盾、摩擦都能够被调节，家庭成员之间的关系都将是非常的和谐。

【现代活用】

天赐奇钱

宋代的都城有一个守寡的妇人吴氏。吴氏在很年轻的时候就死了丈夫，自己没有生儿育女，只有一个老婆婆和自己相依为命。吴氏对自己的婆婆非常的孝顺。冬天的时候，外面冰天雪地，她害怕婆婆睡觉的时候冷，就先为婆婆暖好被子再请她就寝。婆婆年纪大了，眼睛也看不见东西了，她觉得愧对吴氏，也觉得吴氏守寡这么多年很孤单，就想为吴氏招赘一个夫婿，但是被吴氏坚决劝止了。

此后，吴氏更加尽心伺候婆婆，自己省吃俭用、辛勤养蚕挣来的钱，全部拿来孝敬婆婆。婆婆年纪大了，需要置办后事所需的东西，但是自己又没有钱，于是吴氏就将自己所有值钱的东西典当殆尽，托邻居去置备后事。

吴氏对婆婆的照顾真可谓无微不至。好心自有好报，有一天晚上，吴氏做了一个奇怪的梦,梦中有一位白衣仙女对她说:"你虽然只是一个村妇,可是却如此深明大义,能将婆婆侍奉得如此周到,现在上天赐给你一枚钱币。"早上起来后,吴氏果然在床头发现了一枚钱币,过了一晚上,这一枚钱币居然变成了上千枚,等吴氏用完之后,会有新的钱币源源不断地生出来,人们将其称为"子母钱"。许多年以后,吴氏在没有受任何病痛的情况下平静地死去,她所住的地方生出一股奇异香气,几个月才散去,而原来的钱币随着吴氏的去世也消失了。

"天赐奇钱"仅仅是一个美丽的传说。每一个善良的人心中都一个美好的愿望,就是希望好人有好报。以德感人更能深入人心,这种至德的教化作用,不仅仅是治国的法宝,也是对于所有善良人的肯定,是对他们的一种褒奖。

不离父母病榻的孝子情怀

1991年,一部《外来妹》电视剧在大陆风靡起来,汤镇宗的名字也逐渐被内地观众熟知。随着演艺事业的节节登高,很多朋友建议他去北京拍戏,但都被汤镇宗婉言谢绝了。他说北京离家太远,不能很好地照顾家人,他就选择了能常回家看看父母孩子的广州、深圳一带。

汤镇宗小时候家里非常贫穷,一大家子人都靠父亲在外打工挣钱来维持生活,懂事的汤镇宗就会帮着照顾弟弟妹妹,给父母分担忧愁。爷爷半身不遂,行走不方便,父母不在家时,汤镇宗就会搀扶着爷爷送他去医院。走路时,他尽量随着爷爷的步子放慢脚步,生怕自己走快了,爷爷跟不上,踩了脚。

从影二十多年来,汤镇宗取得了众多奖项和荣誉,但他从来都是把家庭放在首要位置。父亲生病住院的那年,汤镇宗刚拍完一部戏回到香港,就被告知父亲得的是癌症晚期。父亲病重期间,汤镇宗尽自己所能,找香港最好的医生给父亲看病,整夜整夜地守在病榻前。父亲很难吃下去饭,每次吃完东西,5分钟后必定要吐出来,站在一旁的汤镇宗看着父亲难受的样子,哽咽着忍住泪水,用毛巾轻轻给父亲擦干净。

父亲在病床上一连躺了几个月,在那段时间里,汤镇宗推掉一切工作及应酬,静下心来陪着父亲。"要好好地报答父母,老人还在的时候要好好地孝顺,不然就会后悔的。"汤镇宗每当回忆起父亲,眼睛总是湿润的。

现在，汤镇宗只要一回到香港，就每天陪在母亲身边。母亲患有糖尿病，从医院拿了药回家自己打针。汤镇宗担心母亲打不好，就自己给母亲打针。随着时间的推移，原本对医学并不怎么在行的汤镇宗成了一名"良医"，关于母亲的病情，汤镇宗更是了如指掌。

汤镇宗对孝道有自己的一番理解，他认为孝是为人处世的基础。目前，汤镇宗的两个女儿都在英国，他说自己择婿的第一条件是孝顺。

生命的姿势

一对夫妇是登山运动员，为了庆祝他们儿子一周岁的生日，他们决定背着儿子登上七千米的雪山。

他们特意挑选了一个阳光灿烂的好日子，一切准备就绪之后就踏上了征程。当时天气就如预报中的那样，太阳当空照，没有风，没有半片云彩。夫妇俩很轻松地登上了五千米的高度。

然而，就在他们稍事休息准备向新的高度进发之时，一件意想不到的事发生了。风云突起，一时间狂风大作，雪花飞舞。气温陡降到零下三四十度。最要命的是，由于他们完全相信天气预报，从而忽略携带至关重要的定位仪。由于风势太大，能见度不足一米，上或下都意味着危险甚至死亡。俩人无奈，情急之中找到一处山洞，只好进洞暂时躲避鹅毛般的大雪。

气温继续下降，妻子怀中的孩子被冻得嘴唇发紫，最主要的是他要吃奶。要知道在如此低温的环境之下，任何一寸裸露在外的皮肤都会导致迅速地降低体温，时间一长就会有生命危险。怎么办？孩子的哭声越来越弱，他很快就会因为缺少食物而被冻死饿死。

丈夫制止了妻子几次要喂奶的要求，他不能眼睁睁地看着妻子被冻死。然而如果不给孩子喂奶，孩子就会很快死去。妻子哀求丈夫："就喂一次！"

丈夫把妻子和儿子揽在怀中。尽管如此，喂过一次奶的妻子体温下降了两度，体能受到了严重损耗。

由于缺少定位仪，漫天风雪中，救援人员根本找不到他们的位置，这意味着风雪如果不停，他们就没有获救的希望。

时间在一分一秒地流逝，孩子需要一次又一次地喂奶，妻子的体温在一次又一次地下降。在这个风雪狂舞的五千米高山上，妻子一次又一次地重复着平常极为简单而现在却无比艰难的喂奶动作。她的生命在一次又一次喂奶中一点点地消逝。

3天后，当救援人员赶到时，丈夫冻昏在妻子的身旁，而他的妻子——那位伟大的母亲已被冻成一尊雕塑，她依然保持着喂奶的姿势屹立不倒。她的儿子，她用生命哺育的孩子正在丈夫怀里安然而眠，他脸色红润，神态安详。被伟大的生命的爱包裹的孩子，你是否知道你有一位伟大的母亲？

为了纪念这位伟大的母亲、妻子，丈夫决定将妻子最后的姿势铸成铜像，让妻子最后的爱永远流传。

五

【原文】

"《诗》①云：有觉德行，四国顺之②。"

【注释】

①诗：指《诗经》。此句见《诗经·大雅·抑篇》。②有觉德行，四国顺之：天子有伟大的德行，四方各国都来归顺。觉，伟大。四国，四方各国。

【译文】

"《诗经》里说：天子有伟大的道德和品行，四方之国无不仰慕归顺。"

【评析】

可以把孝心当作治理国家的方式吗？无需怀疑，因为它有巨大的感染力与号召力！人都是由父母所生，每一个人的天性中或多或少都会存在些良知，而孝行是唤起这种良知的最大动力。以至诚的孝道来治理国家，收到的效果可能要比冷酷的刑罚好得多。

【现代活用】

为父报仇

赵娥，东汉酒泉郡禄福县（今肃州）人，父亲叫赵君安，丈夫叫庞子夏。庞子夏去世后，赵娥在禄福县抚养儿子庞淯。赵娥的父亲赵君安被禄福县豪强李寿所杀，而赵娥的三个弟弟又相继死于瘟疫。李寿得知后，高兴地对众人说："赵家强壮绝尽，只剩下女人了，我又怎么会怕她来复仇呢？"赵娥听此狂言，激发了她的报仇之心，悲愤地发誓说："我一定要亲手杀了李寿！"赵娥经常夜间磨刀，扼腕切齿，悲涕长叹，毫不在意别人嘲笑她是女流之辈。

李寿整天骑马带刀，防卫森严，行事飞扬跋扈，众人都躲着他走。终于有一天早晨，赵娥跟踪李寿到都亭前，跳下鹿车，抓住李寿的马头，大声斥骂。李寿一惊，企图调转马头逃跑。赵娥挥刀奋力朝李寿砍去，这时马因受到惊吓，将李寿摔在路边的泥沟里，赵娥找到李寿，又用力砍去，因用力过猛，刀砍到了树干，将树干一分为二，李寿也受了伤。李寿拿着自己的刀大喊大叫，一跃而起。赵娥随即挺身奋起，用左手抵住他的额头，右手卡住他的喉咙，反复周旋，最终李寿气闭，倒在地上。赵娥拔出李寿的刀，割下李寿的头，到官府自首。当时的禄福长尹嘉，不忍心给赵娥定罪，就主动辞去官职，不受理此案。继续受理此案的官员也不愿定她的罪，而且想私自放走她。赵娥却视死如归，坚决不做贪生怕死之人，颇有凛然之气。后来，朝廷大赦，赵娥终于名正言顺地回家了。

有一种爱是不能被猜疑的

李斌是个抢劫犯，入狱一年了，从来没人来看过他。

眼看别的犯人隔三岔五就有人来探监，送来各种好吃的，李斌眼馋，就给父母写信，让他们来看自己，也不为好吃的，就是想见他们。

在无数封信石沉大海后，李斌明白了，父母抛弃了他。伤心和绝望之余，他又写了一封信，说如果父母再不来，他们将永远失去他这个儿子。这不是说气话，几个重刑犯拉他一起越狱不是一两天了，他只是一直下不了决心，现在反正是爹不亲娘不爱，赤条条来去无牵挂了，还有什么好担心的？

这天天气特别冷。李斌正和几个"秃瓢"密谋越狱，忽然，有人喊道：

孝治章第八

"李斌，有人来看你！"会是谁呢？进探监室一看，李斌呆了，是妈妈！一年不见，妈妈变得都认不出来了。才五十开外的人，头发全白了，腰弯得像虾米，人瘦得不成形，衣裳破破烂烂，一双脚竟然光着，满是污垢和血迹，身旁还放着两只破麻布口袋。

娘儿俩对视着，没等李斌开口，妈妈浑浊的眼泪就流出来了，她边抹眼泪，边说："小斌，信我收到了，别怪爸妈狠心，实在是抽不开身啊，你爸……又病了，我要服侍他，再说路又远……"这时，指导员端来一大碗热气腾腾的鸡蛋面，热情地说："大娘，吃口面再谈。"刘妈妈忙站起身，手在身上使劲地擦着："使不得，使不得。"指导员把碗塞到老人的手中，笑着说："我娘也到您这个岁数了，娘吃儿子一碗面不应该吗？"刘妈妈不再说话，低下头"呼啦呼啦"吃起来，吃得是那个快那个香啊，好像多少天没吃饭了。

等妈妈吃完了，李斌看着她那双又红又肿、裂了许多血口的脚，忍不住问："妈，你的脚怎么了？鞋呢？"还没等妈妈回答，指导员冷冷地接过话："是步行来的，鞋早磨破了。"步行？从家到这儿有三四百里路，而且很长一段是山路！李斌慢慢蹲下身，轻轻抚着那双不成形的脚："妈，你怎么不坐车啊？怎么不买双鞋啊？"

妈妈缩起脚，装着不在意地说："坐什么车啊，走路挺好的，唉，今年闹猪瘟，家里的几头猪全死了，天又干，庄稼收成不好，还有你爸……看病……花了好多钱……你爸身子好的话，我们早来看你了，你别怪爸妈。"

指导员擦了擦眼泪，悄悄退了出去。李斌低着头问："爸的身子好些了吗？"

李斌等了半天不见回答，头一抬，妈妈正在擦眼泪，嘴里却说："沙子迷眼了，你问你爸？噢，他快好了……他让我告诉你，别牵挂他，好好改造。"

探监时间结束了。指导员进来，手里抓着一大把票子，说："大娘，这是我们几个管教人员的一点心意，您可不能光着脚走回去了，不然，李斌还不心疼死啊！"

李斌妈妈双手直摇，说："这哪成啊，娃儿在你这里，已够你操心的了，我再要你钱，不是折我的寿吗？"

指导员声音颤抖着说："做儿子的，不能让你享福，反而让老人担惊受怕，让您光脚走几百里路来这儿，如果再光脚走回去，这个儿子还算个人吗？"

李斌撑不住了，声音嘶哑地喊道："妈！"就再也发不出声了，此时窗外也是哭泣声一片，那是指导员喊来旁观的劳改犯们发出的哭泣声。

这时，有个狱警进了屋，故作轻松地说："别哭了，妈妈来看儿子是喜事啊，应该笑才对，让我看看大娘带了什么好吃的。"他边说边拎起麻袋就倒，李斌妈妈来不及阻挡，口袋里的东西全倒了出来。顿时，所有的人都愣了。

第一只口袋倒出的，全是馒头、面饼什么的，四分五裂，硬如石头，而且个个不同。不用说，这是李斌妈妈一路乞讨来的。李斌妈妈窘极了，双手揪着衣角，喃喃地说："娃，别怪妈做这下作事，家里实在拿不出什么东西……"

李斌像没听见似的，直勾勾地盯住第二只麻袋里倒出的东西，那是一个骨灰盒！李斌呆呆地问："妈，这是什么？"李斌妈妈神色慌张起来，伸手要抱那个骨灰盒："没……没什么……"李斌发疯般抢了过来，浑身颤抖："妈，这是什么？！"

李斌妈妈无力地坐了下去，花白的头发剧烈地抖动着。好半天，她才吃力地说："那是……你爸！为了攒钱来看你，他没日没夜地打工，身子给累垮了。临死前，他说他生前没来看你，心里难受，死后一定要我带他来，看你最后一眼……"

李斌发出撕心裂肺的一声长号："爸，我改……"接着"扑通"一声跪了下去，一个劲儿地用头撞地。"扑通、扑通"，只见探监室外黑压压跪倒一片，痛哭声响彻天空……

圣治章第九

一

【原文】

曾子曰："敢问圣人之德①，无以加于孝乎②？"子曰："天地之性③，人为贵④。人之行，莫大于孝。

【注释】

①敢：谦词，有冒昧之意。②加：超过，更重要。③性：指性命，生灵，生物。④贵：尊贵。

【译文】

曾子说："请允许我冒昧地提个问题，圣人的德行中，难道就没有比孝行更为重要的吗？"孔子说："天地之间的万物生灵，只有人最为尊贵。人的各种品行中，没有比孝行更加伟大的了。

【评析】

人是天地之间最为尊贵的高级动物。而人最大的善行便是尽孝。这是把孝提升了高度，作为一个规范世人的准则来讲，虽然有些绝对，但也是可以理解的。

【现代活用】

肩挑生活重担的孝心少年

你或许难以相信我们身边还有这样的家庭：父亲离异后身患重病，完全丧失劳动能力，7岁的儿子自己洗衣做饭，悉心照顾父亲的饮食起居……小小的年纪，柔弱的肩膀，闪光的孝心，坚强少年王杰炜给我们留下了感人的故事。

2010年才刚满10岁的王杰炜家，住栗子房镇下川村张东屯，是下川小学二年级学生。因家庭贫困，营养不良，长得黑瘦矮小，还不到同龄少年的肩膀高。小杰炜自懂事起，就知道自己和别的孩子不一样：10年前，他的父亲王强在路上突遭车祸，从此患下类似帕金森症的一种"怪"病，平日浑身颤抖，说话言语不清，双臂抬不起来，丧失了劳动能力。祸不单行，王强出院不久，他的父亲因病去世，母亲随后改嫁，妻子一走了之。亲人离去，妻子离异，一连串的变故彻底击垮了30多岁的王强，也给小杰炜幼小的心灵带来巨大创伤。从此，家里失去了往日的温馨，房顶露着屋脊，屋里破烂不堪，院内杂草丛生，生活陷入困境……

穷人的孩子早当家。小杰炜从小就留心大人们如何做家务，7岁开始学着洗衣、做饭，照顾父亲。每天吃饭前，他先是一口一口地给父亲喂饭，然后自己才动筷子。很多次，父子俩正吃着饭，王强的眼泪就禁不住流了下来："儿子啊，爸爸让你受苦了。"每当这时，懂事的小杰炜就赶紧放下碗筷，安慰父亲别难过。王强患病睡眠不好，小杰炜晚上常常捧着书本给父亲讲故事、念唐诗，睡觉前还不忘给父亲掖掖被角。

苦难是人生的财富。困境和家务没有成为小杰炜学习的绊脚石，反而激励他发奋读书。在学校，小杰炜上课认真听讲，积极参与各项活动，还被选为班干部，成了老师的小帮手、同学的好伙伴。每次考试，他总是第一名，"三好学生"奖状得了好几个，期末考试他的两科成绩再次获得满分。小杰炜的出色表现给了父亲生活的信心，王强坦言，儿子就是家里的希望，让他坚持走到了今天。

小杰炜，一个10岁的孩子，虽然童年缺少应有的快乐和幸福，却比同龄伙伴多了一份坚毅和孝心。他用童真的爱点燃希望，用柔弱的肩膀扛起了生活的重担，成为父亲生命的支柱……

电影里的孝女源自生活中的真实写照

斯琴高娃曾经主演过一部电影叫《世上最痛的人去了》，在这部电影中，斯琴高娃真情演绎了自己扮演的女儿与智障母亲的一段温暖亲情。这部电影的很多情节和感情，都来源于斯琴高娃日常生活中对自己母亲无限的眷恋和深情，电影里的母子情深，也是她自己生活中爱母至深的真情流露。

斯琴高娃从小生活在一个特殊的大家庭里，给自己生命的是亲生父母，而把自己养育成人的却是继父母，而且家里姐弟6个，自己排行老大。似乎是"长姐若母"，由于家在农村，在斯琴高娃心目中，孝顺父母就是要帮他们多干活，如拆洗被褥、浆洗衣服、缝补衣袜、推撑子拉磨、抹簸箕收粮食、挑水、劈柴、干农活……斯琴高娃12岁就能挑满桶水，只要力所能及，什么活都做。五个弟弟耳濡目染，也对父母非常孝顺。

参加工作以后，斯琴高娃不管多忙，从未找任何借口放松对母亲的照顾。人愈是上了年纪，对母亲的依恋就愈深。每年她都把母亲接过来，陪母亲好好检查检查身体，看看病，唠些家常话，母亲就会高兴得像孩子一样，似乎一下年轻了好几岁。平时到外地看到母亲喜欢的新鲜东西，斯琴高娃都会留心买下来，回去送给母亲。母亲嘴里不说，可斯琴高娃看得出她周身洋溢着幸福。参加活动或是拍戏准许的情况下，斯琴高娃都不忘带上母亲。斯琴高娃的母亲看到她工作取得的成绩和荣誉，感到特别幸福和骄傲。在剧组，她就抓紧拍戏的间隙时间陪母亲四处走走、转转，尽管还有很多城市没有一一去到，但她已经竭尽所能，了无遗憾。

母亲的年龄已经不小了，每次出门的时候，斯琴高娃有时背着母亲，有时也搀扶着母亲。斯琴高娃的腿不大好，母亲就舍不得她这样，说："你也到了要人背负和搀扶的年龄了。"每当这时，斯琴高娃就只是微笑着不说话。就这样，一个小老太太和一个老老太太互相搀扶，互相提醒。斯琴高娃说："对母亲好，并不需要回报，因为母亲已经付出太多，而且对于长辈的孝顺，我们的下一辈，甚至下一辈的下一辈，会看到，也会做到。"

下跪的藏羚羊

在藏北的人们，经常能看见一个肩披长发，留着大胡子，脚蹬长筒藏靴的老猎人在青藏公路附近活动。他无名无姓，云游四方，朝别藏北雪，夜宿江河源，饿时用大火煮牛肉吃，渴时喝一碗冰雪水。猎获的皮自然会卖一些钱，这些钱，他除了自己消费一部分外，更多地用来救济路遇的朝圣者。每次老猎人在救济他们时总是含泪祝愿：上苍保佑，平安无事。

　　杀生和慈善在老猎人身上共存，他一直想放弃打猎，促使他放下手中的猎枪的是这样一件事。

　　大清早，他从帐篷里出来，伸伸懒腰，正准备要喝一碗酥油茶时，突然瞅见两步远的草坡上站立着一只肥壮壮的藏羚羊。沉睡了一夜的他，浑身立即涌上一股清爽的劲头，丝毫没有犹豫，就转身回到帐篷拿来了猎枪。他举枪瞄了起来，奇怪的是，那只肥壮的藏羚羊并没有逃走，只是用祈求的眼神望着他，然后冲着他前行两步，两条前腿扑通一声跪了下来，与此同时，两行长泪从它眼里流了出来。老猎人的心头一软，扣扳机的手不由得松了一下。藏区流传着一句俗语："天上飞的鸟，地上跑的鼠，都是通人性的。"此时，藏羚羊给他下跪，自然是求他饶命了。他是个猎手，不被藏羚羊的求饶所打动也是情理之中的事。他双眼一闭，扳机一动，枪声响起，那只藏羚羊便栽倒在地。它倒地后仍是跪卧的姿势，脸上的两行泪迹还清晰地留着。

　　那天，老猎人没有像往日那样当即将猎获的藏羚羊开宰、扒皮。他的眼前老是浮现着那只跪拜的藏羚羊。他有些蹊跷，藏羚羊为什么要下跪？这是他几十年狩猎生涯中唯一见到的一次情景。夜里躺在地铺上，他久久难以入眠……

　　次日，老猎人怀着忐忑不安的心情将那只藏羚羊开膛扒皮，他的手在颤抖。腹腔在刀刃下打开了，他吃惊得叫出了声，手中的屠刀"咣当"一声掉在了地上……原来在藏羚羊的肚子里静静地卧着一只小羚羊，虽已成形，却早已死了。这时候，老猎人才明白为什么藏羚羊的身子肥肥壮壮，也才明白它为什么要弯下笨重的身子向他下跪：它是在求猎人留下自己孩子的一条命啊！

　　当天，他没有出猎，他在山坡上挖了个坑，将那只藏羚羊连同它那没有出世的孩子掩埋了，同时埋掉的还有他的猎枪……

　　从此，这个老猎人在藏北草原上消失了，没人知道他去了哪里。

二

【原文】

"孝莫大于严父①,严父莫大于配天②,则周公其人也③。昔者周公郊祀后稷④以配天⑤;宗祀文王于明堂⑥,以配上帝,是以四海之内⑦,各以其职来祭⑧。夫圣人之德,又何以加于孝乎⑨?故亲生之膝下⑩,以养其父母日严⑪。圣人因⑫严以教敬,因亲以教爱。圣人之教,不肃而成,其政不严而治,其所因者本也⑬。父子之道⑭,天性也,君臣之义也⑮。父母生之⑯,续莫大焉⑰。君亲临之⑱,厚莫重焉。

【注释】

①严:尊敬。②配天:祭天时以祖先配享。配,配享。③周公:姓姬名旦,西周初年政治家。周文王子,武王弟,曾助武王灭商。④郊祀后稷:郊祀,古代天子在国都郊外祭祀天地。后稷,名弃,为周人始祖。⑤以:用来。⑥宗祀文王于明堂:宗祀,在宗庙中祭祀。文王,姓姬名昌,商时为西伯。明堂,古代帝王宣教布政的地方。⑦四海之内:指远近诸侯。⑧各以其职:指按各自等级进贡。⑨何以:以何,凭什么。⑩故亲生之膝下:亲,敬爱父母的亲情。生,萌生。膝下,指父母身边。⑪日严:一天比一天知道尊敬父母的道理。严,尊敬。⑫因:凭借。⑬本:根本,指孝。⑭道:关系,情分。⑮君臣之义:指儿子对父亲的高度尊敬有如臣子对君王一样。⑯生之:生育后代。⑰续莫大焉:续,指传宗接代。焉,代词,这。⑱临:贵对贱、长对下为临。

【译文】

"孝行之中,没有比尊敬父亲更加重要的了。对父亲的尊敬,没有比在祭天时以父祖先辈配祀更加重要的了。祭天时以父祖先辈配祀,始于周公。从前,成王年幼,周公摄政,周公在国都郊外圜丘上祭天时,以周族的始祖后稷配祀天帝;在聚族进行明堂祭祀时,以父亲文王配祀上帝。所以,四海之内各地的诸侯都恪尽职守,贡纳各地的特产,协助天子祭祀先王。圣人的德行,又还有哪一种能比孝行更为重要的呢!子女对父母的亲爱之心,产生于幼年时期;待到长大成人,奉养父母,便日益懂得了对父母的尊敬。圣人根据子女对父母的尊崇的天性，引导他们敬父母；根据子女对父母的亲近的天性，教导他们爱父母。圣人教化人民，不需要采取严厉的手段就能获得成功；他对人民的统治，不需要采用严厉的办法就能管理得很好。这正是由于他能根据人的本性，以孝道去引导人民。父子之间的关系，体现了人类天生的本性，同时也体现了君臣关系的义理。父母生下儿子，使儿子得以上继祖宗，下续子孙，这就是父母对子女的最大恩情。父亲对于儿子，兼具君王和父亲的双重身份，既有为父的亲情，又有为君的尊严，父子关系的厚重，没有任何关系能够超过。

【评析】

孔子借着曾子的提问而说明圣人以德治天下，没有再比孝道更伟大的了。在父子之间，父亲要仁慈，儿子要孝顺，这就是父慈子孝。同时他也认为，如果一个人做到了孝悌，他的人性就得到了很好的改造，他就会遵守社会的规范。

【现代活用】

爱护自己的身体发肤

曾子作为一个孝子，知道爱惜自己的身体，到死都念念不忘要保持自己的体肤完好。曾子临死前，只是牵挂两件事，一件事就是易箦，箦就是睡觉的竹席。曾子是孔子的弟子，对于孔子所提倡的礼制很推崇。临终前，季孙赐给曾子竹席，曾子还没换上就已经动不了了。按照当时的礼制，人死之时应当寿终正寝，对于曾子来说就是死在竹席上，表示死得很庄重。曾子当时就要求更换竹席，曾元认为不可，原因是曾子当时翻动身体已经很困难了。曾子坚持要换，认为如果不更换竹席的话，就此死掉是违反礼制的。于是曾元、曾申和当时在旁边的他的弟子，将曾子移到了竹席上。曾子经此一翻身就很快离世了。

另外一件让曾子牵挂的事就是临死前身体发肤要完好无损。这也是当时作为孝子，必须做到的孝道行为之一。他对当时在他身边的学生说："启予手，启予手！诗云'战战兢兢，如临深渊，如履薄冰'。"曾子意思是要弟子掀开席子，看看作为老师的他，在死时身体依然是完好的。曾子为保护好自己的身体，一生都小心谨慎。为此他引用《诗经》中的名句，来表示自己这一辈子保护自己、爱惜自己，也借此告诉弟子作为孝子至死都要让自己的身体不被损害。他的弟子子春谨记他的教诲。后来当子春的脚受伤的时候，他很小心谨慎，连续多日不出家门，连他的学生都感到不可理解。

以孝心和坚持打动和带动身边人

于学权家住内蒙古兴安盟突泉县永安镇，因在家排行最小，被称为"小权"。

1996年5月，小权70岁的母亲眼压突然升高，眼底出血，患上青光眼。小权四处求医问药，母亲病况未见好转。母亲失去光明，遭遇诸多不便，吃饭、上厕所之类最平常的事都要人伺候。她生性好强，继而情绪烦躁。

小权收入不多，当时每个月二百多元且常常不能及时到手。为了给母亲补充营养，小权和妻子总把不多的肉或菜给父母吃。

他带母亲先后去长春、张家口等地诊疗，以图让她重见光明，但效果不理想。母亲眼部肌肉严重萎缩，视网膜脱落。

半年后，女儿出生。小权既要照顾妻女，又要照顾母亲。从那时起，他没睡过一个完整觉。

一波未平，一波又起。1999年底，77岁的父亲患脑血栓，不到一年又脑出血，从此瘫痪，生活不能自理。

母亲着急上火，病情加重，也瘫痪在床。就这样，从2000年开始，小权担负照顾瘫痪双亲的繁重劳动，一晃十年。

父母长年缺乏运动，只能强行排便，用手指抠，每次要耗费小权一二十分钟。

为避免老人生褥疮，小权给他们增加翻身次数，每天用热水擦身，经常洗澡。父母每天尿湿十几个垫子，冬天更多。小权家常年晾晒一绳子尿垫子，最多三十多个。

一名外地人想拜访这名孝子。问及地址，回答的人说："不用问，你就挨家挨户看，谁家院子里晾满尿垫子，那就是！"访客准确找到小权家。当时小权两口子正在洗尿垫子，大冬天用冷水。访客不解。小权告知，用凉水洗得干净，热水会渍住。

两个老人大小便失禁，但小权家没有一点异味。访客临走时说："我真佩服你们。"

小权抽空就查找护理方面的书籍和老年人健康饮食食谱，存下不少医学书籍以及穴位图、血压计和体温计。一些人说，他可以当"半个大夫"。

天气暖和时，小权把父亲母亲抱到外面，晒晒阳光、换换新鲜空气。

俗话说："久病床前无孝子！"

可小权对父母的照顾无微不至，十年如一日，成为榜样。镇里谁家子女与老人发生矛盾或婆媳不和，会有人说："看看人家小权两口子！"

2004年起，父亲常流口水，不再能吞咽和吐痰。小权每天必做事是用吸痰器吸痰，然后用注射器一小口一小口往父亲嗓子里送水。喂饭更繁琐。

父母已老年痴呆，对其他人似乎已陌生。只有看小权时，他们的目光才格外明亮。

凡到过小权家的人，都成为小权夫妇的朋友。

用孝心慰藉着善行

朱媛媛的母亲是一个心地善良，喜欢做好事的老人。朱媛媛说："她见不得人家有难处，看见一只流浪猫被抛弃，也会流泪。"这位山东老太太经常出现在街头巷尾，喜欢"管闲事"，爱好"打抱不平"。作为女儿的朱媛媛，全力支持母亲做好事，做母亲坚强的后盾，并以母亲为榜样，自己也加入到"管闲事"的行列中去。

朱媛媛之所以如此支持母亲，原因有两个：一是她和母亲一样都心地善良；二是她是一个孝顺的女儿。

朱媛媛从小就很懂事，让父母很省心。小时候，在老家青岛的大院子里，父亲每天早上都要骑自行车送朱媛媛和姐姐去学校上学。因为从家到学校要爬陡坡，姐妹俩又都不会跳车，父亲一次驮不了两个人。于是父亲就送完姐姐再送媛媛。山东半岛的雪下得特别早，坐在单车后座上的朱媛媛看着父亲的耳朵冻得通红，头发上还挂着雪花，小小年纪的她便体会到了父亲的艰辛。

长大以后，每当母亲去银行将整钱换零钱，再到超市买面包火腿肠，接着在家煮面条的时候，朱媛媛便知道母亲又要开始行动了：将一沓沓的零钱送到街上乞讨的老大爷手中，以便他们更好地用零钱买食物；将面包火腿肠拿到天桥下穿着破烂行乞的小孩手中，还要监督他们吃完再走；母亲看着风中瑟瑟发抖的小区保安受寒，就煮了热面条送给保安吃。每当这个时候，朱媛媛就会将自己身上的零钱掏出来，和母亲一起做这些事。

大学毕业后，朱媛媛将父母接到了北京。在日常生活中，母女经常上演"斗智"的好戏。

朱媛媛在外地拍戏的时候，经常会给母亲买几件衣服带回来，当母亲问起价格的时候，她会说得尽量便宜一些，有时甚至要少说一个零。久而久之，母亲就不会相信了，但最终也理解了女儿的良苦用心。母亲去外面办事常挤公交，而朱媛媛就会使用各种方法，让她坐出租车。母亲却和女儿玩起了"猫捉老鼠"的游戏，最后朱媛媛会索要打发票以验真假，母亲却不知从哪里弄来些废旧发票，朱媛媛一看就知道母亲在糊弄自己，但她又不愿当场点破。事后，她就缠着母亲，讲自己让她不挤公交是因为她年纪大了，担心她的身体，母亲最后被女儿的这份孝心说动了。朱媛媛说，自己跟母亲就是朋友般的关系。

有的演员一年到头总是一直不停息地到处拍戏，而朱媛媛每年最多接拍两三部戏，她说，她要留出几个月的时间给家人，要待在父母的身边，好好地尽孝。

三

【原文】

故不爱其亲而爱他人者，谓之悖德①；不敬其亲，而敬他人者，谓之悖礼。以顺则逆②，民无则焉③，不在于善④，而皆在于凶德⑤，虽得之⑥，君子不贵也⑦。君子则不然，言思可道⑧，行思可乐⑨，德义可尊⑩，作事可法⑪，容止可观⑫，进退可度⑬，以临⑭其民，是以其民畏而爱之，则而象之⑮。故能成⑯其德教，而行其政令。

【注释】

①悖：违背、违逆。②以顺则逆：顺，指君王本应实行教化，使人心顺从向善。逆，指君王实际上反其道而行之，不施善政，不行教化。③则：指行动准则。④在于：怀有。⑤凶：丑恶的。⑥得之：一时得逞，居人之上。⑦贵：认为……可贵。⑧可道：可以讲。⑨乐：使……欢乐。⑩尊：令人尊敬。⑪法：效

法。⑫容止可观：容止，容貌仪表。可观，可以接受，入眼。⑬可度：合乎礼法规范。⑭临：治理。⑮则而象之：则，取法。象，模仿，效法。⑯成：成功推行。

【译文】

"如果做儿子的不爱自己的双亲而去爱其他什么别的人，这就叫作违背道德；如果做儿子的不尊敬自己的双亲而去尊敬其他什么别的人，这就叫作违背礼法。如果有人用违背道德和违背礼法去教化人民，让人民顺从，那就会是非颠倒；人民将无所适从，不知道该效法什么。如果不能用善行，带头行孝，教化天下，而用违背道德的手段统治天下，虽然也有可能一时得志，君子也鄙夷不屑，不会赞赏。君子就不是那样的，他们说话，要考虑说的话能得到人民的支持，被人民称道；他们做事，要考虑行为举止能使人民高兴；他们的道德和品行，要考虑能受到人民的尊敬；他们从事制作或建造，要考虑能成为人民的典范；他们的仪态容貌，要考虑得到人民的称赞；他们的动静进退，要考虑合乎规矩法度。如果君王能够像这样来统领人民，管理人民，那么人民就会敬畏他，爱戴他；就会以他为榜样，仿效他，学习他。因此，就能够顺利地推行道德教育，使政令顺畅地得到贯彻执行。

【评析】

不通人情的统治者令人感到寒心，如果面对尽善尽孝的行为仍然不通人情，自然无法得到百姓的爱戴与拥护，一个国家如果没有了温情，自然也就没有了生机，所以明智的统治者都能把握恩威并重的分寸。

【现代活用】

因敬亲而免于坐牢

陆续是东汉初期会稽人，也就是今天苏州一带的人。

陆续在年幼的时候就死了父亲，后来做了会稽郡的户曹吏，这是地方上的小官，掌管地方上的户籍、祭祀和农桑等。当时会稽闹灾荒，太守尹兴让陆续负责赈济灾民。陆续能够把赈济过的灾民的名字一一报给太守，这让尹兴感到很惊奇。后来，陆续被扬州刺史辟为别驾从事。但是因为身体原因，过了一段时间，陆续就回到了会稽。

在东汉明帝在位的时候，陆续被卷入了一场皇族的谋反案件。当朝皇帝的弟弟楚王刘英，被人告谋反，最后被逼自杀。朝廷在清理余党的时候，把陆续在内的五百人全部押解到京城洛阳。五百多位官员，在严刑拷打下死了大部分，最后留下来的只有陆续等几个人。

陆续的母亲因为牵挂儿子，不远万里从遥远的江苏来到了京城。想见一下儿子，监狱使者不让他们母子相见，也不让陆续知道他的母亲来到了京城。陆续的母亲在客栈做好饭菜请求看门的狱卒送给陆续吃。陆续见到饭菜后就哭了起来，悲伤不已。使者觉得非常奇怪，就问陆续为何要这样。陆续说道："母来不得相见，故泣耳。"使者听后非常生气，以为是看门的狱卒将陆续母亲到京城的消息告诉了陆续，打算审问狱卒。陆续知道了使者的意思后就说："我喝了汤之后，知道是母亲做的汤菜，也就知道我的母亲到了京城，并不是狱卒告诉了我什么，我母亲切的肉，是方方正正的，切的葱也是长短一致的，所以，我一看到这饭菜，就知道是我母亲做的，也就知道我的母亲到了京城。"使者当即就派人到客栈去核实此事，果然在客栈中找到了陆续的母亲，并知道了事情的原委。于是，这位使者就暗中夸奖陆续的为人，并将这事上奏给了皇帝。皇帝就赦免了陆续等人，但规定陆续以后不得出来做官。陆续后来病死在家乡。

古人以为，将肉、葱切得方方正正的，这是礼制在日常生活中的体现，说明陆续的母亲在平日里教导陆续做人要正直。陆续尝一下饭菜，就知道饭菜出自母亲之手，对着母亲做的饭菜哭泣，也是敬亲的表现。

不孝加重刑罚

《宋书》卷五十四中，记载着一起典型的因不孝而加重刑罚的例子。

宋孝武帝大明年间，安陆应城县（今湖北应城县）人张陵和他的妻子骂自己的母亲，说叫她死了算了。没有想到的是，他的母亲，被儿子儿媳一骂，想不开，就真的上吊死了。因为骂母亲而致母亲自杀，当时的法律没有明确规定要处以死刑。况且，当时正好是皇帝大赦天下，也就是说于情于理，张陵都会被免去责罚，罪不至死。然而，当时的孔渊之在讨论这件事的时候，认为张陵骂母亲实属不孝，这已经是最大的罪行了。对于不孝的子孙，就要严重处罚，以正风气，不该将其列入赦免的行列，同时量刑的时候要比照最重的刑罚执行。最后，张陵被处以枭首，他的妻子吴氏因为孩子还小的缘故被免去了死刑。

在北朝北齐时，不孝被列为十恶之首。隋朝正式有了十恶罪名，不孝位列其中。唐朝将不孝罪列在十恶中的第七位，对此，《唐律疏义》中是这样规定的：

谓告言诅詈祖父母、父母及祖父母；父母在别籍，异财若供养有阙；居父母丧，身自嫁娶，若作乐释服从吉；闻祖父母父母丧，匿不举哀，诈称祖父母、父母死。

在明清两代的法律条文中，一字不差地照录唐朝对"不孝"的规定。而在中国两千多年的封建社会中，"不孝"的刑罚最高至死刑。从中可以看出中国古人对"孝"的重视程度。

短信传递亲情孝心

曹颖是家中的独生女，一个地地道道的北京女孩儿。进入演艺圈这么多年来，她从未减少过对父母的孝心。除了在物质生活上尽量让父母过得舒心外，曹颖也非常重视对二老的精神赡养。平时她一有时间就会带父母四处走走，拓展眼界，见识各种趣闻。有一年春节她在海南拍戏，没时间回家，曹颖就把父母从北京接到海南，陪他们一起在沙滩上看烟花，吃年夜饭，度过了一个令人难以忘怀的春节。

曹颖为了和妈妈进行更多的沟通，让妈妈及时知道自己的行踪和近况，特意教会了妈妈怎样发手机短信。平时自己的近况、心情、随想、照片等第一手资料都会发到妈妈手机上。妈妈每次收到曹颖的信息就像捡到宝贝一样高兴。曹颖也把随时发短信作为孝顺妈妈的独特手段，不管工作多忙多累，从没停止过。曹颖这样做的目的只有一个，就是为了让妈妈放心和哄妈妈开心。妈妈原来只会回复一个"的"字给她，现在已经可以发"长篇大论"和流行语言了。为了和曹颖更好地交流，妈妈甚至爱上了发短信。

父母年纪越来越大，曹颖就觉得他们就都像小孩子一样需要呵护。曹颖多次劝说爸爸戒烟，可爸爸已经习惯了几十年的吸烟生活，想戒掉谈何容易。为了将吸烟的危害降到最低，曹颖每次从外地演出回来，都会为爸爸带几支烟嘴，这样就可以将吸烟的危害降到最低。曹颖将对父亲的爱凝聚到了生活的最细微处。

曹颖多次担任大型青少年情感节目的主持和评委，每次遇到不孝顺的少年在父母面前出言不逊，曹颖都会站出来替那些父母说话，谴责那些不孝子女，善意地引导他们理解父母的一片苦心。曹颖不仅做到了孝顺女儿应该做到的一切，还言传身教，将孝道传统发扬光大，影响了一大批"曹迷"。

四

【原文】

"《诗》云：'淑人君子，其仪不忒①。'"

【注释】

①淑人君子，其仪不忒：语出《诗经·曹风·鸤鸠篇》。淑，美好，善良。仪，仪表，仪容。忒，差错。

【译文】

"《诗经》里说：'善人君子，最讲礼仪；容貌举止，毫无差池。'"

【评析】

孝治的重点是在德行方面，而圣治的重点却是在德威两个方面。德，是内在美的表现；威，是外在美的表现。外在的美德与内在的美德兼而有之，才算是爱敬的全部含义。圣人讲学一点进一步，内外兼修，爱敬并施，自然德教就能顺利完成。

【现代活用】

大白香象

在遥远的过去，有两个国王，一是迦尸国王，一是比提醯国王。比提醯王因为拥有一只力大无穷的香象，总是轻而易举地就把迦尸王的军队打败，迦尸国王为了一雪前耻，便对全国下达命令："若有人能为国王抓来强壮的香象，必定重赏。"

当时，在山里住了一只大白香象，被人发现了，国王立刻派军队上山围捕。这只强壮的大象竟然丝毫没有逃跑的意思，温驯地被带回了宫中。国王得到这头珍贵的白香象非常欢喜，为它盖了一个漂亮的屋子，里面铺了非常柔软的毯子，又给它上好的饮食，还请人弹琴给他听，可是香象却始终不愿意进食。

迦尸国王非常着急，亲自来看这头香象，问道："你为什么不吃东西呢？"香象回答："我的父母住在山里，年纪又老，眼睛也瞎了，无法自己去找水草来吃，一定饿坏了，只要想到这里，我就难过得吃不下东西。大王，您能不能放我回去孝养父母，等将来父母老死了，我会主动回来为陛下效命。"

迦尸国王听了深受感动，便放这头香象回到山中，同时下令，全国皆要孝养、恭敬父母，若有不孝者，将处以重罪。

过了几年，老象死了，大香象依约回到王宫。迦尸王高兴极了，立刻派它进攻比提醯国。但是，香象却反倒劝国王化干戈为玉帛，并愿意前往比提醯国，做和平的使者，果然，香象真的化解了怨结，使两国人民都能安居乐业。

孝敬父母，"所有问题都自己扛"

银幕里的陈好是观众熟知并喜爱的"万人迷"，生活中的陈好却是出生在一个普通家庭里的普通女孩。无论是求学他乡，还是一个人在外工作，笑称自己"运气好"的陈好都从来没有让父母操心过。

还在中央戏剧学院读书的时候，陈好就是同龄中最忙碌的一个。生于工薪阶层的她把学习以外的所有时间都用来打零工挣学费了。接拍广告、电视剧，陈好样样不误，一年辛苦下来，攒下的钱不仅交学费绰绰有余，还把多余的钱带回家孝敬父母。尽管平时学习、工作时间都安排得满满的，陈好却从来都不忘每周一、三、五晚上在固定的时间给父母打电话，报平安。那是当时远在他乡没有亲人在身边的陈好，寄托对父母思念的唯一方式。在电话里，孝顺的陈好每次都是报喜不报忧。学习之余工作的辛苦，陈好从来都没在父母面前提过，父母每次听到的都是女儿在北京的喜讯。这一习惯陈好一直延续到现在。有一年，陈好拍戏的时候，高烧39度多，一个人躺在医院里打吊瓶。都说母子连心，就在这个时候母亲打来了电话。躺在病床上的女儿接到母亲的电话，眼泪一下子就涌到了眼眶。为了不让母亲担心，陈好立刻控制了自己激动的情绪，缓和地和母亲说正在拍戏，现在讲话不怎么方便。放下电话，陈好顷刻间泪如雨下。

对于家庭的留恋，陈好从小就特别深刻。除了想尽一切办法减轻父母的经济负担之外，孝顺的陈好更懂得用爱去填充他们的心灵。现在无论工作多忙，陈好都会留下春节的假期和父母一起度过。遇到和工作安排相冲突的时候，她几乎都是选择主动放弃工作。和工作比起来，陈好认为与家人在一起，尽到儿女照顾父母的责任更重要。毕竟以后还会有很多工作机会，而孝顺父母是不能等待的。每每提及此事，父母的眼睛里都会闪现着骄傲的光芒，这对陈好来说是难以用语言表达的欣慰。

父母虽然没有带给陈好富裕的家庭，显赫的背景，却给陈好留下了巨大的精神财富，教育陈好懂得乐观积极地面对生活。如今陈好几乎拥有了让人羡慕的一切，而在陈好心中，乐观积极的秉性始终是自己的有益助力，这也是带给自己"好运气"的真正来源。在奢华浮躁的演艺圈里，陈好一直不忘父母的教诲，好好拍戏，认真做人，兢兢业业地经营着属于自己的快乐人生。父母说，这就是陈好孝敬他们的最好方式。

十一块五毛钱

一天中午，一个捡破烂的妇女，把捡来的破烂送到废品收购站卖掉后，骑着三轮车往回走，经过一条无人的小巷时，在小巷的拐角处，猛地窜出一个歹徒来。这歹徒手里拿着一把刀，他用刀抵住妇女的胸部，凶狠地命令妇女将身上的钱全部交出来。妇女吓傻了，站在那儿一动不动。

歹徒便开始搜身，他从妇女的衣袋里搜出一个塑料袋，塑料袋里包着一沓钞票。

歹徒拿着那沓钞票，转身就走。这时，那位妇女反应过来，立即扑上前去，劈手夺下了塑料袋。歹徒用刀对着妇女，作势要捅她，威胁她放手。妇女却双手紧紧地攥住装钱的袋子，死活不松手。

妇女一面死死地护住袋子，一面拼命呼救，呼救声惊动了小巷子里的居民，人们闻声赶来，合力逮住了歹徒。

众人押着歹徒搀着妇女走进了附近的派出所，一位民警接待了他们。审讯时，歹徒对抢劫一事供认不讳。而那位妇女站在那儿直打哆嗦，脸上冷汗直冒。民警便安慰她："你不必害怕。"妇女回答说："我好疼，我的手指被他掰断了。"说着抬起右手，人们这才发现，她右手的食指软绵绵地耷拉着。

宁可手指被掰断也不松手放掉钱袋子，可见那钱袋在妇女心中的分量。民警便打开那包着钞票的塑料袋，顿时，在场的人都惊呆了，那袋子里总共只有十一块五毛钱，全是一毛和两毛的零钱。为十一块五毛钱，一个断了手指，一个沦为罪犯，真是太不值得了。一时间，小城哗然。

民警迷惘了：是什么力量在支撑着这位妇女，使她能在折断手指的剧痛中仍不放弃这区区的十一块五毛钱呢？他决定探个究竟。将妇女送进医院治疗以后，他就尾随在妇女的身后，以期找到答案。

令人惊讶的是，妇女走出医院大门不久，就在一个水果摊儿上挑起了水果，而且挑得那么认真。她用十一块五毛钱买了一个梨子、一个桃子、一个苹果、一个橘子、一个香蕉、一节甘蔗、一串葡萄，凡是水果摊儿上有的水果，她每样都挑一个，直到将十一块五毛钱花得一分不剩。

民警吃惊地张大了嘴巴：不惜牺牲一根手指保住的十一块五毛钱，竟是为了买一点水果尝尝？

妇女提了水果，径直出了城，来到郊外的公墓。民警发现，妇女走到一个僻静处，那里有一座新墓。妇女在新墓前伫立良久，脸上似乎有了欣慰的笑意。然后她将袋子倚着墓碑，喃喃自语："儿啊，妈妈对不起你。妈没本事，没办法治好你的病，竟让你刚13岁就早早地离开了人世。还记得吗？你临去的时候，妈问你最大的心愿是什么，你说，你从来没吃过完好的水果，要是能吃一个好水果该多好呀。妈愧对你呀，竟连你最后的愿望都不能满足，为了给你治病，家里已经连买一个水果的钱都没有了。孩子，妈妈昨天终于将为你治病借下的债都还清了。妈今天又挣了十一块五毛钱，孩子，妈可以买到水果了，你看，有橘子、有梨、有苹果，还有香蕉……都是好的，都是妈给你买的完好的水果，一点都没烂，妈一个一个仔细挑过的，你吃吧，孩子，你尝尝吧……"

纪孝行章第十

【原文】

子曰:"孝子之事亲也,居则致其敬①,养则致其乐②,病则致其忧③,丧则致其哀④,祭则致其严⑤,五者备矣,然后能事亲。"

【注释】

①居则致其敬:居,日常家居。致,竭尽。②养则致其乐:养,奉养,赡养。乐,欢乐。③致其忧:充分地表现出忧伤焦虑的心情。④丧则致其哀:若亲丧亡,则尽诚尽礼,终其哀情。⑤祭则致其严:祭,指用仪式来对死者表示悼念或敬意。严,端庄严肃,如斋戒沐浴、守夜不睡等。

【译文】

孔子说:"孝子奉事双亲,日常家居,要充分地表达出对父母的恭敬;供奉饮食,要充分地表达出照顾父母的快乐;父母生病时,要充分地表达出对父母健康的忧虑关切;父母去世时,要充分地表达出悲伤哀痛;祭祀的时候,要充分地表达出敬仰肃穆,这五个方面都能做齐全了,才算是能奉事双亲,尽孝道。"

【评析】

这几句话介绍了构成孝的五个方面。无论怎么说,孝心必须是诚心诚意的,然而形式的作用也不可小觑。这道理就如同"没有规矩不成方圆"一样的明了。

【现代活用】

关爱父母从脚开始

印小天出生在辽宁沈阳，从小跟着父母在部队大院长大。在圈内，提起印小天的孝顺，朋友们都赞不绝口，他除了每天要给父母打上两三个电话外，在生活细节上，更是对父母照顾得无微不至。

小时候，印小天在沈阳的艺校学跳舞，父亲骑着自行车驮着他去学校。从家到艺校，骑车需要四十多分钟，多年过去了，印小天笑说自己的跳舞本领，要归功于父亲，"是他一脚一脚踩出来的"。坐在单车后座上的印小天，其实并不情愿地在三九寒天跑去艺校，有时还耍脾气，这时父亲就要他数数，数他们超过了多少人。

也许后来长大了，印小天才明白父母的用心。他很感激父亲那种特殊的教育方法，同时深深地感激父亲曾经踏过自行车的双脚。他说，关爱父母要从点滴开始，从脚开始。印小天经常给父母买鞋，而且都是那种特别养脚的鞋。

母亲在部队的时候很少穿高跟鞋，转到机关工作以后，经常要穿着高跟皮鞋上班，有些不习惯，脚也很难受。这些印小天都看在了眼里，记在了心里。那段时间，他就跑到各个百货商场和鞋店，在里面挑来挑去，他要给母亲找一双最养脚的鞋。几经努力，沈阳的各大商场都被他跑遍了，看过的鞋也不计其数。最终，当他提着一双上好的保养鞋送给母亲时，他感到的是无比的幸福。虽然那时刚拍戏的他收入并不高，但印小天为了母亲走路舒服，依然买了那双高价鞋。

有段时间，印小天去了南非，他一听说该地的凉鞋很出名，就直奔凉鞋市场。他给父亲选了一双做工精美、穿着舒服的凉鞋，他说："卖双鞋送给爸爸，比送黄金钻石要贴心。"

多年来，印小天给父母买过很多双鞋，他说父母年纪大了，走路要舒服。有些穿过的鞋，父母至今还舍不得扔，他们说那都凝聚着儿子的一片孝心。也许，一双鞋并不代表什么，难得的是印小天能够从这样细小的点滴开始，如此关爱父母。作为儿子，印小天的孝顺可见一斑。

印小天说，父母退休了，他要把他们接到北京来。这样自己就可以更好地照顾他们了。印小天认为，自己跟父母在一起的时候，总是有一种无法言喻的满足。

带着病父求学

张九精，出生在河南农村一个贫困家庭，后随父母到辽宁葫芦岛谋生。一家生活来源全靠父母拾废品。

尽管从小生活贫苦，但张九精在老师、同学眼中一直是个乐呵呵的男孩。谁想在他初三开学的第一天，母亲被火车轧死了。张九精顿时觉得天都要塌了，在他心目中，"妈妈是我最佩服的人，从她身上我学会了坚强！"

母亲的坚强深深留在他童年的记忆里。2002年9月，张九精揣着全家仅有的3000元钱来到海南师范学院政法系学习。他还没从进入"象牙塔"的喜悦中回过神来，父亲张玉美又患了糖尿病。由于并发症，张九精给父亲打电话，任凭他怎样大声喊，父亲就是听不见。于是他想：我无论如何要把父亲接过来，至少在生活上能够照顾他，使他在感情上也不再那么孤单。

2003年8月，张九精拿到暑假做家教挣来的2000元后，便以每月60元的租金在校外租了间房，把父亲接到了海口。

当看到儿子靠勤工俭学的微薄收入来维持学习和生活时，父亲张玉美到海口第七天就决定去拾废品贴补家用。刚开始，他很担心这样会给儿子丢脸，最初拾废品是偷偷摸摸的，因为租的房子就在学校旁边，生怕被儿子的同学看见，所以晚上才出来拾废品。

张九精察觉到爸爸的顾虑后，于是劝爸爸："咱们用双手靠劳动挣钱，有什么丢人的！"一有空他就和爸爸一起捡废品。在捡废品的路上，张九精遇上老师、同学也不躲避，还热情地打招呼，父亲弯不下腰时他就帮着捡。

平时一下课，他就到父亲租住的小屋中洗衣做饭，天气冷了，他就把学校发的被子让给父亲用。听说苦丁茶对治糖尿病有好处，他就经常给父亲沏苦丁茶。在儿子的悉心照料下，父亲的身体逐渐有了好转。

带着爸爸上大学并不是一件容易的事。由于患病，父亲不能干重活，每天捡废品卖的钱基本够自己吃饭，但每个月至少要花60元的药费。生活重压下，张九精勤工俭学一份接着一份做：家教、电器促销员、床上用品促销员、建筑防水工程小工，生活也比以前更加节俭，中午只花一块钱吃碗面。

同学们知道张九精的困难后，都主动在宿舍楼里帮他收废品。全班50多位同学，每个宿舍都开始收自己平时随手丢掉的废品，如矿泉水瓶、旧书报等。通过这样的形式，班里同学帮他收集废品卖了200元。

可同学们万万没想到，张九精却把这200元打到了班费里。

同学赵瑞强记得，大一时他和张九精一起去找家教。两人在市区最热闹的天桥上举着牌子，从早上八点半一直站到中午一点，最后只谈成了一份家教工作。张九精毫不犹豫地把机会让给了他，说："你来做吧，因为你家里比我家里困难。"

更有一次，张九精把自己近一个月的生活费给拿去"玩"了。那时班里组织去三亚旅游，由张九精负责联系旅行社，出发前一天旅行社突然变卦，要加200元才能带团出发。为了不扫同学的兴，张九精悄悄从生活费中拿了200元垫进去。

一些同学很不理解张九精的这些做法：他为何如此"大方"？

因为他忘不了小学四年级时，一场大火烧掉了他们租来的房子，这时当地矿区的叔叔阿姨伸出了友爱之手，帮助他家渡过了难关；忘不了妈妈去世时，他长时间不能走出丧母的悲痛，就在自己准备放弃学业时，是常文兰老师给予了他母亲般的温暖，让他与自己的儿子同桌，经常给他带好吃的；忘不了大一时肾结石发作，室友们在半夜全部出动背着他找医院；也忘不了那位卖面的阿姨，给他一块钱的面里偷偷加量，再加放一些肉。

那些曾经给过他帮助的人们，张九精一一铭记在心。他说："我也许永远不能给予同等的回报，但会时刻怀揣一颗感恩的心，尽自己的绵薄之力帮助身边需要帮助的人。"

几乎每一顿饭都靠自己挣来的张九精，从来没有抱怨过父母把自己生在一个贫穷的家庭。他给大家的印象永远是爽朗、自信。"我之所以能够较容易找到勤工俭学岗位，主要是由于自信。自信又是缘于亲身实践和对自身能力的了解。"张九精如是说。

四年来，张九精的学习成绩一直在全班名列前茅，并多次获国家奖学金、省"优秀大学生奖学金"。从大二开始，他先后担任生活委员、班长、院系党支部副书记、校团委干部。繁忙的社会工作使他勤工俭学的时间大大减少，但他始终没有放弃为同学们服务的责任。

2005年海南师范学院正经历前所未有的"欠费风波"。在校生仅这一年时间就欠下学校1700多万元,其中恶意欠费占大部分。于是学校要求学生必须在缴清所欠学费、住宿费后方可办理注册手续。而此刻张九精虽欠学校6000多元学费,学校考虑到他品学兼优,家里经济条件又太差,便决定给他学费资助。面对学校的资助,张九精婉言谢绝了,他第一个向学校申请休学。

"学生欠费太多了,我不想给学校、给系里老师添麻烦。我自己有能力攒足学费再复学。"张九精一脸自信地说。于是他到一家建材公司当了一名临时雇员。

休学期间,面对海师庞大的贫困生群体,张九精草拟了《关于做好贫困生帮扶工作的几点建议》,并于4月11日交到校领导手中,系统地向学校提出建立解决贫困生问题的长效机制,比如统一回收随处可见的矿泉水空瓶、发动毕业生捐出废旧书籍、办公部门统一回收废旧报纸杂志,将所得用于帮助贫困生等等。

后来张九精在学校"爱心助学基金"帮助下,学费有了着落,又重新回到了学校。

二

【原文】

"事亲者,居上不骄①,为下不乱②,在丑不争③。"

【注释】

①居上:身处高位。②不乱:恭谨奉上,合乎礼法。③在丑:指处于低贱地位的人。丑,众,卑贱之人。

【译文】

"奉事双亲,身居高位,不骄傲恣肆;为人臣下,不犯上作乱;地位卑贱,不相互争斗。"

【评析】

儿女永远都是父母在这个世界上最为关心的人，父母的喜怒哀乐大半与儿女有关。因此，为人子女者应当懂得如何才能让父母安心，而不让父母为自己担心，这就要求我们做人要正直，少犯错误。没有哪一位父母不希望自己的孩子出人头地的，但是前提是他们能够平安、快乐。管好自己，让父母少操心就是孝敬父母的最好方式之一。

【现代活用】

孝女救父

缇萦（女），西汉山东人，上面有四个姐姐。父亲淳于意弃官从医，由于他精通医术，因此几乎没有他治不好的病。有一次，面对一位病入膏肓的贵妇，虽自知无力回天，为了满足贵妇家人的希望，他只好象征性地给她喝了几服草药。不久，贵妇逝世。这时，贵妇的家人却一口咬定是淳于意开错了药方所致，因此他被判有罪，即将受肉刑。那时的肉刑有三种：脸上刺字，割去鼻子，砍去左足或右足。当过官的淳于意按规定要被押到都城长安去受刑。淳于意离家那天，感慨自己没有儿子，所以遇到了困难，女儿们帮不上忙。缇萦听了，暗下决心，一定要救出父亲，于是决定陪父亲上长安，替父申冤，历尽艰辛，缇萦终于到了长安。她听说汉文帝曾下旨准许百姓直接向他申诉冤情，因此请人写了奏章，向文帝陈述了父亲的冤情："我叫缇萦，是太仓令淳于意的小女儿。我父亲做官的时候，齐地的人都说他是个清官，现在他受冤枉要被判处肉刑。肉刑太残酷了，我不但为父亲难过，也为所有受肉刑的人伤心。刑罚的目的是为了让犯人能够改过自新，一个人受了肉刑以后，失去的肢体不能复生，即使悔过自新也无济于事。所以我情愿给官府收为奴婢，替父亲赎罪，好让他有个改过自新的机会。"汉文帝读完奏章后，对缇萦深表同情，又召集了一些近臣，针对肉刑的不合理提出了新的处罚方案。就这样，文帝废除了不合理的肉刑，改为打板子了。

缇萦的孝心孝行，不但成功地拯救了父亲，而且使统治者下令废除了残忍的肉刑，使无数人免于肉刑之身心剧痛。孝的精神力量是伟大的，大到可以改写历史。

将父母的教诲扛在肩上

吕继宏是著名军旅歌唱家，他的名字红遍大江南北，他的歌声嘹亮动听，深受老百姓和军人喜爱。但是出了名的吕继宏从没拿自己当明星看，他依旧抱着平凡人的心态，过着平凡人的生活。接触过他的人都认为：吕继宏身上丝毫没有一点"明星味"。而吕继宏之所以能够如此，是因为他始终将父母的教诲扛在肩上。父母教他的"不可以"三个字，常常使他心存敬畏。

《孟子·万章》里说道："孝子之至，莫大于尊亲。"吕继宏一直都没违背父母的教诲，时常用"不可以"三个字约束自己。小时候起，父母就教育小继宏不可以随便占有别人的东西，不可以白拿别人的东西，不可以没有礼貌，不可以不务正业，吃饭时不可以在大人面前先动筷子……父母严格的家教给吕继宏列出了很多的"不可以"，从那时起，他就懂得哪些事情是该做的，哪些事情是不该做的，在自己以后的人生道路中，他始终恪守父母的教诲，从没违背过。

吕继宏脑中经常出现这样的问题，"成名后怎么保持普通人的心态？""事业上取得成绩了，怎么约束自己？"吕继宏这时就会用"不可以"三个字来拒绝一些所谓的名利，在取得鲜花与掌声之后，他总是静下心来思考，始终保持一种清醒的状态。不是自己的坚决不要，不可以让自己在原则的边缘徘徊，不可以接受一些虚华的表象与浮夸……吕继宏说每当有诱惑在眼前晃动的时候，他都会想起父母的教诲，告诫自己"不可以"。他说这么多年以来，自己始终将父母的教诲扛在肩上，印在心中。可以说，"不可以"仨字已经成为了吕继宏的座右铭。

在事业上取得成功的吕继宏，连续十几年登上央视春晚，母亲以在除夕夜听到儿子的歌声为自豪。1993年父亲患病去世后，吕继宏全心照顾母亲。他坦言自己在春节期间是最忙的，不能跟母亲团聚在一起，但即使是在海外慰问演出，他都要打电话给母亲报平安问好。

作为军人的吕继宏以服从命令为天职，而他也将父母的教诲当作命令一样，始终坚贞不渝地恪守，这也映衬出他那颗纯洁的孝心。

捡垃圾的老头和发廊女

街边那家"夜来香"发廊又开张了，不过换了个主儿，是一个俏丽清纯、楚楚动人的乡下妹，叫刘晓翠。发廊的名字改成了"清纯妹"。

不过，"清纯妹"发廊左邻右舍的人，甚至过路的人，都鄙夷不屑地说："什么清纯妹，还不是拉客卖自己的！"原来，此房原来叫"夜来香"的那个主人是个妖艳女人，性格十分放荡。后来，此妖艳女人被公安局收进去了，空下的房子就被这个叫刘晓翠的女孩租来又开发廊了。这怎不叫人猜疑呢？

说来也怪，爱情这东西就是说不清也道不明。自来水厂章华的儿子章飞竟然就对此刘晓翠一见钟情。章飞长得浓眉大眼、英俊潇洒，一个月工资八九百，要人品有人品，要条件有条件，啥俏丽女孩找不到，他却偏偏爱上了这个名声不太好的发廊女孩。

章华对儿子章飞说也说过："嗯，你怎么这么没脑子，去爱一个发廊女，你不怕染病！"章飞却暴喝一声："您不懂爱情！"章华对儿子打也打过，边打边骂："我打死你这个王八羔子！"可章飞还是往发廊跑，甚至上班时间听人说有吊儿郎当的人去"清纯妹"发廊，他也跑去照看着，怕刘晓翠受引诱与别人发生不正当的关系。他坐在那儿，机警地狠狠地盯着人家，甚至都与别人发生了冲突。刘晓翠却不领情，说："关您什么事，管得宽！"章飞一时气走了，刘晓翠便嘤嘤地哭。可一会儿章飞又去了"清纯妹"发廊，刘晓翠又冷脸相对，他还能默默地坐下去。

这几日竟然出了个奇事，一个老头竟然背着被子床单之类的床上用品，在"清纯妹"门口外的左边大石条上铺开，就这样露宿街头了。这老头还不时转到"清纯妹"发廊门口去张望。四周的人都暗暗骂道："这个老不正经的东西，老牛也想吃嫩草！"还有人叹道："这世道咋说呀！"不断地摇头慨叹。

有一天，章飞终于与老头发生了冲突，章飞大骂："您这个老不要脸的，您朝里面张望什么！"老头竟然从石条下抽出一条铁铲，要砸章飞，吼叫着让他今后再别进发廊去。章飞捡了一块砖块，差点真的和老头打起来。幸亏章华及时赶到，才把章飞强行拉走。这下议论纷纷了，都说章飞这伢子中了爱情的毒，竟然和一个破老头子争风吃醋。可章飞还往发廊里照去不误。他的父母都无奈地叹息，直摇头说就当没生养这个孩子。

说来这老头子也是"瘾"蛮大的。天气渐渐变冷了，冬天已来临，行人都冻得脸发红。这老头子竟然也不卷起铺盖去找一个暖和的地方，还是露天坐着。冷风阵阵吹来，他都冻得脸发紫了，还是坐在那儿。有人笑话他，比守在边疆风雪中的战士还坚强。一日下起了雨，风雨交加中，老头冻得瑟瑟发抖，他也不走。这下人们又摇头叹息且怜悯了，这死老头子是何苦呢，为了那一会儿的快活，连老命都不要了，在这里受冻。

不久，又传言深更半夜，刘晓翠竟拉老头子进去吃肉炖藕。还有一晚，路上几乎没有行人时，外面冷风冷雨的，刘晓翠竟然把他往发廊中拉。一些好事的人便议论开了。难道这老头与这乡下女玩出感情来了不成？也说不定吧，老头老练，知寒知暖，打动了她的芳心。

这下受不了的是章飞了，他疯了似地在发廊门口大骂老头不要脸，还揪着老头要打。

这时，脸早已涨得通红的刘晓翠打了章飞一耳光，一语惊人地说："要您扯屁蛋，他是我爸！"

章飞一时愣住了，醒悟过来时，不禁发笑，捂着被打得发热的脸开心地憨笑了。

捡垃圾的老头竟然是刘晓翠的爸爸。这下四下哗然了。原来，刘晓翠原本和爸爸刘福贵在乡下种田。刘晓翠平素有剃头的手艺，在乡下替几个村的人理发，剃头的手艺堪称一绝。人们一坐在椅子上就闭上眼睛，满脸惬意地细细享受那种舒坦。人们都说，她要进城理发，肯定发了。后来，她想到城里来见见世面，也好多赚点钱，便来开发廊。其实他爸爸早听说城里一些发廊妹名声不好，便一直阻拦她进城。可刘晓翠是个倔妹子，要做的事谁也拦不住，她才不管流言蜚语呢。他爸爸无奈，但爱女心切，偏要示范给女儿看，进城也可以，但不可堕落，捡垃圾一样可以生活。但他坚决不准她喊自己爸，开发廊实在太丢人现眼啦，因此他也不肯进发廊。父女俩一直较着劲儿哩。这下人们恍然大悟了，原来冷风冷雨的，他也不走，是怕女儿一失足成千古恨呀！可怜天下父母心啊。原来，晚上深更半夜刘晓翠拉老头进屋，是担心自己的爸爸。人们感慨万千地说："父女情深啦，都是发廊的恶名惹的祸。"

很快，刘晓翠与章华的儿子章飞结婚了。据说先前捡垃圾的老头刘福贵婚前认这个女婿，笑呵呵地说："女儿，那天我故意假装要用铁铲砸他，试试他，吓吓他，他还是不怕死要来，他对你是真心的，人又憨实，他做你丈夫可以！"

三

【原文】

"居上而骄则亡，为下而乱则刑①，在丑而争则兵②，三者不除，虽日用三牲之养③，犹为不孝也。"

【注释】

①刑：遭受刑罚。②兵：遭到兵刃凶器加身。③三牲之养：即用佳餐美味奉养父母。三牲，指牛、羊、猪。

【译文】

"身居高位而骄傲恣肆，就会灭亡；为人臣下而犯上作乱，就会受到刑戮；地位卑贱而争斗不休，就会动用兵器，相互残杀。如果这三种行为不能去除，虽然天天用备有牛、羊、猪三牲的美味佳肴奉养双亲，那也不能算是行孝啊！"

【评析】

居上骄、为下乱、在丑争，这是孔子指出的大逆不孝的表现。而顺着行为规范的准则去做，就是最完全的孝子。如果你逆道而上，自然会受到社会法律的制裁和处罚。这个道理，很显然地分出两条道路，就是说：前一条道路，是正大光明的道路，可以说是条条大路通罗马。后一条道路，是崎岖险境，艰难险阻，万万走不得的。

【现代活用】

不孝儿媳遭天谴

清代嘉庆二十三年，江苏省无锡县北乡曹溪里，有一个王姓的儿媳，是个泼辣凶悍的逆妇，平日懒于操作家事，一切煮饭洗衣，乃至打扫等杂务，都要老态龙钟的婆婆动手。可是婆婆年老力衰，对于家事的操作，当然不能做得理想，或是房屋打扫得不够整洁，或是菜肴烹调得不够味儿，因此时常遭受逆媳的恶言咒骂。那逆媳的丈夫，即婆婆的儿子，是一个懦弱无能的人，坐视妻子忤逆自己的母亲，不敢加以劝导，更谈不上管教。邻居有时看不顺眼，偶尔从旁劝解，也无法遏制逆媳的恶性。至于婆婆本人，为了爱护孙儿，竟甘受逆媳的欺辱，逆来顺受。日子一久，逆媳越发肆无忌惮。

有一天，婆婆带着孙儿玩，不知怎的，孙儿跌了一跤，跌破了头。逆媳认为是婆婆太不小心，以致跌伤了自己的儿子，竟对婆婆破口大骂。正在咒骂得凶狠，使婆婆痛心万分的时候，忽然乌云四布，大雨倾盆，不一会儿，房屋内外都积满了水。逆媳两脚踏在泥地上，因泥地被洪水冲得很松，逆媳竟陷入泥土中，越陷越深，她不禁惊慌起来，急忙大呼："婆婆救我！婆婆救我！"婆婆看到媳妇陷入危急状态中，虽已忘了平日的怨恨，很想救她，但在狂风暴雨中，也束手无策。逆媳身体的大部分，都已陷入地下深泥中了，放声痛哭起来，可是哭也无用，不到一小时，她就全身埋入地中。

狂风暴雨过后，邻居们把逆媳从泥地里挖掘出来，她已经窒息毙命。这样的惨死，好像是被活埋一样。人们看到逆媳死得如此的奇，都说显然是忤逆的现身恶报。当时有人作了一首诗说："大地难容忤逆人，一朝地灭尽传闻。婆婆叫尽终无用，何不平日让几分！"

孝心是一条流淌的河流

电视屏幕上的王姬楚楚动人，风情万种。公众眼里的王姬，是一位有着传奇经历的女人。大家为她精湛独到的演技而佩服得五体投地，为她心酸伟大的母爱而心生感动。被无数观众崇拜的王姬，她也有自己的偶像，那就是她的母亲。

与别人相比较而言，王姬更能体会到一个母亲的爱。为了给智力有缺陷的儿子治病，她不停地拍戏赚钱，到处寻找良方。作为一个母亲，王姬令人肃然起敬。

1988年，王姬赴美留学，身上揣着国家发的60美金和一条手绢。那条手绢是母亲在临行前给她买的，手绢上印着一休的卡通形象，妈妈希望她像一休一样勇敢、积极地去面对一切事情。这条手绢一直陪伴着王姬，每当孤独的时候，她总会掏出来看看，想想大洋彼岸的父母。

在美国留学期间，王姬是靠自己打工挣钱来养活自己，所以生活过得异常艰辛。为了给父母买件像样的礼物，她向同学借了1200美金，买了洗衣机、冰箱、电视机、录音机。其中两件送给了自己的父母，另外两件送给了未来的公公婆婆。在给母亲通电话时，她撒了一个善意的谎言，说买"四大件"的钱是自己打工赚来的。直到现在，那台老旧的电视机依旧摆在家中，成了母女俩温馨的回忆。

自从自己当了妈妈以后，王姬更体会到了母亲的不易。每天，她都要将母亲打扮得漂漂亮亮，她说母亲穿得漂亮舒心，生活开心，自己也跟着开心。她经常会给母亲买衣服以及小礼物，逗母亲开心。

王姬在戏中扮演过母亲的角色，也经常会有哭戏，她说自己演哭戏有一种取之不竭的资源。当时王姬在美国安定下来后，母亲放弃国内所有福利去了美国，帮她带孩子。后来，外婆突然离世时，母亲连她最后一面都没见上。每当想起这件事的时候，王姬总是很伤心，也明白自己要尽可能多地陪在母亲身边。

受母亲的影响，王姬对孝的理解很深刻，这种源自长辈的孝的教导，在王姬这里得到了很好的传承，而她的言行又影响着自己的孩子。如果说孝心是一条永久流淌的河流，那么王姬对父母的爱就是河面泛起的浪花，从母亲那里顺流而下，又从自己这里顺流而去，最终停靠在儿女的港湾。

天底下最伟大的父亲

从记事起，布鲁斯就知道自己的父亲与众不同。父亲的右腿比左腿短，走路总是一拐一拐的，不能像其他小朋友的父亲那样，把儿子顶在头上嬉戏奔跑。父亲不上班，每天在家里的打字机上敲呀敲，一切都显得平淡无奇。布鲁斯很困惑，母亲怎么愿意嫁给这样的男人呢？因为母亲是个律师，有着体面的工作，长得也很好看。

小的时候，布鲁斯倒不觉得有个瘸腿的父亲有何不妥。但自从上学见了许多同学的父亲后，他开始觉得父亲有点窝囊了。他的几个好朋友的父亲都非常魁梧健壮，平日里忙于工作，节假日则常陪他们打棒球和橄榄球。反观自己的父亲，不但是个残疾人，没有正经的工作，有时还要对布鲁斯来一顿苦口婆心的"教导"。

像许多少年一样，布鲁斯喜欢打橄榄球，并因此和几位外校的橄榄球爱好者组成了一个队伍，每个周日都聚在一起玩。那个周日，和往常一样，布鲁斯和几个队友正欢快地玩着，突然来了一群打扮怪异的同龄人，要求和布鲁斯他们来一场比赛，谁赢谁就继续占用场地。这是哪门子道理？这个球场是街区的公共设施，当然是谁先来谁用。布鲁斯和同伴们正要拒绝，但见其中两个将头发染成五颜六色的少年面露凶光，摆出一副不比赛你们也甭玩的样子。布鲁斯和同伴们平时虽然也爱热闹，有时甚至也跟人家吵吵架，但从不打架。看到来者不善，他们勉强点头同意了。

比赛结果，布鲁斯和队友们赢了。可恶的是，对方居然赖着不走。布鲁斯和同伴们恼火了，和一个自称头儿的人吵了起来。吵着吵着，对方竟然动手打人。一股抑制不住的怒火像火山一样爆发了，布鲁斯和同伴们决定以牙还牙。

争斗中，不知谁用刀子把对方一个人给扎了，正扎在小腿上，鲜血淋淋，刀子被扔在地上。其他同伴见势不妙，一个个都跑了，就剩下布鲁斯还在与对方厮打，结果被闻讯而来的警察抓个正着，于是布鲁斯成了伤人的第一嫌疑犯。

很快，躲在附近的布鲁斯的几个同伴也相继被找来了，他们没有一个承认自己动了手。事情也几乎有了定论，伤人的就是布鲁斯。虽然对方伤势不重，但一定要通知家长和学校。布鲁斯所在的中学以校风严谨著称，对待打架伤人的学生处罚非常严厉。布鲁斯懊恼不已，恨自己看错了这些所谓的朋友。然而，布鲁斯越是为自己辩解，警察就越怀疑他在撒谎。

一个多小时以后，布鲁斯的父母和学校负责人在接到警察的电话通知后陆续赶来了。第一个到的是父亲。布鲁斯偷偷抬眼看了看父亲，马上又低下了头。父亲显得异常平静，一瘸一拐地走到布鲁斯面前，把布鲁斯的脸扳正，眼睛紧紧盯着布鲁斯，仿佛要看穿他的灵魂。"告诉我，是不是你干的？"布鲁斯不敢正视父亲灼灼的目光，只是机械地摇了摇头。

接着校长和督导老师也来了，他们非常客气地和布鲁斯的父亲握手，并称他为韦利先生。父亲不叫韦利，但韦利这个名字听上去很熟悉。

布鲁斯的父亲和校长谈了一会儿后，布鲁斯听见父亲对警察说："我养的儿子，我最了解。他会跟父母斗气，会与同伴吵嘴，但是，拿刀扎人的事他绝对做不出来，我可以以我的人格保证。"校长接着说："这是著名的专栏作家韦利先生，布鲁斯是他的儿子。布鲁斯平时在学校一向表现良好，我希望警察先生慎重调查这件事。有必要的话，请你们为这把刀做指纹鉴定。"

父亲和校长的那番话起了作用。当警察对布鲁斯和同伴们宣布要做指纹鉴定时，其中一个叫洛南的终于站出来承认是自己干的。那一刻，布鲁斯抑制不住的泪水夺眶而出，第一次扑在父亲怀里，大哭起来。此刻的他，觉得父亲是如此的伟岸。哭过之后，母亲也赶来了。布鲁斯迫不及待地问母亲："爸爸真是那位鼎鼎大名的作家韦利吗？"母亲惊愕了一下，说："你怎么想起这个问题？"布鲁斯把刚才听到的父亲与校长的对话告诉了母亲。

母亲微笑着点了点头："这是真的。你爸爸曾是个业余长跑能手。在你两岁的时候，你在街上玩耍，一辆刹车失灵的货车疾驰而来。你被吓呆了，一动不动。你父亲为了救你，右腿被碾在轮下。你父亲不让我透露这些，是怕影响你的成长。也不让我告诉你他是名作家，怕你到处炫耀。孩子，你父亲是天底下最伟大的父亲，我一直都为他感到骄傲。"

布鲁斯激动不已，他没料到，自己引以为耻的父亲，曾经被自己冷漠甚至伤害的父亲，会在自己最需要的时候，给予自己无比的信任。他从扑到父亲怀里大哭那一刻，才真正明白父亲的伟大。

五刑章第十一

【原文】

子曰:"五刑①之属②三千,而罪莫大于不孝。"

【注释】

①五刑:古代五种轻重不同的刑罚,即墨(在犯人额上刺字,再染成黑色)、劓(yì)(割去犯人的鼻子)、刖(fèi)(砍断犯人的脚)、宫(毁坏犯人的生殖器官)、大辟(死刑)五种。②属:种类。

【译文】

孔子说:"应当处以墨、劓、刖、宫、大辟五种刑法的罪有三千种,最严重的罪是不孝。"

【评析】

为人子女的,都应该向爱敬父母的孝行方面努力,切忌不知悔改,走到荆棘丛生的歧途中去。这里所讲的五刑之罪,最严重的罪是不孝,就是为了说明刑罚的森严可怕,以此来辅导规劝世人走上孝敬父母的正途。

【现代活用】

忏悔难灭不孝罪

　　区嘉华，一个六十多岁的老翁。从表面上看来，区嘉华这个人，还算忠厚老实，生平务农，克勤克俭，并没有做什么缺德的事，可是人非圣贤，孰能无过？纵然一般人认为并不太坏的人，在一生之中，也难免有或多或少的过错，区嘉华岂能例外。

　　好人与坏人不同的地方，就是好人有了过错，知道反省，自己会认错；坏人做了恶事，不知反省，不会认错。区嘉华是有良心的好人，反省自己的生平，感觉过错很多，因此他常在菩萨面前忏悔，诚心改过。他年老多病，精神疲惫，有一年病中，他被两个冥使带到冥府去。冥王拿出黑簿给他看，在那本黑簿上，把他生平的罪孽记载得巨细无遗，像残杀生禽啦、虐待动物啦、欠缴官税啦、调戏妇女啦、借钱不还啦、恶口骂人啦、挑拨是非啦、妒忌贤能啦、诽谤好人啦……等等过错，都记得清清楚楚。

　　可是由于区嘉华晚年诚心忏悔改过，以上种种罪过，簿上都已一笔勾销。他看了那本黑簿，一则以惊，一则以喜，惊的是冥间对于人们的罪恶，竟记载得如此详细；喜的是幸而晚年诚心忏悔，抵消了许多罪恶。可是当他再仔细看下去时，不由得使他吓得冷汗直出，原来黑簿上还记有一件恶事，独独没有勾销，独有一件什么恶事不能勾销呢？那件恶事不是别的，就是他曾对父亲忤逆不孝。

　　说起区嘉华的忤逆不孝，那要追溯到他的少年时代了。区嘉华只有17岁，还是个血气方刚的少年。他家世代务农，父亲是一位耕作十余亩田地的农民，那时科学不发达，在农作物收获的季节，从割稻到打谷，一切全靠人力，异常辛苦。有一年秋收的季节，农夫们都忙着在田中割稻，秋天的气候，普通说来，应该是凉爽的，可是有时到了秋天，气候炎热，反而会胜过夏天，俗语形容秋天炎热，称为"秋老虎"。那一年的秋天，天气就特别的炎热，偏偏又没有风，人们坐在家中尚且汗流浃背，何况在烈日下的田中割稻呢？可是成熟的稻，倘不收割，会受到牲畜践踏和鸟类啄食的损害，所以不论天气如何的炎热，农夫们都要尽快地收割稻谷。

　　在那农忙的季节，区嘉华的父亲十分紧张忙碌。当时区嘉华已是17岁的大孩子，农忙中应该尽力帮助父亲，本是理所当然。岂知当他父亲命他帮助割

· 117 ·

稻时，他非但没有欣然受命，反觉得父亲不该在炎热的天气命他做事，竟对父亲怒目而拒，好像要打骂父亲的样子。他父亲受了很大的气，胃痛发作，饭也吃不下。区嘉华不仅没有帮父亲的忙，还影响了父亲的工作效率。就是为了这件事，在区嘉华本人的账簿上，记下了一笔染污极深的黑账。

区嘉华看到黑簿上，记下了这一笔黑账，尚未勾销，正在惊骇失色的时候，冥王对他解释说："罪恶好比衣服上染了污色，忏悔好比用肥皂洗涤。浅的污色可用肥皂洗掉，深的污色是无法洗掉的。你生平所犯其他罪恶，都是不深的污色，可因痛切忏悔而洗除。但忤逆不孝，其罪最重，是极深的污色，虽经忏悔，亦不易洗除。好在你晚年诚心改过，所作功德很多，虽未能勾销不孝恶业，尚能延寿，你回阳间去吧！"说罢，冥差一拍区嘉华的肩膀，区嘉华就苏醒了。

从此以后，区嘉华把冥间所见所闻的经过，逢人便说，使人们都知尽心尽力地孝顺父母，不敢犯忤逆不孝的恶业。

让母亲幸福着自己的幸福

李琛的妈妈生活在陕西一个偏僻的农村，同中华民族千千万万个勤劳质朴的农村母亲一样，用勤劳的双手把李琛和姐姐含辛茹苦地养大。如今一提到母亲，成了名的李琛依然饱含深情，眼中满噙着泪花。

李琛7岁那年，父母离异了。在那段最艰难的日子里，母亲依旧咬紧牙关把一双儿女抚养长大，这也使得李琛从小就特别懂事，暗下决心：一定要好好努力，早日为母亲减轻负担，扛起家庭重担。15岁那年，李琛凭手艺打工赚了25元钱。除了犒劳了一下小伙伴外，他把剩下的15元钱全部都放到了母亲手里。母亲接过儿子辛辛苦苦挣来的血汗钱，一句话也说不出来，娘俩抱在一起，失声痛哭。

刚到北京发展的时候，李琛的日子过得特别艰难。一个人在外打拼，困难重重，脑子里时常萌出放弃的念头。这时候，母亲从老家寄来的一封封家书便成了李琛渡过难关的精神食粮。而每封回信，李琛总是自己一个人扛所有的难题，对远在家乡的母亲从来都是报喜不报忧。"妈妈，我一个人在北京生活得很好，有很多好心人帮助我，给我机会，我的事业正往好的方向发展呢，您就放心吧。"这是李琛经常在信里安慰母亲的话。积劳成疾，本来身体就不好的母亲在一次生病后，由于没钱，并未痊愈，就停止了服药，因此留下听力不好的后遗症，年岁越大，听力就越弱。有一次母亲来北京看望儿子，李琛用省吃俭用的生活费，花了3000元给母亲买了一个助听器。母亲舍不得让儿子买这么贵的，就是不肯收下，让李琛退回去。可李琛执意要母亲戴上，他说："妈妈，您操劳一生辛辛苦苦把我和姐姐养大，这个助听器和您几十年为儿女的付出相比又算得了什么？我会发奋，好好唱歌，再也不让您吃苦受累了。"

1999年，李琛的成名曲《窗外》红遍了大江南北。儿子事业的成功，成了母亲最大的欣慰和骄傲。工作再忙，李琛每年都会特意回家看望日夜思念的母亲。每次回家，李琛除了会在生活上给母亲增加存折上的数字，还会给母亲添置各种各样的衣食用品，同时，他怕母亲担心自己，每次回家，都向母亲讲述自己在外边的风光快乐，从不吐露自己的一丁点儿辛苦。他说知道母亲最渴望的就是看到儿女健康、平安、快乐的活着，所以打电话给母亲报平安成了李琛的家常便饭。为了不让母亲担心自己，李琛甚至把善意的谎言时常挂在嘴边。无论在外地还是国外，只要是母亲的电话打来，李琛这头都会回答："妈妈，我人在北京，一切都好，您老注意身体，不用牵挂我。"

关于孝道，李琛还有自己的独到见解。他说和母亲聊天的时候，不妨和母亲撒撒娇，将自己的一些本可以解决的小困惑请教母亲一下。这时母亲一定会认真对待儿子的问题，想尽一切办法替儿子出招，为儿子分忧。当"困难"迎刃而解的时候，母亲脸上露出的富有成就感的笑容就是对李琛煞费苦心孝敬母亲的最好回报了。

·拔掉心里那一根刺

在成长的岁月里，她的心底，扎着一根刺，一根心刺。

在乡间，一眼望过去，金黄的稻田无边无际，沉甸甸的稻穗随着风声掀起阵阵波浪，少时的她没有见过大海，小小的瘦弱的身子站在被镰刀割倒的稻子间，迎着炽热的骄阳，仰起遍布汗湿的脸颊，怔怔地想着："所谓大海不外如是了。"只是，大海是蓝色的，漫漫的、自由自在的蓝色，她梦里、梦外向往了一次又一次的蓝色。田垄里，传来母亲气急败坏的声音："发什么愣？没见到天快暗下来了吗？快点割！学习不好，干活也不利索些，看你以后怎么过活？"她回神，侧前方的田垄里，母亲手起镰刀落，又一沓的稻子倒下，而她已被母亲远远地抛在了身后。她咬咬牙，没有言语，蹲下身子，细弱的手臂随着镰刀的起落上下挥舞。心里却是别有洞天，或是默念课文，或是重新过滤一遍课堂上老师讲过的知识。她想："我是不应该有所怨恨的，因为乡村的孩子，十一二岁已是半个劳动力，农闲时喂猪喂鸭，农忙时，随着大人下地干活。"

在乡村，即使是20世纪80年代初，老祖宗遗留下来的重男轻女观念还根深蒂固地存在着，如同村口枯井旁的老银杏树般扎地生根、盘根错节。于是，有了姐姐，有了她，然后，盼来了弟弟。接踵而来的超生罚款、爷爷重病医治及至去世后的隆重发丧，使得原本并不宽裕的家庭愈加的困苦。于是，父亲去了远方打工，寻求出路；母亲成了田里地里、家里的指挥官，而木讷、沉默的她，是母亲手下唯一的兵。因为弟弟尚且年幼，比她年长一岁半的姐姐自小聪慧，在同龄人中脱颖而出地连跳两级。在昏暗的厅堂里，母亲说："你们姐妹俩，谁有能耐读好书，我就是砸锅卖铁也要供你们念书。"聪慧的姐姐让母亲看到了希望，所以，下定决心送姐姐去条件好的市区上学，姐姐所要做的除了学习还是学习。她想："我是不应该有所怨恨的，因为我还能读书。"但是，她还是有着诸多的委屈在小小的心底一点一滴地积淀，沉默的至深处是一颗急欲长大远飞的心。

幼小的弟弟哭了，她急匆匆地放下作业本，速度还是慢了，弟弟的裤子一片尿湿。下地归来的母亲边为弟弟擦洗屁股边恨恨地说："一边去！一边去！看着就来气，笨手笨脚的，怎么就生了一个你出来？……"她悄无声息地拿着弟弟的湿裤子蹲在河边清洗，洗着洗着，鼻子微微发酸，酸得眼睛发呛，眼泪一滴一滴悄无声息地没入河水里，却是波澜不惊。

她恨恨地想着，让你骂，让你骂，等我长大了，我一定会走得远远的，看你还能骂多久。铆足了一口气，如豆的灯火下，她赶着作业，作业本的封面她一笔一画地写着：寒门子弟，唯有奋斗。往往是深夜，夜深人静的时候，她合上书本，总会看见冒着热气的一碗溏心蛋。她想着，明天可以热一热，给弟弟当早饭，便将溏心蛋放回橱柜里，草草地喝下一碗稀饭充饥。

她还是考上了高中，虽然不是很好的学校，但也不算差。有人劝母亲，三个孩子都上学，哪里供养得起？除非有金山银山。她站在晒谷场上，认真地翻晒谷子，心却是忐忑不安的。母亲不语，照旧带着她下地干活，她活儿干慢了，母亲照旧是劈头盖脸地一顿骂。其时，姐姐在省重点高中读高二，很少回来，往往是母亲隔一段时间寄钱过去。她偷偷地见过母亲写给姐姐的信，看到"好好学习，别饿了肚子，要吃饱穿暖。钱不够，家里寄……"少时的心涌起薄薄的苦、酸酸的涩，说不出、压不下，这才知道有一种滋味是嫉妒。她也曾在黑夜的床上幼稚地想过，自己是否是母亲抱养的？然后，自己摇头，在乡村，谁会抱养人家的女儿？又有谁会供人家的女儿念完小学与初中？想起那一碗从未尝过滋味的溏心蛋，她的心渐渐安定，在微微的暖意中睡去。

还是念了高中，一路下来，念到大学毕业。应了少时的愿望，在离家千里之外的都市，她努力地读书、努力地赚钱养活自己，很少回家。很多人说，从没见过她这般坚韧、能吃苦的女孩子。她笑，比起十一二岁的年龄，严冬里河岸上洗着衣裤，骄阳下割着稻麦，这又算得了什么？她有一本记事簿，清晰地记载着从初中开始读书所用的每一笔钱。

那一年，村边的枯井旁，她接过母亲给她的钱，即将去念高中，她说："我会还给你们的。"坚定的语气，执着的表情。

母亲大怒："还？你还得起吗你？生来就是赔钱货。快走快走，看着就心烦。"勃然大怒的语气，没有一丝温情。

她攥紧手心里的纸币，沉默地转身向村外的世界走去，不曾回头。会还的，终有一天会加倍偿还的。

工作后，每一个月，她留下足够一个月的花销，也就是一两百块钱，其余的全部寄往老家，寄给母亲。生活还是一如既往的清苦，但是，她甘之如饴，因为自由。

读博士生的姐姐来看她，说："回去看看吧！爸爸妈妈都挺想你的。"她不语，只是笑，笑容里只有她感受出的苦涩与沧桑。想她？有什么好想的呢？她只是一株杂草，顽强地凭着一口气存活至今。

姐姐叹气，说："妹妹，妈妈一直都说，你心里憋着一股子的气，怨她的偏心，恨她对你的苛刻。所以，你去离家千里之外的地方念大学；所以，你很少回家；所以，你大把大把的钱往家里寄，就是要还清所用的学费……"

她依旧不语，这么多年了，明摆着的事实，说来又有何用。

"当年，你上高中的学费是妈妈去省城的医院卖血凑齐的。"

她忽然瞪大了眼睛，喏喏："不是的，不是的，爸爸不是寄钱回来了吗？"

姐姐摇头："爸爸寄来的钱，妈妈早已分了几份，一份给我做了生活费与学费，一份给弟弟交学费，余下的还得寄给外公外婆，他们就妈妈一个女儿，需要妈妈寄钱给他们养老。"

她涩着嗓子，笑，说："你的，弟弟的，外公外婆的……都是预备好的，都是在预想中的。我的，终究是意料之外的，终究是要让我心存愧疚的……"是的，终究是让她心存愧疚的，终究是如母亲所言，她是偿还不起的，再多的钱也是偿还不了的。

姐姐叹气，临走前说："没有爱，哪来的恨？"

她没有恨，只是委屈，只是心上有根刺。为了怕刺痛，所以学会以坚硬的外壳去掩饰脆弱的内心。

终于下决心要回家了，却在购买礼物的途中被车子撞上，一场不大不小的车祸，足够她在病床上躺上一两个月了。

母亲还是赶来了，坐在病床前，依然是一阵劈头盖脸的好骂："死丫头，要不是你姐姐告诉我们，你是不是就瞒着了？你怎么就不让人省几个心啊你？生来就是让人生气的，还不如当初不养你……"

但是，母亲按摩她腿部的动作却是轻柔的。她说："不碍事的，躺个把月就好了。"

母亲不信，问完护士，又问医生，一遍又一遍："我女儿的腿真的没问题吗？真的能和受伤前一模一样？"

她躺在病床上，静静地听着，心忽然间就热呼呼的。她想起了那些的深夜，那一碗热乎乎的溏心蛋，问道："妈妈，溏心蛋是什么滋味？"

母亲给她倒茶的手明显的一颤，随后淡淡地说："能有什么滋味？不就是一碗蛋茶吗？想吃了？赶明儿给你做一碗。"

"妈妈，你还气我吗？"

"气，怎么不气？自小就是一副不声不响的样子，人家都说，女儿是妈妈的贴心小棉袄。你呢？……"

"不是有姐姐吗？"及至今时今刻，她还是嫉妒的。她也只是一个孩子，一个渴望母爱、渴望温情的孩子。

母亲怔怔的，长长地叹一口气，幽幽地说："三个孩子，妈妈是最亏欠你了。总以为，你学习不中用，那总得干地里的活儿拿手，将来也不至于饿肚子。那时，家里的状况，总得有个人给妈妈做帮手。现在想来，那个时候，少了你，妈妈一个人也不会照应到家里家外的，你爸爸也不可能安心地在外面打工了。妈妈一忙起来，累了，就想发脾气，身边也只有你，所以，你也没少受气……"

母女俩第一次有说有谈的，回味那些逝去的年岁，那些她曾不忍回味的少时。忽然间，她明白了，如果没有母亲那时的"苛刻"，又怎么会有今日的她，稳定的工作、良好的学识修养、坚韧的个性。也许，穷其一生，她会是一个忙忙碌碌、奔走于田地间的普通农妇，或是一名工厂女工，没有学识，没有理想，只是碌碌无为地走过这一生。

回家修养一段时间后，她得回去上班了。走出村口老远，她回头，第一次回头，蓦然看见母亲站在高高的土堆上，向着她的方向张望。她想，也许，每一次她离家上学，母亲都曾如此遥遥地张望着她越走越远的身影，只是，她从不曾回头，也不肯回头。

再后来，她有了自己的孩子，她开始明白，不管母爱以何种形式呈现，或许精致，或许粗糙，它的本质终究只是无穷尽的、无私的爱。

二

【原文】

"要君者①无上②；非圣人者③无法；非孝者，无亲④，此大乱之道⑤也。"

【注释】

①要：要挟，胁迫。②无：目无，藐视。③非：非议，诽谤。④无亲：没有父母的存在。⑤道：根源。

【译文】

"以暴力威胁君王的人，叫作目无君王；非难、反对圣人的人，叫作目无法纪；非难、反对孝行的人，叫作目无父母。这三种人，是造成天下大乱的根源。"

【评析】

威胁长官，是目无上司；藐视圣人，就是无法无天，嘲笑非难立身行道的孝的行为，则是没有父母的表现。这里所说的都是一个不孝的人的所作所为。而这些本应该是做人的最基本的常识。

【现代活用】

感恩报恩当及时

成方圆生于20世纪60年代，她是那个年代家中比较少见的独生女。自小父母就把她当作儿子看待。尤其是父亲身体不大好的时候，十几岁的成方圆就承担了所有的家务，但她也认为这是理所应当的事情。尽管那个时候自己还处在需要照顾和呵护的年龄。

作为家中唯一的孩子，特殊的家庭环境使得成方圆很早就特别的懂事。在对父母的孝顺方面更是比其他同龄人都早了一步。15岁的时候，她就能一个人给母亲换好煤气罐。至今，她拖着煤气罐磕磕绊绊上楼的样子都历历在目。然而这一切她都是背着母亲做的，怕母亲知道心疼。当时，液化气站离成方圆家有好几站地远，她得一个人骑车到液化气站把煤气罐拖回来。重重的煤气罐挂在自行车一边，常常使成方圆幼小的躯体把握不住方向。一路上就这样跌跌撞撞、扭扭歪歪地回到了家门口。从车上把煤气罐费力地摘下来，还有二十几节楼梯要上。成方圆没有喊妈妈，她要用自己的行动告诉母亲，女儿已经长大，可以帮她分担家务了。煤气罐的重量和15岁的她的体重相差无几，她一手紧紧抓住煤气罐的牙口，一手紧扶楼梯的把手，一步一步地往前挪着走。走了三、四个台阶，小方圆就得倚靠在栏杆上喘几口气，歇歇，然后再往上走。推开房门的那一刻，成方圆的心里别提多开心了，她自认为帮妈妈做了一件"大事"，小脸蛋因此憋得通红。母亲见此情形，一把把女儿搂在怀里，母女俩紧紧地拥抱在一起。

成方圆的母亲在2007年因患白血病去世了。回想老人家住院的那段日子，成方圆心里涩涩的，她尽了自己最大的努力，让母亲在住院期间减少痛苦，尽量让母亲能够舒心地走完人生的最后一程。她联系最好的医院，最好的医生，寸步不离地在病床边陪伴母亲。连病房里的护士都说成方圆的母亲有福气,生了一个这么有出息、懂事的女儿。

特别值得一提的是,成方圆小时候是被一位她唤作"大大"的阿姨带大的。在成方圆幼小的内心里,大大就像妈妈一样,是生命中最亲密的人。参加工作以后的成方圆更是找一切机会孝敬家住湖南的大大。有一次大大从北京回湖南老家,正赶上成方圆在湖南演出。她充分利用演出的间隙时间想方设法为大大联系了一辆从火车站到山区大大家的面包车,陪大大回家。"母女俩"一路上有说有笑,开心得不得了。成方圆紧紧拉着大大的手,久久舍不得松开,大大欣慰又感动。

2009年中秋节,成方圆还了自己多年来的一个心愿。她设法联系到了曾经教授自己二胡的两位老师,把老师全家聚在一起,过了一个特别有意义的团圆节。

母亲之歌

哥伦比亚最大的毒枭米斯特朗快气疯了。他有数批总价值上千万的冰毒在海关被缉毒警察一网打尽,不但使他损失了几名得力的干将,还失去了许多老主顾的信任。

毒品接连被查获,米斯特朗开始怀疑沿用了多年的运毒方式。米斯特朗的制毒工厂建在太平洋的一座小岛上,名义上它是一处专供富翁休闲的疗养胜地,实际上岛下是一座规模庞大的毒品加工厂。米斯特朗用渔船将制毒原料运到岛上,加工成冰毒后,再用渔船运往各地,销售给当地的贩毒黑帮。

以前米斯特朗会让手下将毒品塞进鱼肚,伪装一番后从海关蒙混过去。如今海关动用了先进的缉毒仪器,再用鱼肚藏毒,风险很大。于是,米斯特朗不惜血本,用潜艇直接躲过海上缉毒警察的缉毒快艇,在近海抛出装满冰毒的浮筒飘走了,三个月后才在一千海里外的海面被一艘捕鱼船捞了上来,米斯特朗的把戏也因此被揭穿了。后来米斯特朗尝试过用人体藏毒、把毒品溶入牛奶、制成假药片等方法运毒,效果都不好,损失更惨重。

眼见一批批毒品打了水漂,米斯特朗疼得心都在颤抖,他忍不住冲手下大发雷霆:"你们这些饭桶,连一个好一点的办法都想不出来,脑袋都让狗吃了。"

米斯特朗的手下一个个垂头丧气,一声不吭。这时米斯特朗的儿子敲门进来，向父亲推荐了一个叫艾德华的人。

"艾德华？他是干什么的？"米斯特朗压下火气问。儿子说："他是个动物学教授，曾因走私罪被判了两年刑。"

米斯特朗不屑地说："我还以为是什么了不起的人物呢，不过是一个穷疯了的老学究。"但儿子告诉米斯特朗，可不要小看艾德华，他能用鸽子走私。他事先把走私品绑在鸽子身上，然后偷偷地放飞，这样鸽子就会神不知鬼不觉地飞过边境，将走私品带到他指定的地点。由于从来没有人怀疑过鸽子身上还有玄机，他从中大捞了一笔，后来由于妻子的揭发，这才落入法网。

米斯特朗一听，大感兴趣，马上让人把艾德华带来。艾德华是一个五十多岁的瘦老头儿，形象猥琐，一口黄牙，一双眯缝小眼射出贪婪的目光。

经过一番讨价还价，米斯特朗答应艾德华，只要他帮自己贩毒，每成功一次，就付给他毒资的百分之十作为酬劳。"可如果你失败了，不但一个子都捞不到，我还要把你丢进海里喂鲨鱼。"米斯特朗凶狠地说。

"放心，如果不是我老婆出卖我，我早已是亿万富翁了。"面对米斯特朗的威吓，艾德华不以为然。

按照原计划，米斯特朗要为艾德华购买一批脚力强劲的信鸽。可鸽子运来了，艾德华却皱着眉头说暂时不能用这些鸽子。米斯特朗问为什么，艾德华说："鸽子飞行是靠地球磁场的引力指引方位的，因此它们记性很好，并且十分依赖自己的旧巢。你弄来的这些鸽子虽然品种优良，但没有经过训练，一旦放飞，它们不但不会听话，还会背叛我们，飞回自己的旧巢。"

米斯特朗忙问那该怎么办。艾德华说："我要先训练它们半年，才能让它们乖乖听话。"半年？米斯特朗摇头说不行。他心里明白，那些已付了现金的买主正等得心急，别说半年，再有半个月不给他们送去毒品，他们就会翻脸不认人。米斯特朗命令艾德华十天内训好那些鸽子。

"十天？别开玩笑了。"艾德华摇着头说："那不可能。"米斯特朗阴沉着脸说："不是开玩笑，十天之内不把货送出去，我完了，你的日子也别想好过。"艾德华考虑了半天，向米斯特朗提出可以用海鸥代替信鸽。他会在海鸥的中枢神经上植入一种遥控装置，十天之内保证把毒品安全送给买主。米斯特朗听后，马上命人去捉海鸥。果然，海鸥比信鸽听话，而且它们身上能绑更多更重的毒品，十天后，买主满意地收到了货。米斯特朗大喜过望，问艾德华："怎么办到的？"艾德华得意洋洋地说："这全靠我设计的那套遥控装置。那些带有电磁脉冲的遥控装置，一旦植入海鸥的中枢神经，它们就得乖乖听我指挥，不然我一摁手里的遥控器，它们的身体就会感到剧烈疼痛，异常痛苦。因此就算我下令让它们自杀，它们也会毫不犹豫地一头扎进海里。"米斯特朗听后，拍案叫绝。

连续几次用海鸥送货成功后，米斯特朗的野心开始膨胀起来。他命令地下工厂夜以继日地生产毒品，他要把以前的损失尽快地赚回来。正当米斯特朗野心勃勃地想扩大工厂规模时，艾德华却跑来告诉他海鸥出现了异常情况。

米斯特朗来到海鸥笼前，只见那些海鸥毛发杂乱，双目赤红，在笼子里焦躁不安地乱扑腾，还不时发出凄惨的叫声。米斯特朗问："这些畜生出了什么事？"艾德华说海鸥们到了产卵期，要飞回海岛上产卵，孵化后代，因此性情变得十分焦躁。米斯特朗不假思索地说："我明天要运一批价值一亿的毒品，你必须让这些海鸥安静下来，乖乖地为我送货。等做完这趟生意，就把它们全部杀掉，另换一批雄海鸥。"艾德华还想说什么，米斯特朗却头也不回地走了。

第二天，海鸥们上路了。可不久，接货地点的人就打来电话，说海鸥今天格外不听话，只在天空盘旋尖叫，却不肯降落，他们无法取下毒品。那可是一亿美元的毒品呀！米斯特朗不敢怠慢，与艾德华一起坐快艇赶到了接货地点，果然发现海鸥们全部都盘旋在半空中，没有一只降落下来。"给我开枪打下来。"米斯特朗咆哮道。可枪声一响，海鸥们全都一惊而散。

米斯特朗急了，一把拽过艾德华说："快把这些畜生给我弄回来，不然我宰了你。"艾德华手忙脚乱地摁动手里的遥控器。受到控制的海鸥又都飞了回来，可仍旧不肯降落。米斯特朗大怒，冲着艾德华吼道："你不是说用遥控器可以让海鸥乖乖听话吗？"

艾德华无辜地辩解："我说的全是真的。你看那些海鸥，虽然不肯降落，但它们的身体正在经受着折磨，可我不知道它们为什么会如此坚强。"米斯特朗见那些海鸥痛苦地抽搐着。可他们为什么宁肯忍受巨大的痛苦，也不肯屈服呢？

就在这时，远处的天空突然出现了一片乌云，艾德华定睛一看，脸色都变了："天啊！雌海鸥的惨叫引来了海鸥群。"不一会儿，遮天蔽日的海鸥拥了过来，围绕在米斯特朗一伙周围，向他们发起进攻。

米斯特朗与手下拔出枪，不停地射击，可数不清的海鸥怎么杀也杀不完。他们抱头鼠窜，但成千上万的海鸥堵住了他们的退路。不到十分钟，这群人的身上、手臂上、脸上，到处被海鸥啄得鲜血淋漓。米斯特朗惨叫着揪过吓傻了的艾德华，用劲力气大叫："快，把这些海鸥赶走！"

可艾德华早已自顾不暇。很快米斯特朗便与手下瘫倒在海鸥的轮番攻击下。米斯特朗临死还喃喃自语："想不到我……竟然输给了这些海鸥……"

艾德华的衣服被海鸥啄得七零八落，身上体无完肤。这时，他猛然想起一件事，不禁用最后的声音说："米斯特朗先生，我忘记了……一件最重要的事情。怀了孕的……海鸥，就算你砍断它的翅膀，它也会义……义无反顾地飞回自己的巢穴……生育后代，我们输给的是母亲……"

广要道章第十二

【原文】

子曰："教民亲爱①，莫善于孝。教民礼顺②，莫善于悌③。移风易俗④，莫善于乐⑤。安上⑥治民，莫善于礼⑦。礼者，敬而已矣。"

【注释】

①亲爱：和睦。②顺：顺序，这里指长幼之序。③悌：敬爱兄长。④移风易俗：改善社会风气与习俗。⑤乐：指音乐。⑥安上：使在上位的人安于其位。⑦礼：礼节。

【译文】

孔子说："教育人民相亲相爱，再没有比孝道更好的了；教育人民讲礼貌，知顺从，再没有比悌道更好的了；要改变旧习俗，树立新风尚，再没有比音乐更好的了；使国家安定，人民驯服，再没有比礼教更好的了。所谓礼教，归根结底就是一个'敬'字而已。"

【评析】

通过对要道的具体说明，希望天下后世的为首长者，能明白要道法则的可贵。如果加以实行的话，它取得的效果将会是无法估量的。所以，作为君主治理国家，建立社会道德规范的行为标准，提倡孝道是一个明智的举措。

【现代活用】

孝子寻父

清朝雍正年间，慈城人钱象正离家前往东北采购药材，家中留下妻子和幼小的儿子钱秉虔。

钱象正一走就是几年，开始还时常托人捎来一些消息，但是到了后来就毫无音讯了。钱家的日子渐渐难过，母亲靠着给人家洗衣服来补贴家用，小秉虔帮人家放牛。可他每天放牛归来时都要站在村口翘首张望，渴望能见到父亲的身影，然而希望却次次落空。每到夜里，他常常看到母亲因思念父亲而偷偷哭泣。

随着时间的推移，小秉虔再也无法忍受失父之痛，决心前往东北寻找父亲。当他把这个想法说出，征求母亲意见时，母亲连连摇头，她怎能放心让这个13岁的孩子孤身前去遥远而寒冷的东北呢？小秉虔寻父心切，多次在母亲面前长跪不起。结果，母亲经不起儿子的苦苦哀求，只好含泪点头同意了。小秉虔便拼命给人家干活，为母亲攒下一段时间的粮食和自己的干粮，然后在母亲泪眼模糊的千叮咛、万嘱咐之下，拜别母亲，背上包裹，踏上了千里寻父之路。

一路上，小秉虔跋山涉水，留窑宿庙，日夜兼程。随身所带的一点钱和干粮很快就用光了，他就沿途帮人家打短工换点口粮。有时候饿极了就采些野菜、野果充饥，从未偷窃人家地里的半点庄稼。有一次，他错吃了有毒的野果，幸好被人救活。在一个雨夜里，他迷了路，四周一片漆黑，他害怕极了，边走边哭，但一想起远在天涯、生死未卜的父亲和望眼欲穿、以泪洗面的母亲时，不觉又增添了勇气，振作精神，继续赶路。

不知涉过多少山水，经历多少苦难，小秉虔终于到了东北地界，在冰天雪地里，他把所带的衣服都穿上，还是冻得瑟瑟发抖。但是，寻父的坚强意志支撑着他，使他在没膝的雪地里深一脚、浅一脚地艰难前进。

苍天不负苦心人，经过长时间的四处打听，小秉虔终于在一处废弃的破屋里找到了父亲。父子俩人一见面，就抱头痛哭了一场。

原来，当年父亲在运送药材途中遇到强盗，财物被抢光，人被推下山崖摔断了腿，摔坏了腰，后来靠着人家的救济才勉强活到了现在。

接下来，小秉虔终日上山打柴挑到市上贩卖，手掌结满了硬茧，脚掌磨出了血泡，却也只能勉强维持父子俩的生活。他想长此下来，就是累死了也无法攒够护送父亲回家的路费。于是，他改变了主意，利用跟父亲学到的识别中草药的知识，决定攀登悬崖峭壁采药。以后的每天早晨，悬崖上都能见到小秉虔采药的身影。有一天，他冒死爬上无人敢登的"狼牙峰"，竟然挖到两颗特大的名贵老山参。他把老山参卖给镇上一家药材店，得到不少钱。他捧着这些钱，喜极而泣，因为护送父亲回家有希望了。

小秉虔买了一辆手推车和一些衣服、干粮，把父亲和破旧的行李装在车上，用力推动车子，摇摇晃晃地踏上了回家的道路。

一路上，小秉虔尽力照顾好父亲，有点吃的，总让父亲先吃饱，自己才吃剩下的。每逢夜间露宿野外，便用破床单遮盖父亲，自己则蜷缩在小车旁睡觉。有一次，他们在一座山林里迷了路，转了一整天，饿得头昏眼花，好不容易挨到半夜里才碰见一个守林老人。老人看到这对可怜的父子，十分同情，赶忙给他们煮吃的，收拾住的地方。天亮时还送他们许多干粮，把他们带出了这座山林。父子俩对这位好心的老人千恩万谢。

还有一次，父子俩在山里遇到了一匹恶狼，小秉虔急忙背起父亲拼命逃跑，恶狼穷追不舍。眼看无法逃脱，小秉虔赶紧放下父亲，就地捡起一根树枝，大吼一声，挺身上前与恶狼拼命搏斗。可他年小力弱，哪里是恶狼的对手，不消片刻，恶狼就把小秉虔扑倒在地，张开大口向他的咽喉咬去……就在这千钧一发之际，"嗖"的一声，飞来一箭，恶狼应声倒地。小秉虔惊魂未定，抬眼一看，原来是一位猎人在这危急关头射死恶狼，救了他们父子二人的性命。小秉虔马上从地上爬起来，一头扑进猎人的怀里放声大哭。两年来的辛酸苦难随伴着泪水像决堤一样倾泻出来。猎人听完了父子俩的悲惨遭遇，十分同情和敬佩，把随身所带的干粮全数送给他们，然后护送他们走出了山林。

冬去春来，父子俩终于回到了江南。此时已囊空如洗，初春的江南，野外又很难找到食物，小秉虔只好沿途从池塘、沟渠里面抓鱼、捉虾、摸螺来充饥。

历时将近三年，受尽千辛万苦，父子俩互相搀扶，终于回到了久别的家乡，来到家门口，小秉虔顿时忘却了浑身的伤痛和劳累，大声哭喊着："娘，我和父亲回来了！"随后就两眼一黑，一头栽倒在门槛上。

母亲闻声出门一看，一下子惊呆了。她赶忙唤醒了儿子之后，紧紧抱住这对衣衫褴褛、面容枯槁、没有人样的父子放声大哭。一家人悲喜交加，拥抱

广要道章第十二

着哭成一团。乡亲们闻讯后都纷纷赶来，他们无法理解一个十多岁的少年能翻越千山万水，历尽苦难把残废的父亲从两千里外的东北找到并护送回家。大家不禁对小秉虔惊人的毅力和感人的孝行敬佩不已。

后来，当地官府闻知此事，查实之后，即把小秉虔举为"孝廉"，并奖赏他家不少金银和良田。由于乡亲们为小秉虔的孝行深受感动，皆称他为"钱孝子"，并为他在慈城南门建造了孝子坊和孝子祠。

钱孝子千里寻父的故事，从那时起，一直在民间流传至今。

久病床前的孝子

"乖，吃糖……"王国强将一根绿色棒棒糖剥去糖纸，递给轮椅上的母亲。

"吃完糖，蹬500次好不好？"王国强轻轻抬起母亲的腿，示意着。

专心吃糖的老人，直摆手。

"好吧，那就蹬300次。不能再少了，不然就不能吃糖啦。"王国强笑着说。

老人慢慢伸出大拇指弯了弯，表示"同意"。

这是44岁的王国强和他68岁的母亲之间的一段对话。

"从前，我们是母亲的孩子；现在，母亲是我们的'孩子'。"说这话时，王国强拿着毛巾细心擦去母亲嘴边的糖水，眼里充满了柔情。

时光倒流回2004年的那个深秋。

2004年11月1日，王国强的母亲因头疼住进了医院。老人一向身板硬朗，以为在医院待上几天便可回家。不料，没过几天，脑动脉瘤突然破裂，紧急实施手术抢救后，老人捡回了一条命，却成了植物人。主刀医生告诉王国强，即使出现奇迹，病人也只能终生卧床，连坐轮椅都别指望。

这个消息如同晴天霹雳，王国强和弟弟王永忠看着病床上昏睡的母亲，眼泪止不住地往下流。小时候，父亲在部队工作，母亲独自辛苦拉扯弟兄俩，严冬里给他们暖脚，风雨中背他们上学……此时，兄弟俩心中只有一个念头：只要有一线希望，就决不放弃。

作为长子的王国强，立即召开家庭会议，进行细致分工。他和弟弟白天上班，晚上去医院护理；他的爱人和弟媳，则分上、下午到医院轮流"值班"。大到手术治疗，小到两小时一次的翻身、按摩，全靠两对夫妻白天黑夜无微不至地照料。

病重的母亲靠鼻饲管进食。为了给母亲足够的能量，王国强兄弟精心制订食谱，鸭血、黑鱼、老母鸡、鸽子肉、水果、蔬菜，一天8顿，都用粉碎机细细研磨后喂给母亲，先后竟用坏了两台粉碎机。

与此同时，一家人只要有空就在母亲耳边轻声呼唤，"陪"她聊天，让她"听"优美的音乐。

在全家人的努力下，母亲终于一路闯过了出血关、手术关、颅内水肿关、发热关等重重难关。此时，医疗费已高达14万元。由于全家人只有王国强一人有固定工作，所以经济异常紧张。为了筹措医疗费，他拿出了多年的积蓄，又向亲友借款，甚至做好了卖房的准备。

值得庆幸的是，在住院八个月之后，母亲病情基本稳定，可以回家进行康复治疗。

王国强是林海集团的高级技工，用一双巧手为母亲做了专用的床和学步架，甚至还设计制作了一副轮椅。这个轮椅靠背可以平放变成床，坐垫下方可以放便盆；两边的扶手能够倒下，便于将病人抱起。此外，踏板上还安装了拆卸式锻炼机，可以让病人运动腿部肌肉。

或许是一家人的坚持感动了上苍。回家三个月左右，突然有一天，王国强发现母亲的眼睛在频繁地眨动。他试着切了一小片西瓜放入她嘴里，结果竟看到母亲慢慢咀嚼起来。"我的眼泪一下就涌了出来。因为咀嚼功能的恢复，对于脑损伤病人来说意义太大了。"王国强说。

从那一刻起，母亲的病情逐渐好转。王国强和弟弟齐心协力帮母亲进行功能恢复，只要天气许可，就将她从四楼背下去，搀她练习行走。

转眼间，五年多的时光飞逝而过。在家人悉心照顾下，王国强母亲现在虽不能说话，但能在儿子的搀扶下，下楼走动，也会自己吃饭，并且恢复了部分情感意识，不光能写出家人名字，还会做一些简单的算术题。

医学专家评价，王国强一家简直创造了奇迹中的奇迹！

如今，"久病床前的孝子"王国强兄弟，已在市区林机大院2000多户居民中家喻户晓。在物欲横流的现代社会，王国强和弟弟尽己所能、恪守孝道的事迹，折射出中华传统美德的动人光辉，也为现代孝道注入了新的活力。

数年坚守父亲最后的夕阳

曾经有网友这样问黄薇："你还这么年轻，为什么主持老年节目能够这样游刃有余？"黄薇回答说："我把电视机前的老人都当作了自己的父母，和父母交流是一件多么舒服和亲切的事儿，所以做节目就很顺畅啊。"

黄薇对待自己的父母更是体贴入微，呵护备至，把父母看成一对属于自己的"老宝宝"，平时亲得不得了。

然而，就在数年前，曾经健康硬朗的外交家父亲因中风偏瘫了，从此行走、活动不再方便，在病床和轮椅上度过了他最后的日子，后来因癌症晚期永远地离开了黄薇。

从数年前父亲倒下的那天开始，黄薇就在心里许下了一个誓言：要尽自己最大的努力照顾好病中的父亲。

父亲偏瘫导致身体的整个右侧都不能活动，所有动作都得依靠身体左侧。包括进食、穿衣、洗澡等所有事情，都需要人照顾，一天24小时都得有人在身边伺候。平常人吃饭只需要20分钟，而父亲却要花两个小时才能把饭吃完。这个时候，黄薇在一旁看着父亲自己用勺子往嘴里送饭，一边笑着说："爸爸，饭吃得越慢越有营养。"在给父亲洗碗的时候，想着父亲艰难进食的样子，她偷偷地哭了起来，"不是我们不喂，是父亲不让我们喂他，他自己觉得他还能坚持。"

但在父亲面前，黄薇始终保持着脸上的微笑，用无声的激励帮父亲笑对病魔。父亲每走一步路都感觉到非常困难，从床上下来走到窗户边上要费很大的劲儿。为了让父亲多走走，黄薇会扶着他下床，这时父亲全身的力量都会压在她的肩上，但瘦弱的她从没一句怨言。他架着父亲一步步地走，嘴里一直鼓励地说道："老爸，你真是好样的，我数一你迈左腿，我说二你迈右腿。"就这样，在黄薇细心的照顾和鼓励下，父亲从最开始在搀扶中最多能走1米到后来能独立行走10米，再到后来能绕着屋子走一个圈。黄薇还买来许多小红旗，每当父亲多走点儿路的时候，她就往墙上贴一面小红旗以示表扬。

父亲身患中风躺在床上的数年里，黄薇想尽一切办法，为父亲的康复四处奔走。她只要听说哪有治疗偏瘫的偏方或老中医，总会在第一时间里去寻找。她买来无数关于中医护理和按摩理疗的书籍，从一个医学上的"文盲"到后来竟练出了专业水平，下手就能找准穴位，给父亲舒缓经络。

黄薇为了父亲，将家里布置得十分的整齐，看不出半点的繁杂，为的是让父亲取东西的时候，能够保持好的情绪。她总是想出各种方法逗父亲开心，在父亲生日前几天，她先将红包封好分发给亲戚朋友，等到生日那天，大伙带着红包给老爷子祝寿，每年收受红包的数量都在增加，病中的父亲会为此高兴很长时间。

但黄薇的努力最终也没能留住父亲，在父亲的弥留之际，黄薇贴着父亲的脸说："老爸，下辈子我还要做你的女儿，如果这辈子做得不好的话，下辈子我一定补上。"

与父亲告别后，黄薇紧紧地抓着母亲的手，流着泪说："妈妈，你现在是我唯一的老宝贝了。"

二

【原文】

"故敬其父，则子悦①；敬其兄，则弟悦；敬其君，则臣悦。"

【注释】

①悦：高兴。

【译文】

"因此，尊敬他的父亲，儿子就会高兴；尊敬他的哥哥，弟弟就会高兴；尊敬他的君王，臣子就会高兴。"

【评析】

"孝"是一种发自内心的真诚的呼唤，这种呼唤就算是铁石心肠也会被感化的。从现在开始去做一个真正的孝子吧，不要为自己留下"子欲养而亲不待"的遗憾！

【现代活用】

事母尽孝，为国尽忠

林大钦（1512—1545），字敬夫，号东莆，广东省潮州府海阳县东莆都山兜村（今潮安县金石镇仙德村）人。

林大钦从小家境贫寒，却非常孝敬父母。天资聪敏的他，每门功课对答如流，在潮州一带被称为"神童"。他设法向藏书万卷的族伯借书学习，博览诸子百家经典著作，12岁时的文章习作，竟与苏东坡的文章风格近似。当时，澄海县隆都陇美村的黄石庵先生曾到山兜村任教，见林大钦聪颖出众，又虚心好学，十分器重，便带林大钦回陇美村就读。

林大钦16岁时，父亲去世，家境更为困苦。为谋生计，他到附近塾馆任教，并经常帮人抄书以补贴家用。成家之后，林大钦与妻子竭尽孝道，用心奉养母亲，深受邻里赞扬。

明朝嘉靖十年（1531）秋，林大钦得中省试举人。

次年春，林大钦上京赴考，名列榜首，得中状元，深受嘉靖皇帝器重，授职为翰林院编修。

他刚任职于翰林院，就把母亲和恩师黄石庵接到京城奉养。恩师黄石庵也因此被皇帝钦赐为进士。为进一步报答师恩，林大钦请旨在陇美村建造"状元先生第"（至今宅第基本完好）。大门石匾上镌刻"黄氏家第"，并有"门人林大钦题"的落款，门联为"状元先生第，进士世范家"，均为林大钦手笔。

再说林大钦母亲到京不久，便因水土不服，一病不起。林大钦尽心尽力遍请名医为母诊治，却毫无起色。

嘉靖十二年（1533），揭阳县进士翁万达（后官至兵部尚书）出任广西梧州知府，常与林大钦书信往来，林大钦曾在信中对翁万达说："老母卧病，侵寻已七八月，此情如何能言。今只待秋乞归山中，侍奉慈颜，以毕吾志尔。"在与卢文溪编修的信中说："老母体较弱，北地风高，不可复出矣，只待乞恩归养。"

是年秋后，林大钦终于以"老母病较弱，终岁药石"，奏请"乞恩侍养"，而获准护送老母返回潮州。

林大钦初回归潮州时，没有安居之所，经常向人借宅暂居。后来为老母安享晚年而为母建造府第。然而，又恐"土木之华，豪杰所耻"，再加上能力有限，导致工程迟迟没有进展。

在此期间，朝廷多次召唤林大钦回朝复职，林大钦始终"视富贵如浮云，温饱非平生之志；以名教为乐地，庭闱实精魄之依"，而屡辞不就。母病数年之间，林大钦事母至孝。明朝天启年间户部侍郎林熙春对其形容说："母安则视无形，听无声，纵寒暑不辞劳瘁；母病则仰呼天，俯呼地，即神鬼亦尔悲哀。"

1540年，林母病逝。林大钦悲痛至极，万念俱灰，由于哀伤过度，随后一病不起。至于母亲的府第也就视为废物，半途停建，落得个"府存墙而无堂屋，门存框槛而无扉"的凄凉景象。

而后数年之间，林大钦基本是在病榻上度过。他哀母的情景，林熙春形容为："母死则骨立支床，吊人殒泪；母葬而跪行却盖，观者蹙眉。"他本人在《复翁东涯》信中也说："自失承欢，忧病漂泊。杜鹃之愁，日夜转深。望云兴悲，对鸟泪下。居则若有所望，出则侗然不知所往。"时之揭阳县进士、官拜行人司司长的薛侃和潮阳县进士、官拜户部主事的林大春皆为他所作传，都提到他在葬母归程中因悲伤过度咯血而病倒。

林大钦卧病期间仍十分关注当地民生，他不止一次地给潮州知府龚缇去信，不厌其烦地要龚知府顺时令，重民事，申孝悌，崇节义，省器用，恤孤寡，治沟渠，修传舍，清径路……

当时，蒙古俺答部侵略北部边境，战事连年未息。1544年2月，翁万达由四川按察使调任都察院右副都御史，巡抚陕西，赴西北前线指挥战事。

林大钦对此又担忧，又兴奋，特此去信表示慰问，并大谈用兵之道。可见其关心时政之心未泯。

1545年农历八月十二日，林大钦病逝。

邓小平赡养继母

夏伯根是邓小平同志的继母，出身贫苦，身世坎坷，仅仅比小平同志大五岁。虽是继母，但是小平同志一直把她当作亲生母亲一样看待，无论在顺境还是在逆境中，都和她生活在一起，与继母所生的弟妹们也相处得十分和睦。

夏伯根出身于嘉陵江上一个贫穷的船工家庭，房无一间，地无一垄，一直辛苦度日。长大后她嫁给了邓小平的父亲邓绍昌，期待着在一家人的共同努力下结束自己困苦的生活。无奈时运不济，命运多舛，第三个女儿邓先群出世还不到一年，丈夫就先她离开了人世。子女还不到成家立业的年龄，丈夫却已不在，一个女人要在孤独无助中养活四个孩子，这对谁来说都是一个巨大的不幸。继母贫寒的家世和坎坷的人生令邓小平十分同情。他懂事地承担起家里的重任，对弟弟妹妹更是关爱有加。邓小平从青年时期就追求进步，夏伯根老人虽然不懂政治，但她一心认准了共产党好，支持儿子参加革命。她自己也曾冒着被杀头的危险，救过好几名共产党员的生命。对这样一位正直、善良、勤劳、朴实的继母，邓小平特别敬重和爱戴。

15岁的时候，邓小平离家顺长江南下，经过重庆，走出四川，留学法国、前苏联，后来又回到国内参加了土地革命、抗日战争和解放战争，可谓戎马一生。直到29年后，邓小平率领千军万马解放大西南时，才又回到四川，回到了重庆老家。后来，邓小平坐镇重庆，任中共西南局第一书记，是中央下属几大行政区域之一的最高官员。这时的邓小平已是45岁的中年人了，他决定承担起赡养继母的义务，让老人安享天伦之乐，也弥补自己多年在外不能照顾老人的遗憾。

老人听说儿子回到了家乡，非常的兴奋，她家也不要了，田产和房产也不要了，急忙收拾东西，把大门一锁，提着一个小包裹，坐着船就来到了重庆，从此就和邓小平一家住在了一起。当邓小平调到中央工作后，也将继母一同带到北京，让老人安享晚年。

夏伯根老人一生充满了曲折，晚年的幸福安慰了老人一生的苦难。和儿子生活在一起的日子里，老人的心情十分愉快，同样她也保持了勤俭持家的品德，尽可能帮助孩子们做一些家务活。邓小平夫妇上班以后，就由老人来照顾家里的孩子。新中国成立以后出生的邓榕和邓质方都是夏伯根老人一把屎一把尿带大的。一家人相互扶持，相互照顾，其乐融融。

特别值得一提的是，在邓小平被打倒"流放"到江西住"牛棚"的日子里，夏伯根老人同邓小平夫妇相依为命，熬过了最艰难的岁月。那时邓小平的妻子卓琳的身体不好，母亲又年事已高，邓小平为了不让她们受累，就一人挑起了家里的重担。劈柴、生火、擦地等重活脏活他都亲自做。老人不忍心看着儿子过度操劳，总是尽量做一些力所能及的家务以减轻儿子的负担。她为家里养了一些鸡，还趁邓小平夫妇去工厂劳动的时候，在家里操劳家务。夫妇俩回家之后总能吃到老人为他们准备好的热乎饭。

1997年2月19日邓小平逝世时，已经98岁高龄的夏伯根当时已患了老年痴呆症，基本上认不出人了，但一直都还能正常吃饭。可是奇怪得很，就在那一天，她既不吃饭，也不喝水，以一种特殊的方式对先她而去的儿子表达了深深的思念。

2001年春，夏伯根老人辞世，享年101岁。

对父母常存一颗感恩的心

她出生在西子湖畔，一袭旗袍，舞台上裙裾飞扬，歌喉一展，清丽婉转。她就是吕薇，这位有着"军中花仙子"美誉的时尚民歌手，将孝道演绎得尽善尽美。对父母，吕薇总是心怀感激，用一颗感恩的心去报答父母的恩情。

吕薇出生在越剧世家，父母都是浙江越剧院的演员。从小，吕薇就表现了很高的文艺天赋，但父母并不打算让她秉承家业。那时幼小的吕薇觉得父母阻碍了自己的发展。后来当她在文艺圈摸爬滚打几年之后，体会到其中的艰辛，才明白了当初父母的用心。

大学毕业后，吕薇在杭州当了两年音乐教师，期间她参加了全国民歌大赛并夺得了二等奖，从此在北京开始了演艺生涯，也成了"北漂"一族。在北京的日子十分辛苦，住在租来的单身宿舍，每天在北京城里来回转悠演出，她格外想念家中的父母。

连续十几年，在除夕之夜，吕薇的歌声飘进千家万户。在最初的几年，由于父母都在杭州老家，不能陪着老人一块儿过年，这让吕薇心里充满了内疚感。但每到春晚结束后，她总会急着往家赶，去和父母团聚。后来，为了好好照顾父母，她将老人接到了北京。

吕薇说永远忘不了1996年的除夕夜。那一年，她将父母接到自己在北京的宿舍里，这是他们一家人第一次在北京一起过年。那晚，父母守在电视机前观看了女儿的精彩表演，非常高兴。但晚会过去好几个小时后，吕薇还没有回家。因为宿舍没有电话，吕薇身上也没有任何通讯工具，尽管父母非常着急，却联系不上她。原来，晚会散去后，吕薇因打不上出租一直在路边等了好几个小时。到了胡同口，吕薇心急火燎地一路小跑着赶回家，她怕在家里的父母担心。在漆黑的胡同里，在瑟瑟的寒风中，吕薇霎时感受到，自入歌坛以来，父母无时无刻不在担心自己,她了解到了父母对自己的牵挂之情。到了宿舍,刚一进门,母亲便迎面跑来,抱着她仔细端看,眼泪噼里啪啦往下流。那是二十多年来,吕薇第一次看到母亲流泪,吕薇也明白从此以后不能再让父母为自己担心。

1997年,吕薇因患有阑尾炎需要做手术。为了不让父母担心,动完手术后才告诉父母。但第二天清晨,当她醒来的时候,突然发现父母就在病床旁边,眼睛里布满了血丝。握着父母粗糙的双手,看着母亲花白的头发,吕薇忍不住泪如泉涌。她说自己手术的时候再痛也没哭,但看到父母的时候,她变得非常脆弱。

也许经历过这些,吕薇更加懂得珍惜与父母之间的亲情。多年来,吕薇常常外出演出,但无论去哪儿,每天与父母的电话沟通从未中断过。她时常提醒自己,要心怀感恩,父母为自己付出太多,自己也要用心去体贴父母。

三

【原文】

"敬一人,而千万人悦。所敬者寡①,而悦者众。此之谓要道矣②。"

【注释】

①寡:少。②要道:关键。

【译文】

"尊敬一个人,而千千万万的人感到高兴。所尊敬的虽然只是少数人,而感到高兴的却是许许多多的人。这就是把推行孝道称为'要道'的理由啊!"

【评析】

只要尊敬一个人就会得到众人的推崇,这就是孝道的伟大之处啊。

【现代活用】

苦啼鸟的由来

在宁波，有一种褐色的小鸟，它的叫声带着"爹爹呀！""爹爹呀！"的凄凉哭腔，令人听起来十分心酸，人们便把它命名为"苦啼鸟"。下面讲述一个在民间广为流传的极为悲凉的苦啼鸟故事。

从前，宁波西边的大蓬山里住着一个心地善良、手艺精巧的老石匠。他终年风里来雨里去地四处奔波与劳作，一晃就年近60，还孤身一人。

有一天，老石匠从东山收工回家，路过东岙岭，忽然听到附近似乎有婴儿啼哭的声音，便循着哭声寻去，果然在路边的树丛下，他看到一个裹着襁褓的女婴。老石匠抱起女婴，一直等到天黑也不见有人前来认领。他想把女婴放回原处，又恐遭受毒蛇猛兽的伤害，他只好把她抱回家中。女婴饿得哇哇大哭，老石匠便抱着她四处寻找有奶水的女人讨口奶吃，顺便寻找女婴的父母。可是，一连几天过去了，仍毫无结果，老石匠只好把这个苦命的女娃子收养下来，给她取了个名字叫苦莲。

俗话说，女大十八变。数年后，小苦莲长成一个乖巧漂亮的小姑娘。她见年老的爹爹每天干活回家都累得腰酸背疼，她便立即给爹爹搬凳倒水，擦背捶腰。苦莲的小手敲在爹爹的背上，却甜在老石匠的心头。随着年龄的长大，苦莲每天上山拾柴，挖竹笋，捡蘑菇，拿到集市换钱，为爹爹买来鱼肉酒菜，尽她一点微薄的能力孝敬爹爹。老石匠看在眼里，乐在心头，经常对人说："苦莲是老天可怜我，给我送来的好女儿。"后来，苦莲听说养猪能赚钱，便积攒些钱买来一头小猪养起来。猪舍又脏又臭，老石匠不愿意漂亮的女儿干这些脏活，而苦莲却干得乐此不疲。老石匠的衣服脏了，苦莲给他清洗；破了，苦莲给他缝补。老石匠干活回家，苦莲早已做好饭菜在等他。天气渐渐地冷了，苦莲用攒下的钱为爹爹缝制了一件新棉衣。半夜里，自己冻得瑟瑟发抖的小手还不停地做针线活。爹爹看在眼里，疼在心上，脱下自己的破烂棉袄披在苦莲的身上。就这样，父女俩相依为命，上慈下孝，虽贫亦乐。茅屋里时时传出欢乐的笑声，充满着和谐、温馨的气氛。

天有不测风云，人有旦夕祸福。苦莲18岁那年，她到山溪边洗衣服，不小心踩着了一条毒蛇。毒蛇猛地张口在苦莲的小腿上咬了一口。苦莲大吃一惊，赶紧撕下一破布条扎紧伤腿，强忍伤痛走回家中，刚到半路，便两眼一黑昏倒在地。这时，碰巧邻居阿强打柴路过这里，见此情景，急忙把苦莲背回家中。

此刻老石匠正在附近干活，闻讯之后，又惊又急，马上丢下手中活计，赶回家中，一见女儿昏迷不醒，小腿已肿胀发紫，知道是被剧毒的白花蛇咬伤，若不及早救治，恐怕性命难保。老石匠立时急得老泪纵横，心中暗暗叫苦。原来，自家平时备用的治疗蛇毒的特效草药刚巧被乡亲们用光了，采这草药必须登上大蓬山险峻陡峭的最高峰，此时外面又正下着大雨，登山比登天还难，怎么办呢？老石匠不顾受感染的风险，赶紧俯下身子，张开嘴巴，将女儿伤口里的毒血一口一口地吸出吐掉，再用"牛鼻酒"灌进女儿口中，暂时缓解了蛇毒的蔓延发作。经过一番简单的急救治疗，老石匠确信女儿一天之内尚无危险之后，决定火速攀登大蓬山，采集根治蛇毒的草药。阿强见老石匠年已高迈，放心不下，要求陪同前去。老石匠坚决不同意，只是让阿强母子好好照顾苦莲，便披衣戴笠，急忙冒雨出门。

风越刮越猛，雨越下越大，碗口粗的树干在风雨的呼啸中摇摆，崎岖陡峭的山路又湿又滑，老石匠心急如焚，跌跌撞撞地向高峰拼命爬上去。他已不顾一切，只知道女儿此刻的生命是在与时间争夺，倘若出了差错，自己怎么活下去啊！

且说阿强母子焦急万分地在家中一边守护着苦莲，一边盼望着老石匠快快采药回来。可是一等再等，等到午后还不见老石匠的影子。一种不祥的预感浮现在阿强的脑海中。他急忙招呼邻居几个小伙子，沿着大蓬山险峻崎岖的羊肠小道，大家分头呼唤着，寻找着……

将近傍晚时分，苦莲忽然醒了过来，一听阿婆说起爹爹上午为她冒雨上山采药，至今未回，不觉心慌意乱，挣扎着爬起身，拿着一根拐杖，跟跟跄跄地嚷着要出去找爹爹，任凭阿婆怎么阻拦都拦不住。就这样，苦莲一去就再也没有回来。

当天傍晚，阿强等人终于在大蓬山下的溪流中找到了老石匠，可是他已经死了，手里还紧紧地抓着那些为苦莲采到的救命草药。大家禁不住放声大哭，随后合力把老石匠的尸体埋葬在当年捡到苦莲的地方，并为他修筑了一座高大的坟墓。

说也奇怪，老石匠的坟墓落成之日，半空中忽然飞来一只褐色的小鸟，盘旋在坟墓的上空，口里不停地啼叫："爹爹呀！"哀鸣许久，不愿离去，此情此景催人泪下。大家都说这小鸟是苦莲变的,它正四处叫唤着,寻找着她的爹爹,而且头上那块白色的羽毛就是给老石匠带的孝。

从此以后,当地人就把这种鸟称为"苦啼鸟"。

忠孝双全的总司令

朱德(1886—1976),字玉阶,四川省仪陇县人。朱德青少年时是个远近闻名的孝子。后来,他为了解救四万万水深火热的中国劳苦大众,离开了双亲,投身于革命事业,与毛泽东并肩作战,经历了长期艰苦的斗争,为建立新中国立下了汗马功劳。数十年的戎马生涯中,他日理万机,但时刻不忘父母恩德,写了一篇《回忆我的母亲》的文章,以无限的深情赞颂了母亲深沉的爱和高尚的品德。此文章在新中国成立后编入了全国中小学生课本。

朱德小时候家庭十分贫苦,母亲一共生了13个儿女。因家里贫穷,无法全部养活,只留下了8个。母亲为把8个孩子养大成人,经常天不亮就起床、煮饭,还要种田、种菜、喂猪、养蚕、纺棉花、挑水、挑粪,就这样整天劳碌着。

朱德到了四五岁时,就在母亲身边帮忙,八九岁时不但能挑能背,还学会种地。每天从私塾回家,悄悄地把书包放下,就去挑水或放牛。在农忙时,整天都在地里跟着母亲劳动。

他家用桐子榨油来点灯,吃的是豌豆、红薯、青菜等杂粮饭。尽管用的是菜子榨出的油煮菜,母亲却能做得使一家人吃起来津津有味。若赶上丰收的年景,还能缝上一些新衣服,布料用的是自家生产出来的"家织布",有铜钱那么厚。一套衣服往往老大穿过了,老二、老三接着穿还穿不烂。

母亲性格和蔼可亲,从没有打骂过儿女,也未曾与任何人吵过架。因此,尽管在如此大的家庭里,长幼、伯叔、妯娌也都相处得十分和睦。母亲非常怜悯贫苦的人,虽然自家穷,却还时常周济更穷的亲戚。母亲也很节俭,有时父亲吸点旱烟,喝点小酒,她也尽力告诫孩子们不要效仿。母亲勤劳俭朴、宽厚仁慈的美德,在儿女们心中留下了永不磨灭的印象。

《回忆我的母亲》一文的结尾中写道:

……母亲现在离我而去了,我将永不能再见她一面了,这种哀痛是无法补救的。母亲是一个平凡的人，她只是中国千百万劳动人民中的一员，但是，正是这千百万人创造了和创造着中国的历史。我用什么方法来报答母亲的深恩呢？我将继续尽忠于我们的民族和人民，尽忠于我们的民族和人民的希望——中国共产党，使和母亲同样的人能够过上快乐的生活。这是我能做到的，一定能做到的。

愿母亲在地下安息！

当时地方上的土豪劣绅、衙门差役横行乡里道、欺压百姓，逼得朱德双亲决心节衣缩食培养出一个读书人来"支撑门户"。

光绪三十一年（1905），朱德考中科举，而后远赴顺庆、成都等地读书，其学费东挪西借，共用了200多块光洋。

1909年，朱德考上了云南讲武堂。

1937年11月，朱德一个外甥从四川老家来到山西八路军总部，告诉他家人因他参加革命而遭株连迫害，现家境非常困难。朱德身为八路军总司令，却身无分文，遂于11月29日在山西洪洞县给他的好友戴与龄写了一封信：

"我们抗战数月……我家中近况颇为寥落，亦破产时代之常事，我亦不能顾及他们。唯有老母，年已八十，尚康健，但因年荒，今岁乏食，恐不能度过此年，又不能告贷。我十数年来实无一钱，即将来亦如是。我以好友关系向你募二百元中币，速寄家中朱理书（朱德二哥之子）收。此款我也不能还你，请作捐助吧！"

不足300字的信，既有报国之志，又有孝母之情，更有勤廉之德，200元难倒总司令，大孝为国便是如此。

1966年11月，一位意大利记者采访了朱德。

记者问："在您一生中，对您的影响最大的书是什么？"

"是识字课本。"朱德答道。

"您一生中最大的遗憾是什么？"

"我没能侍奉老母，在她离开人世的时候，我没有在她的床前给她端一碗热水。"

"您想在您的身后留下什么样的荣誉？"

"一个合格的老兵足矣！"……

而后，康生把这次采访的外电通讯稿呈给毛泽东，并别有用心地问：

"主席，您看了有什么想法？"

"大老实人一个！"毛泽东毫不含糊地说："您给我看这个干什么？要搞朱德名堂吗？朱德这个人我是了解的，不要搞得疑神疑鬼。"说完把手一挥，康生只好灰溜溜地走了。

尽孝需用实际行动来表现

葛优是演艺圈里公认的大孝子。但在他自己看来，为父母所做的一切事情都显得那么微不足道，他说自己离孝子的标准还差很远。

在母亲施文心的笔下，葛优父子被她亲切地称为"老噶"与"小噶"。葛优走上演员这条道路，或许是源自从小对父亲的崇拜与其职业的向往，后来在昌平农村养了两年猪后，几经努力，凭借取自实践的经验，以名为《养猪》的小品考上了总文工团。从此，在中国演艺界，葛优的名字随同他的作品一样，一路辉煌地闪耀在荧幕上。

即使是登上了世界级电影节的影帝宝座，即使是多年的贺岁片中的"葛式幽默"使千万人为之拍案叫绝，葛优一如既往，保持着淡定的微笑，随性的话语。侍奉双亲的举动，也在真情流露的嘘寒问暖中，折射出一颗普通的却又异于常人的孝心。

葛优说自己孝敬父母，为父母做事本就是天经地义，不值得向外人说道，不值得宣扬。但正是在这平常生活的点滴中，葛优始终能够做到使父母身心愉悦，一个个细节闪耀着至孝的光芒。

2005年，是葛存壮老人夫妇结婚50周年，作为儿子，葛优为了给两位老人特殊的日子留下最美好的回忆，花尽了心思。他亲自动手设计布置场地，在墙上挂上喜庆的大红灯笼，贴上大红的喜字，整个看起来像是要举行一场浪漫的婚礼。在亲朋好友纷纷祝贺两位老人的同时，葛优当起了摄影师，在屋子的各个角落，在双亲的背后，用手中的镜头记录那值得回忆的一个个瞬间。

葛存壮老人经常翻看一张老旧照片。照片上，葛优手持一把梳子，轻轻地来回缕着父亲花白的头发，生怕手生用力重了，极力想让父亲感觉到舒服。这张照片是葛优在医院探望父亲时被亲友无意中拍到的。那一次，葛优正在电影拍摄现场，得知父亲生病住院，立马放下手中的活儿，向摄制组请假，第一时间赶到了医院，照看躺在病床上的父亲。葛优觉得，无论什么时候，亲情总是放在第一位的，无论自己走得多远，心中的根是家，是父母。

葛优无论多忙，总要抽出时间常回家看看，在家和父母聊聊天。看到现在的葛优事业顺利，父母更挂念他的身体。而作为儿子的葛优，心中挂念的也是父母的身体，最让他揪心的是两位老人睡眠不好，血压高了，腿又疼了这些事情。让他欣慰的是，老爷子现在没事还能喝点白酒黄酒。葛优说，那是父亲的爱好之一。

葛优回家的时候，经常会不露声色地观察家中的一些情况，时常会为父母添置一些东西。当父母知道的时候，东西已经都送来了。就如戏中处事低调的他，葛优尽孝的方式也从不张扬，默默地尽一个儿子的责任。在外地拍戏时，葛优都会买些当地的小礼物，带回来给父母。他说不是北京没有父母买不到，而是要让他们知道自己的心一直挂念着他们。

1957年出生的葛优，8岁就会烙葱花饼，用蜂窝煤生炉子，用大盆洗衣服，19岁下乡喂猪，20多岁开始演电影，走过了那个时代一个普通人经过的岁月。在几次的人生转折中，父母给他的影响不言而喻。谈及孝道，葛优更多的是感激，时刻在责备自己做得不够。也许，父母需要儿女做的，本就是那天寒里的一声问候，本就是那踏进家门的一片笑语。心中装着爹和娘，孝心已足矣。

广至德章第十三

【原文】

子曰："君子之教以孝也，非家至①而日见②之也。教以孝，所以敬天下之为人父者也。教以悌，所以敬天下之为人兄者也。教以臣，所以敬天下之为人君者也。"

【注释】

①家至：到每家每户去。②日见：天天见面。

【译文】

孔子说："君子以孝道教化人民，并不是要挨家挨户都走到，天天当面去教人行孝。以孝道教育人民，使得天下做父亲的都能受到尊敬；以悌道教育人民，使得天下做兄长的都能受到尊敬；以臣道教育人民，使得天下做君王的都能受到尊敬。

【评析】

教人孝能够使儿女尊敬父辈，教人悌能够使兄弟和睦，教人臣能够使臣子尊敬君王。这就是孝经里面提出来的治理国家的方法，对促进社会和平、维护社会发展有很大的作用。

【现代活用】

忠孝两全的许国佐

许国佐，字钦翼，号班王、旧庵，自署百花堂主，广东省潮州府揭阳县在城（今榕城）人。许国佐性格豪爽，天资聪敏，酷爱诗酒，侍奉双亲至孝。

明朝天启七年省试考中举人。崇祯四年登进士，选授四川叙州府富顺县县令。

任职期间，许国佐千方百计兴利除弊，广施善政，尊重乡贤，体恤民情，设议局、均税赋、废奴制、严惩横行霸道之土豪劣绅，百姓大为赞颂，也使邻县相互效仿。一时间，轰动巴中、巴西、川南等地区。由此也就得罪了不少祸害地方之权贵，他们便暗中勾结，买通了川军提督洪文峰，巡抚牛兆山，捏造"私调兵马剿山灭寨，草菅地方烧杀无度和撰题反联、欺君罔上"等罪名，将许国佐革职查办，囚禁天牢。

后来，幸得朝中诸多知情的忠良和川南百姓极力为国佐申诉辩诬。两年之后，冤案终于澄清昭雪。朝廷便将这位公正廉明、抗暴治县的许国佐调任贵州省遵义县县令。

在此期间，正值朱明王朝阶级矛盾和民族矛盾激化、江山摇摇欲坠之时，关外皇太极和多尔衮统帅15万满、蒙精悍大军再度扑向山海关，试图破关之后攻取北京；李自成等13家农民军蜂起于四川、陕西、河南各省，到处攻城略地；朝内百官又结党营私，明争暗斗，狱中人满为患；崇祯皇帝刚愎自用，处处疑忌，滥杀功臣良将；满朝文武百官人人自危，忠良之士纷纷隐退……

崇祯十年春，皇帝急召政绩卓著的贤明县令许国佐入京，升任兵部主事，协同刚从狱中释放的兵部尚书傅宗龙统领边军30万，开赴燕山御敌。

初试锋芒，许国佐从战略上倚仗险要地势，利用敌军常胜的骄气，从战术上采取"据险设伏，诱敌入网，施行火攻，分割围歼"的方针。傅尚书依计而行。结果，几经激战，竟用5万边军就大破强敌15万精悍步、骑兵，使敌兵伤亡过半，大败退回了辽东。而后，许久未敢轻举妄动。

燕山大捷，龙心大喜，视许国佐为扶国栋梁，中流砥柱，升职为兵部员外郎，兼督九江饷务。

就在许国佐为国家力挽狂澜之时，突然接到一封家书，告知父亲许有丰身患重病，卧床不起。许国佐顿时放声大哭，哭毕之后他踌躇了：论忠，他必须为国而死；论孝，他必须请假而归。倘若不归而父死则极为不孝；不孝之臣则天下切齿，何以辅助朝政？

苦思了两昼夜，他终于无可奈何地决定：天下事只有由君王自为了。

崇祯皇帝终于恩准这位兵部属官回乡尽孝，并赐予御用灵芝草一对以宽慰他。命其尽孝之后即速回朝辅政。

崇祯十七年三月十八日，甲申国变，李自成攻陷北京，崇祯皇帝自杀。许国佐在家闻讯，即刻昏厥过去，醒来失声痛哭。于是便披麻戴孝，光着脚板率领知县吴煌甲及一众官吏，跪哭于揭阳孔庙。回想多年来匡扶社稷的百般心计竟然随皇上的仙逝而付之东流，不禁眼前一黑吐血倒地。事后，他带头在县衙为崇祯设灵祭奠，闹了49天，竟瘦了10多斤。

而后，明室旧臣马士英等拥立福王（弘光皇帝）在南京即位，意图复国，召许国佐到南京复职勤王。许国佐因父亲病重侍奉汤药而未能赴任。次年，清兵攻破南京，杀害了福王。明室遗臣黄道周、郑芝龙等又拥立唐王（隆武皇帝）在福州即位，诏令许国佐复职兵部侍郎，速到福建辅政。此时，恰逢父亲去世又未能成行，等到许父安葬之后，闽粤到处已经兵荒马乱，道路不通，无法赴任。

清朝顺治三年六月九日，揭阳县龙尾乡石坑村武生刘公显，因官场失意，便聚众造反。自称"大明镇国大将军领九天都督"，招集江西流民首领曾诠、福建流民帮主马麟等人马，号称"九军十八将"，先后攻占揭阳城外各都乡寨。

次年初秋，九军探得揭阳县令吴煌甲积劳病死，继任县令赵甲谟又失职获罪入狱，许国佐与罗万杰（揭阳人，崇祯十六年退隐之吏部主事、都察院右佥都御史）等人离县未归，城中协守官员不多。便乘机设计智取了揭阳城，捕杀了知县谢嘉宾，都司黄梦选，推官刑之桂等官吏78人，只留下许国佐之母余氏老夫人作为人质，谦恭礼待，用车马送往桃山都九军大营，以此胁逼许国佐入伙。此时，许国佐正和罗万杰在潮州府衙与潮惠巡抚程峋等人策划募兵勤王，抵御清兵，护卫福建小朝廷；另一方面对揭阳九军施行剿抚之事，突然闻讯揭阳县城已被九军攻陷，城中官吏士绅均遭九军斩杀，老母亲也被九军扣留为人质……

许国佐闻讯，顿时五脏崩裂，昏倒在地。醒来时痛不欲生，立刻辞别众官，飞身上马，快马加鞭，直奔揭阳。

刚到揭阳，只见残垣倒塌，尸骸遍地，烟火未熄，四野成灰……他顾不了许多，只想直闯敌营，以身换回亲娘，若能如愿，虽死无憾；若为救母而被迫屈身事贼，则宁死不从。

许国佐来到榕江，北河横亘眼前，波涛滚滚。此时正值劫后，途中行人稀少，江面舟楫绝迹。许国佐救母心切，挥鞭策马跃下寒冷的江波之中，双手拉紧缰纯，随马泅渡过河。

许国佐终于策马冲进桃都山前九军大寨。刘公显得知许国佐到来，立刻恭身出迎，厚礼相待，百般劝其归顺，共举反旗，许国佐誓死不屈从。

刘公显深知许国佐乃辅国贤臣，忠孝驰名江南。若欲召令百粤，非此人莫属，便把许国佐囚禁起来，厚礼款待，意图慢慢瓦解他的意志。

后来，揭阳百姓聚众密谋劫狱救出许国佐，不料计策被九军密探侦破。

于是刘公显将许国佐杀害。许国佐被害时年仅42岁。这时，隐居在桑浦山下玉简峰的辜朝荐，闻知许国佐被杀的噩耗，顿时义愤填膺，用剑在峰前石崖之下凿下四个大字：天绝南臣。

一碗肉汤彰显赤子孝心

老一辈无产阶级革命家李先念，早在1927年就加入了中国共产党。曾经驰骋沙场的他是小一辈心目中的英雄，大家平时看到的都是他英武的一面，其实他对亲人也有着细腻而深沉的感情。这篇故事中那一碗来之不易的肉汤就承载着他的一片赤子之心。

那是1931年10月中旬，上级通知，要求县以下各级党员干部带头参加红军，以此来粉碎敌人的"围剿"。为此，湖北省鄂豫边区陂安南县委、县苏维埃政府在庙咀湾召开全县"扩红"大会。那时李先念是陂安南县苏维埃政府第一任主席，他就第一个报名参军。

为了让参军的青年们在出发前能吃顿好饭，新任县委书记郭述申派人买来一头肥猪和一大缸米酒为大家送行。然而马上就要开饭的时候，李先念却被上级派来视察工作的人找去谈事了。难得开荤，李先念却未能赶上同大伙一起就餐，细心的县委书记就特意让人给他留了一碗米酒和一碗肉汤。李先念回来后看到这些也很感动。

那时人们一年也难得沾一回荤腥，一碗普通的肉汤，在当时胜过现在的山珍海味。但是李先念捧着那碗香喷喷的肉汤，却舍不得喝上一口。他想起在家的父母好久都没吃到肉了，就把肉汤留下给父母喝。然而部队就要远行，他又抽不出身，于是托付通信员："你辛苦一趟，给我父母捎个信，就说部队要远行了，我工作忙，不能向他们告别，让他们保重身体，不要为我担忧。另外，把这碗肉汤带去让他们尝一尝。"

李母见到肉汤，知道儿子参加了红军就要远行。她顾不得喝汤，急忙出去为儿子送行，通信员怎么也拦不住。当她气喘吁吁赶到庙咀湾时，李先念已带着队伍出发了。李母站在山坡上，眼望远去的部队，久久不肯离去。从这天起，红军的行踪、战斗的胜败、儿子的安危，无时无刻不牵动着母亲的心。

1932年8月的一天，李先念带领红军打回来了。李母听到这个消息，万分激动，放下手里的活计，带着家里的全部积蓄上路去找儿子。

那时候李先念已是红四方面军第四军第十一师政委，正在与敌作战。正当他率部队与敌人打得难解难分时，通信员跑到李先念跟前说："李政委，你母亲来了！"

李先念回头一看，母亲正在弥漫的硝烟中疾步向他走来。他一着急不禁火冒三丈，厉声吼道："娘，打着你怎么办啊！快下去！"子弹就在他们身边飞过，母亲望着两眼发红的儿子，仍旧不顾一切地凑上去，她轻轻地拍了拍儿子身上的泥土，然后从衣袋中掏出两块银元，装进儿子的口袋，这就是她千里迢迢为儿子送来的全部家当。

知道儿子军令在身，做母亲的没有多说什么就离开了战场。战斗结束后，李先念也没来得及跟母亲话别，就抓紧时间带领部队转移了。颠簸的途中，李先念发现口袋里有东西叮咚作响，摸出一看，才发现母亲给他的两块银元。母亲慈爱的样子顿时浮现在他眼前，他不禁潸然泪下。

自古忠孝不能两全，这次战场一别，竟是李先念与母亲的永诀。孝子心，慈母情，全都融入了那一碗肉汤，凝结为这两块银元，永久流传。

"笑星"是用孝心炼成的

对于牛群来说，1988年是让他刻骨铭心的一年。在这一年的年初与岁末，牛群经历了他生命中的大喜大悲。

凭借相声作品《领导冒号》，牛群第一次登上了中央电视台的春节联欢晚会，演出取得了巨大成功。"领导，冒号"成了当时社会上的流行语言，"牛哥"也成了牛群的代名词，走到哪里，他都会被认出来，无数的观众追着牛群索要签名，并且合影留念。

牛群的"笑星"之路便从这一年的春节开始，出了名的牛群开始在全国各地演出。但就在1988年快要过完的时候，人生的悲痛袭击了牛群。12月13日，牛群在广州演出，就在要登台表演相声的时候，突然获知了母亲去世的消息。噩耗传来，犹如晴天霹雳一般，牛群蒙了，但是他仍然强忍着泪水完成了演出。他说自己不知道是如何将那个相声说完的，但是他记得台下的观众没有乐。母亲临终时，自己不在老人的身边，牛群说这是他一生的遗憾。

牛群兄弟姐妹六个，他最小，排行老六。在他11岁时，父亲就离开了牛群。是母亲辛苦地把自己拉扯大的，牛群与母亲的感情非常深厚。牛群从小就是一个很孝顺的孩子，非常听话。1970年，21岁的牛群参军入伍。刚进部队时，每个月只有8块钱的津贴，即使训练再辛苦，牛群也舍不得多花一分钱，他要把这些钱好好地攒起来。

牛群会将每三个月积攒起来的钱，寄给母亲，一次寄16块。每年给母亲寄四次钱，是牛群刚当兵的那几年怎么也不会忘记的事情。而随着牛群待遇的提高，给母亲寄钱的数额和次数也相应地多了起来。后来每月一领到工资，他就跑到部队邮局给母亲汇款，到1987年的时候，每月寄给母亲的钱数已经上升到35块了。

无论走到哪里，牛群心中总是牵挂着母亲。每次从部队回到家里，牛群都会靠在母亲身边诉说自己在部队里的事儿。要是冬天，牛群就先用身体把被褥焐热，再让母亲入睡。他和母亲同睡一个被窝，牛群会把母亲的双脚放进自己的胳臂弯里，给母亲取暖。1988年，母亲病重，为了不影响到牛群的工作，她让牛群的哥哥姐姐瞒着不告诉他，想牛群的时候，她就用手使劲地抓褥子。牛群回家后，伤心地看到褥子被母亲抓坏了好几个洞。

对于孝道，牛群有自己的理解，世间的儿女怎么报答父母恩情呢？牛群说："只要把父母当成孩子养，天下父母都会开心。"一次做客山东卫视的一档节目时，牛群声泪俱下地说："爸妈，来世我还要做你们的儿子。"让在场观众无不为之动容。

二

【原文】

"《诗》①云：'恺悌君子②，民之父母。'非至德③，其孰④能顺民，如此其大者乎⑤？"

【注释】

①诗：指《诗经》。下引诗句见《诗经·大雅·洞酌篇》。②恺悌：和乐安详，平易近人。③至德：至高无上的德行。④孰：谁。⑤其：助词，在单音节形容词之前，起加强形容、状态的作用。

【译文】

"《诗经》里说：'和乐平易的君子，是人民的父母。'如果没有至高无上的道德，有谁能够教化人民，使得人民顺从归化，创造这样伟大的事业啊！"

【评析】

若想一统天下，实行至德的教化是最佳的方案。因为只有这样才能得到百姓的热切拥护，推行政治也就变得比较容易了。执政者，若能顺着民众的自然天性，加以利用，施行教化，人民不但会像爱父母一样爱他，而且所有的政教措施，都容易实行了。

【现代活用】

留下路标

相传很久以前，在一个偏僻的小山村中，沿袭着一个可怕的习俗：村中的老年人一旦到了不能行走的时候，就得被自己的亲属或村民丢弃到深山密林之中，自生自灭。

村中有个名叫亚醒的穷汉子，自幼丧父，靠母亲含辛茹苦地拉扯他长大成人，娶妻生子。全家虽贫亦乐，母亲那因饱经风霜而布满皱纹的脸上时常挂着笑容。

可是，母亲却有许多奇怪的生活习惯：每日三餐死活都不肯同儿孙们一起吃饭，一定要等到他们全都吃饱之后，才包揽余下的残羹剩菜；几件破旧不堪的衣服穿了十多年，补了又补，就是不肯换件新的。每当儿媳下地干活，她便独自在家照顾孙儿，洗衣煮饭，饲猪养鸡，把里里外外打理得井井有条。有一次，家中丢失了一只母鸡，母亲万分心痛，竟然一连三天不吃饭，用此方式节约粮食，来补偿丢鸡的损失和弥补自己的过失。

由于长期营养不良，积劳成疾，母亲未满60岁便百病缠身。终于有一天，两腿突然不听使唤了。亚醒的妻子见时机已到，便催促丈夫按照村俗将婆婆抛弃到山林中。亚醒虽然心有不忍，但也无法违抗严厉的村规和妻子的命令，只得无可奈何地点头同意，对母亲说："娘，数十年来您为儿受尽千辛万苦，从没过上一天好日子。今天儿想背您老人家到外面游玩。"母亲一听也就点头同意。

亚醒背着老母走了10多里路，来到一座莽莽的深山密林，沿着蜿蜒崎岖的山路，走了进去。不知怎的，母亲在儿子的背上在沿途不时地折断路旁的树枝。亚醒猜透母亲的用意——为事后设法回家时留下路标。为了彻底使母亲迷失回家的方向，亚醒故意四处兜圈子，一直走到天黑，累得气喘吁吁，来到山林深处的一棵大树下才把母亲放下来。

这时，夜幕已笼罩山林，四周一片黑暗，树木闪现出怪影，夜莺不时发出一声悠长凄厉的啼叫，给原本可怕的气氛平添了几分恐怖。亚醒不禁打了一个寒战，怯生生地对母亲说："娘，您口渴了，待孩儿去为您找水来喝吧。"母亲一听，却平静地回答说："儿，不必了。天色已晚，你赶快回家，妻儿们正在苦苦等着你，娘只希望你今后要好好地把孙儿养育成人。"亚醒闻言，心头不由阵阵酸楚，正待转身，母亲又把他叫住，将一盒火柴和一把镰刀塞到他的手中，继续对他说："儿，为娘几十年来在这一带砍柴割草，无数次进进出出，路径总比你熟。此时山深林密，天黑路险，说不定还有毒蛇猛兽出没，你孤身一人是很难走出去的。快用这火柴点起火把照明，握紧镰刀防身，沿着刚才被我折断的路旁小树，平安回家……"听到这里，亚醒顿时犹如五雷轰顶，万箭穿心，两腿不由得一软，扑通一声跪倒在老娘跟前，大哭说："娘，儿真没良心，真对不起您啊！我要背您回去，不管内外有多大的压力和阻力，今后一定要好好地侍奉您老人家。"

· 154 ·

广扬名章第十四

一

【原文】

子曰："君子之事亲孝①，故忠可移于君②；事兄悌，故顺可移于长；居家理③，故治可移于官④。"

【注释】

①事亲：事，侍奉。亲，父母。②移：推移。③居家理：善于料理家事。④官：管理，治理。

【译文】

孔子说："君子侍奉父母能尽孝道，因此能够将对父母的孝心，移作奉事君王的忠心；奉事兄长知道服从，因此能够将对兄长的服从，移作奉事官长的顺从；管理家政有条有理，因此能够把理家的经验移于做官，用于办理公务。

【评析】

从另一个角度来看孝就是忠，说明可以尊敬长于自己的人，能够处理好家庭事务的人，便能够治理好一个国家。

【现代活用】

母贤子孝

从前，慈城有个品学兼优、知书达理的女子，名叫三娘。她从小十分孝顺父母，敬爱兄嫂，对待亲戚邻居更是仁慈友善，大家都十分敬佩她，称赞她是个"贤孝女"。

因为三娘的贤德淑慧远近闻名，因此未满15岁，四方慕名而托媒前来求亲的人家几乎把门槛给踏塌了，三娘却一一婉言相拒。直到18岁，她才出人意料地嫁给一个丧偶的秀才，名叫薛广。人们对此百思不解，可是三娘却自有主张。

原来，薛广是个出名的孝子和仁人君子，为人忠厚诚实，乐善好施，既有满腹经纶，又有菩萨心肠。只可惜父母早丧，妻子年纪轻轻又不幸病故，家中遗下一个3岁独子，名叫倚哥。为照顾儿子，薛广便大胆托媒试着向三娘家提亲，焉知三娘全家立即满口答应。原因是，一来敬重薛广的人品；二来怜悯其家境，除此别无他图。

三娘嫁到薛家，将家里的里里外外都打理得井井有条，对丈夫关怀备至，待儿子更是疼爱有加，胜如己出。因此夫妻相敬如宾，感情甚笃，一家三口温馨和谐，四邻和睦，其乐无比。

谁料半年之后，薛广上京赴试，不幸半途身染风寒，一病不起，竟然客死他乡。当书童赶回慈城报丧时，犹如晴天霹雳，三娘顿觉天旋地转，悲痛欲绝，哭昏倒地。

三娘被邻居救醒后，书童含泪对她说："家主临终之时，再三拜托主娘一定要管教好倚哥，把他养育成才。"

三娘强忍失夫之痛，咬紧牙关把三间房屋卖掉，把所得的小部分款项周济年迈贫穷的双亲，大部分则留存起来，作为倚哥长大读书的费用，自己则搬到村边搭起了一间茅屋居住，又当爹又当娘，起早摸黑拼命干活，决不改嫁，并发誓把倚哥养育成人。倚哥虽小，却十分懂事，对母亲百依百顺，不管母亲做什么，他都紧跟在她身边学着、帮着。

转眼过了3年，三娘不管学费昂贵，把倚哥送到城里一个师资最好的学馆读书，自己却经常靠吃糠咽菜度日。小倚哥深知母亲为了他的前程而含辛茹苦、节衣缩食，因而读书十分刻苦用功，各科成绩都在全馆名列前茅，深获先生的赏识。倚哥每次放学回家，三娘再累，也要认真检查儿子的功课。倚哥夜读，三娘始终都要陪伴在儿子身边，加以辅导指点，由此，倚哥学业突飞猛进。

一个周末的午后，倚哥在回家的路上，捡到一个钱袋，高高兴兴地跑回家中,一进门便大声喊着:"娘,您看这是什么?今后咱俩再也不用吃那么差,穿那么破了。"三娘闻言接过布袋,打开一看,里面是许多碎银子和铜钱,马上对着倚哥严肃地说:"儿呀,你看这个钱袋这么破旧,肯定失主是位穷人。他把这袋子扎得这么紧,一定非常需要这些钱。自古道:壮士不饮盗泉之水……"

倚哥一听,顿时笑容全消,沉思片刻之后说:"娘,我知道该怎么做了。"说完,原封不动地拿起钱袋,一溜烟跑出了家门。

倚哥回到原来拾到钱袋的地方,等待失主前来认领。一直等到太阳落山,才见到一个须发苍白的老人神情十分慌张,低着头一路而来,好像寻找什么。倚哥赶忙上前向老人问明缘由之后,把钱袋还给他。老人当时感动得热泪盈眶,胡子抖动,向倚哥千恩万谢地说:"好小哥,这钱是我两天来东挪西借为我老伴急治重病的救命钱啊!"

十多年后,倚哥考中了进士,被朝廷派往地方当税官。上任的第三天,刚好是三娘的40寿辰,可谓是双喜临门,许多亲友都备办礼物前来庆贺,齐声称赞倚哥。然而,倚哥却只是笑笑而已。三娘则连声感谢诸亲友历来对她母子的关怀和支持,把那些贵重的礼品全数退还亲友后,吩咐家人备办些简单的饭菜招待客人。

倚哥以前有个同学,后来弃文随父经商,那天也特地赶来庆贺。主宾经过寒暄之后,倚哥接过同学的礼品——两个特大的面制品寿桃,觉得分量格外沉重,便吩咐家人当众切开请客。同学见状急忙连连摆手,示意不可。但说时迟,那时快,家人已手起刀落,只听"咔嚓"一声,寿桃裂开处,露出许多白花花的银子,在场众人见状都怔住了。倚哥正色对这位同学说:"某君,咱俩同窗数年,明人不做暗事,如此大礼,恕我无福不敢接受。"说完,便把两个寿桃退还与他。三娘在旁,看在眼里,乐在心头,暗暗庆喜儿子没有辜负她的苦心教养。

事后,倚哥猜想这位同学如此所为,若非借着同窗关系要来巴结,便是另存动机,前来打通关节。于是,便派人对他家进行缜密侦查。结果,果真查出他父亲历来通过官商勾结,偷漏了不少税款。倚哥便依法追缴他家所欠的税款和应受惩罚的滞纳金。如此一来,倚哥声威大震,再也没有人敢偷税和前来行贿了。

倚哥收税,都在地上放着几个箱子,先对商户的税金认认真真地点清之后，再清清楚楚地记账，最后让这些商户各自主动地把税款放进箱子里。收税完毕，便把箱子当众封好，送往国库。商家们都非常佩服他说："俺经商多年，从未见过像老爷您这样收税的。"倚哥答道："本官自幼深受娘亲教诲，为人做官都必须清清白白，否则，银子不仅会弄脏了手，玷污了心，败坏了声名，还会葬送了前程。"

倚哥为了方便娘亲用水，特地命人在自家院子里打了一口井，井水终年清澈甘甜。有一年，当地久旱，全村的水井都几乎枯竭，唯独他家这口井清泉依旧涨满。三娘便大开院门，让全村的人都来她家取水。如此一来，取水的村民拥挤不堪，三娘干脆命人把院墙拆除，方便乡亲。倚哥知道之后，大力赞颂娘亲的善举。

倚哥时刻牢记娘亲的教导，官越当越大，一生为百姓做了很多好事，深受百姓赞扬。当地人为了纪念这对慈母孝子，不仅将他们的故事历代传颂，至今还保留着这口古井，并命名为"三娘井"。

忠孝两全的赵一德

在中国历史上能够做到忠孝两全的人是少之又少，但常常被后世提及的元朝人赵一德就是一位这样的人。

至元十二年，也就是元朝初年，赵一德被元朝人俘获并送到了燕京，之后，他就做了郑留守家中的奴仆。他在郑留守家一待就是很多年，中间经历了忽必烈、铁穆耳和海山三个皇帝。等到武宗做皇帝的时候，赵一德才突然想到，时间过得真快，竟然过去了34个年头了，他的思乡思亲之情忽然大增。眼看着皇帝都换了四个，主人郑家也都有了两代主人，赵一德就向主人郑阿思耳兰请求回家省亲，说道："一德自去父母，得全身依靠你们家，三十余年了，故乡万里未获归省，虽思慕刻骨，未尝敢言。今父母已老，倘有不幸，则永为天地间的罪人矣。"主人郑阿思耳兰母子二人听了赵一德的话后，非常感动，就给他一年的假期，叫赵一德返乡省亲。

赵一德一路走来，到了南昌附近建昌的家时，得知父亲和长兄都已经去世了，家里只有80岁的老母亲还在。于是，赵一德就为父亲和兄长找了一处风水较好的墓地，把他们安葬了。赵一德本想多在家里待些时日，又担心超过主家规定的一年期限，只能匆匆地如期而返了。到了北京，郑阿思耳兰母母子见赵一德按时回来了，又听说了他家里的情况，深受感动，就废除了赵一德的奴隶身份，叫他回原籍侍候母亲。

赵一德非常高兴，但就在他准备回老家的时候，出了一件意外，当时有人告发郑阿思耳兰和他的兄长等共17人企图谋反。当时朝廷内外虽然都觉得这件事不可能，郑阿思耳兰是被冤枉的，但就是没有人敢出来替他们申冤。郑阿思耳兰家里的财产全被没收了，仆人各自逃走，只有赵一德等少数人留了下来，替主人申冤。经过赵一德等的努力，朝廷终于为郑阿思耳兰昭雪平反了。等到郑家平反之后，太夫人对赵一德非常感激，说："当吏籍吾家时，亲戚不相顾，汝独冒险以白吾枉，疾风劲草，于汝见之。令吾家业既丧又复存者，皆汝之力也，吾何以报？"郑家准备送给赵一德田产和房屋，作为对他的报答，但是赵一德婉言谢绝，回原籍侍候母亲去了。等到新皇帝即位后，朝廷特下诏书，旌表赵一德的家门。

这件事就是《元史》中两个著名的典故，一是"思慕刻骨"，就是赵一德对母亲尽孝；另一个就是"为主申冤"，就是赵一德忠于主人，替主申冤。这两者体现在赵一德身上，就是忠孝两全。

孔繁森忠孝两全

1988年，组织上基于工作的需要，选派孔繁森第二次进藏。孔繁森是个孝子，平时只要工作不忙，他总要抽出时间与老母亲聊聊家常，与妻子争着照料母亲。可这时，孔繁森的母亲已经87岁了，因为生病瘫痪在床，生活不能自理。妻子儿女希望他留在山东工作。孔繁森心里也渴望能留在老母亲身边照料老人家，但想到西藏地区更需要党的干部，孔繁森毅然表示服从组织安排。临走那天，孔繁森默默地走到老母亲床边，望着母亲那头稀疏的白发，沉默了好久才轻声地说："娘，儿又要出远门了，到很远很远的地方去，要翻好几座山，过很多条河。"

"不去不行吗？"年迈的母亲拉着他的手，舍不得他走。

"不行啊，娘，咱是党的人。"

"那就去吧，公家的事误了不行。多带些衣服，干粮……"

想到这一去可能再也见不到年迈多病的母亲的面了，孔繁森抑制不住内心的感情，"自古忠孝难两全，娘，您多保重！"说着，孔繁森跪在地上，给母亲深深地磕了个头。

挥泪告别老母亲，孔繁森来到西藏，担任了中共阿里地委书记，立即投入了繁忙的工作。每当夜深人静，孔繁森总会想起远在千里之外的家人。为了党的事业，孔繁森把对亲人的感情深埋在心底，"老吾老以及人之老"，他把藏族人民当作自己的亲人。

一次，孔繁森冒着刺骨的寒风来到拉萨市的一所敬老院看望那里的老人。他拉着老人们的手，热情地嘘寒问暖。当他走到一位叫琼宗的老人面前时，发现老人脚上穿的鞋子破了。孔繁森弯下腰去，脱下老人脚上的鞋子，发现老人的脚被冻得又红又肿，孔繁森心痛地把老人的脚放在自己的怀里，敞开一个共产党员的炽热胸怀，用体温去焐热老人冻僵的双脚。在场的人无不感动得热泪盈眶。

一天，孔繁森在雪花纷飞的野外看到一位藏族老阿妈把外衣脱下，盖在风雪中哀号的小羊羔身上，她自己单薄的身子却在零下二十多摄氏度的严寒中瑟瑟发抖。刹那间，孔繁森的眼泪涌了上来，他用手捂着脸，猛地转身回到越野车上脱下自己的一套毛衣毛裤，把还带着体温的毛衣披在老阿妈身上，老阿妈激动得久久说不出话来。孔繁森曾经说过，只要看见藏族的老人，他就会想起自己的母亲。

二

【原文】

"是以行成于内①，而名立于后世矣②。"

【注释】

①是以：因此，所以。②立：树立。

【译文】

"所以，在家中养成了美好的品行道德，在外也必然会有美好的名声，美好的名声将流传百世。"

【评析】

自古以来就有很多人把名誉看作是自己的第二生命。因此古人教育人们首先要立德、立功、爱护名誉，然后再把忠孝大道推行到极点。在古代先贤们的眼中，名誉就是德行。德是"明之实"，君子视"无实而名"为可耻的。德是根本，名是果实。

【现代活用】

孝女续父遗愿

蔡邕是东汉末年的一个名士，他学识渊博，精通经史、音律、天文，又以文章、诗赋、篆刻、书法闻名于世。后来因为依附于董卓，在董卓被杀后，他也被关进监狱，后来死在狱中。临死前，他希望女儿整理自己平生的著作。

蔡邕的女儿名叫蔡文姬，自幼好学，博学多才。一次，她听到父亲在书房里弹琴时把琴弦弹断了，就走出来说："父亲，是不是琴的第二根弦断了？"父亲以为她是偶尔猜中，在她离开后，故意把第三根琴弦弹断，又问女儿，结果文姬回答得一点不错。

文姬对父亲十分孝顺。父亲平时写字，她就站在一旁帮父亲研墨。父亲生病了，她就亲自煎熬汤药，日夜侍奉。

文姬长大嫁了人，不久，丈夫去世了，她又回到了父亲身边。父亲死后，母亲一病不起，不久也去世了。文姬孤身一人，专心整理着父亲的遗著。

不久，由于战争影响，蔡文姬不得不到处流亡。那时候，匈奴兵趁火打劫，掳掠百姓。有一天，蔡文姬碰上匈奴兵，被他们抢走。匈奴兵把她献给了匈奴的左贤王。打这以后，她就成了左贤王的夫人。

蔡文姬在匈奴住了12年，生下了一男一女两个孩子。虽然过惯了匈奴的生活，她还是十分想念故国，经常对月弹琴，用琴声寄托对父亲的思念之情。

公元216年，曹操统一了北方，他想起了老朋友蔡邕有个女儿还在匈奴，就派使者带着丰厚的礼物到匈奴，要把她换回来。

左贤王不敢违抗曹操的意志，只好让蔡文姬回去。蔡文姬能回到日夜思念的故国，继续整理父亲的遗著，当然十分愿意，但是要她离开在匈奴生下的子女，又觉得悲伤。在这种矛盾的心情下，她写下了著名诗歌《胡笳十八拍》。

12年过去了，蔡文姬又一次回到了中原的土地上。在长安郊外父亲的墓前，她放声大哭。她在父亲的墓前发誓：“我一定遵从父亲的遗愿，整理您的遗著，否则我就真的成了不孝的女儿。”

蔡文姬到了邺城，曹操看她一个人孤苦伶仃，把她嫁给一个叫董祀的都尉，还送给他们一所房子和两个奴婢。

一天，蔡文姬前来答谢曹操。曹操问她：“听说夫人家有不少蔡邕先生的书籍文稿，现在还保存着吗？”蔡文姬感慨地说：“我父亲生前写了四千多卷书，但是经过大乱，全都散失了，不过我还能背出四百多卷。”

曹操听到她能背出那么多，高兴地说：“夫人真是一代才女！你要把它们写出来，这可是一笔宝贵的精神财富啊！”

后来，蔡文姬在家中悬挂起父亲的画像，花了几年时间，把她所能记住的几百卷书都默写下来，实现了父亲的遗愿。

滴水之恩，当以涌泉相报

1992年阳春三月，贵州省兴仁县刚结婚的25岁农村青年余永庄、韦一会夫妇外出打工，在被喻为"煤海"的安龙县龙头大山，不但没有找到工作，身上带的一千多元钱还被三个歹徒洗劫一空。

夜幕徐徐降下，在空旷的矿山上，听着呼啸的山风，两个人感到前所未有的孤独无助，禁不住抱头大哭……一位正赶牛下山的老人轻轻地拍了拍余永庄的肩膀："孩子，哭啥？"听着这既朴实又厚重、温暖如父爱的声音，余永庄抬起头，向老人诉说了他们的遭遇。

"我家住在山下，你们可以先到我那里住下。"老人同情地说。余永庄夫妇立即给老人磕头，随着老人下山，来到他的茅屋里。交谈中，余永庄得知老人名叫黄选文，已经70多岁了，他老伴名叫李桂兰，小他两岁。李桂兰端出热气腾腾的晚餐，还专门给他俩各煮了一碗暖身子的荷包蛋。两天一夜没吃上一口东西的余永庄夫妇埋头一阵狼吞虎咽，吃着吃着，泪水落了下来。余永庄握着黄选文的手说："黄伯伯，我一辈子也不会忘记这顿晚饭。"

第二天，黄选文放下手中的农活，带着余永庄夫妇上矿山找工作，由当地人出面，二龙山煤矿收下了他们，余永庄下井采煤，韦—会在井外打杂工。

余永庄夫妇由于忙着打工挣钱，很少下山看望黄选文、李桂兰两位老人。偶尔下山一次，李大娘总是忙前忙后给他们烧水做饭，热情得像久别在外的亲人回家团聚。身处异乡的余永庄夫妇感受到浓浓的人间真情。

1997年12月，打了五年工的余永庄夫妇有了数万元积蓄，准备返回家乡，另谋发展。临行前，他们到小镇上买了大包小包的食品向老人告别，推开门，眼前却是一片凄凉的景象：两位老人瘫痪在床，痛苦地呻吟着，屋里没有火，缸里没有水，锅里也没有米……

黄选文紧紧地拉住余永庄的手，老泪横流。原来，夫妇两人同时患了脑血栓，瘫痪在床，养子黄江此时翻脸不认"爹娘"，将秋收的粮食全部卖掉后，扔下二老带着妻子走了。老人万念俱灰，两次想自杀，都被人及时发现，救了过来。

余永庄夫妇赶紧生火烧水给两位老人洗澡、做饭。之后，他们又跋涉二十多公里山路，赶到镇医院给老人开药。

余永庄原打算第二天启程回家，这下却犹豫了。他想，要想"缝补"老人那颗破碎无望的心，唯一的办法就是尽儿女之孝，使老人安度余生。他对妻子说："干脆，我们留下来做他们的儿子和媳妇吧！"

"你和我想到一块儿了，我也是放心不下两位老人，他们对我们有恩，我们不能忘恩呀！"

第二天，余永庄让妻子留下照看老人，自己一路直奔兴仁的老家。回到家，余永庄把自己初上矿时的情景和眼下黄选文夫妇的境况以及自己的想法向父母说了。

父母十分同情黄选文夫妇的遭遇，对余永庄说："孩子，虽然我们把你拉扯大不容易，我们也老了，也希望你和媳妇在身边孝敬我们，可黄选文夫妇比我们更苦。俗话说：'滴水之恩，涌泉相报。'你的想法是对的，我们支持你。"

余永庄被父母的善良仁义和通情达理深深感动了。在家里，他白天拼命地砍柴，手打起血泡仍不肯放下柴刀；晚上给父母洗衣服、搓澡、捶背……离家前他想多做些孝敬父母的事。父母看出了他的心思，催促他说："你快去吧，那边的两位老人还病着呢！"

推开黄选文家的柴门，余永庄拉着妻子来到两位老人的床前，"刷"地给老人跪下说："爸爸，妈妈，以前你们待我们如亲人，现在我们来给你们做儿子、媳妇，为你们养老送终！"两位老人愣了半晌，哆嗦着嘴不知说什么好，两行热泪长流不止……

余永庄夫妇取出五年来打工挣的数万元钱，找来板车将两位老人抱上车。余永庄在前面拉，韦一会在后面推，踏上了一边打工谋生、一边四处寻医为老人治病的艰难路。

一晃两年多过去了，这期间余永庄夫妇拉着两位老人跑遍了周边的大小医院，终于在一名老中医的治疗下，两位老人奇迹般地能下地走路了！

又过了两年，两位老人在余永庄夫妇的孝养之下，走完了漫漫人生路，先后离世。送葬那天，余永庄夫妇行孝子之礼，眼里噙着泪，三步一跪，一直跪到巍巍的云盘山极顶……

孝子程前

对于程前，1996年是多灾多难、备受煎熬的一年：生父程之刚刚离他而去，刚主持完1995年的春节联欢晚会、正在录制第300期"正大综艺"节目，程前又惊悉养父身患肺癌的消息。以后的两个月时间里，程前搀着养父、背着养母（养母粉碎性骨折），从广州、北京到上海，住院转院，往来奔波。其间，养父经一次大手术，六次临危抢救，程前夜不解衣，食不甘味，殷殷侍奉养父于病榻之侧，竭尽人子之孝。

耳闻目睹程前这般孝行的人们，无不击节赞叹：程前，孝子！

众所周知，程前的生父是著名电影演员程之。在程前未满月时，不知程家有了何种变故，小程前被过继给他的二伯父程巨荪做儿子。风风雨雨人生路，程前在养父母的百般呵护下长大成人，直至十六七岁，他才知道自己的身世，才知道他一直唤作"三爸"的程之是自己的生父。但他对养父母那融进血脉的爱已不能割舍。

在赶录第300期"正大综艺"时，程前接到广州来的电话，得知养父患了肺癌，眼泪当时就汹涌而出。他不能相信，他的慈爱善良的养父，他的历经磨难、刚刚过上几天好日子的养父，怎么就会得这样的绝症。讨论节目时，他依然忍不住声音哽咽。

录完节目，他赶往广州，接养父养母来京。他将养父安置进京郊的肺结核中心，随后是一天一次的往来探视。在病房里他陪着养父聊天，直到养父催他走，他才满心不舍地回单位。

那次，他赶往上海录制节目，飞上海前，他买了一大堆点心，买了电视、录像机和一部手提电话，搬进养父的病房。一向达观、乐天的养父打趣程前："你不是想把我武装到牙齿吧？"程前也笑："电视方便你看节目，电话方便我跟你联系，我们是各有所需嘛！"停了会儿，程前说："爸，其实你这病真的没什么。你是个好老头，一生行善，佛经上不是讲'多种善因，必得善果'吗？佛祖会保佑你的。再说你身体那么结实，年轻时还是国家三级运动员哩，肯定没事。"养父眼神明澈，语调很轻松："傻孩子，我知道我没事，我心里比你还有数。"程前闻言，感到特别心安。

坐在飞机上，他想：医院里误诊的事常有，看爸的情形，真的挺好，或许真是误诊。心里这么念叨着，到了上海。可究竟还是放心不下。主持节目之余，他多方联系。回京后即将养父转至上海胸外科医院。但在这里的诊断结果，却在程前紧绷的胸口上重重地击了一拳：原诊断无误，确系肺癌，而且是晚期，这已经是目前世界上任何一种先进的药物和手术都无力回天的绝症了。程前心中大恸，悲忧愁苦，难以言状。

不久，一位中国有名的支气管手术专家亲自主刀，为养父做了手术。养父的喉管被切开，从此程前再也听不到养父慈爱的唤儿声。

被切开了喉管的养父依然保有一个睿智老人的达观和风趣。他改用手势、目光和笔与程前交谈，他的乐天知命与神闲气定，让程前大为感动。他坚定地相信，他的养父会挺过来的。所以，虽频繁地往来于北京与上海之间，他却没有常人的那种疲累之感。每次从机场赶到医院病房，他就大声地跟养父对话。有时，俩人既不打手势也不用动纸笔，只是默默相对，有时，两人会同时发出会心的一笑。那情景，既温馨又感人。来打针的护士，这时便凝神驻足，看着这对奇特的父子。

对给自己做完检查、打完针的医生、护士，养父会竖起右手拇指摇动几下，医生护士们不明白，程前就上前翻译："我爸说有劳你们了，谢谢！"后来，医生、护士们就熟悉了这特殊的致谢方式，每回总要回上一句："老先生不客气！"养父于是以为自己又能跟别人正常交流了，于是很得意。

养父的头发长得快，程前不在时，拖着伤腿在病房照料的养母要请人帮着理理。养父坚决地摇头，用笔在纸上写：等小久（程前的小名）来！程前来了，小心地给养父理发。理完了，就拿来一面小镜子，对着镜子说："看，我老爸多年轻，多英俊！"养父很开心，很兴奋。

术后的养父体虚力弱，连大便都解不出来。每次解大便都跟受刑似的，还得养母和护士帮忙。程前在时，总是支开养母和护士，自己一个人做。他小心翼翼地抠着燥结成团的大便，生怕手重弄疼了养父。养父便后就很歉疚地看着养子。程前在养父耳畔大声说："爸，你怎么了？难道我不是你的儿子吗！"养父使劲点点头，背转身，用袖口悄悄抹一把纵横的老泪。

在陪护养父的两个月时间里，程前没有在床上睡过一次觉。夜里，他和衣趴在养父的床头。养父一点点细微的响动，也能叫他立刻睁开眼睛。像呼吸机这类抢救器械，他已经能够熟练地操作和使用了。所以，程前陪护的晚上，值班护士一般都很省心。

在胸外科医院，养父住的是华侨病房，程前还专门包下了一间监护室，花销昂贵。每回见医生，程前总要恳请人家给养父用最好的药。医生多次委婉地告诉他："如此花费其实并无必要，因为病人实在已无恢复的可能。换作别的病人家属，早就放弃治疗了。""放弃？"程前怪异地瞪着医生，"这怎么可能？只要还有口气在，就不能排除有治愈的希望！不，我决不放弃！"医生叹口气，走了。事后，那位医生逢人便说："知道那个程前吗？难得的孝子！院里院外的许多人就想着法子来看他一眼，不是看名人程前，而是看孝子程前。"

养父临终前先后急救过6次，每次都是面呈紫色，已经濒危，但前5次都在程前的呼唤和亲吻中，呼吸慢慢通畅。程前甚至以为，定是神灵们感应到了他的祈盼，暗中护佑了他和他的养父。"爸，你要坚强！"程前叫道。养父就微笑着，吃力地点点头：傻孩子，哭什么？我不是挺好吗！

然而这一次，养父没有如程前期望的那样醒来。此刻，养父的脸色一点点变紫，瞳孔开始放大，目光散乱，但仍努力地四处辨认着、寻找着，最后，定格在他最至亲的养子脸上。呆呆地，就那么一直望着。

"爸，你要坚强，你会挺过来的……"程前心如刀绞，俯身在养父耳畔，一遍遍地嘶喊。见养父毫无反应，他便像往常那样，抱着养父瘦削的肩，在他脸颊上不停地亲吻。好多次了，养父都是在濒危的关头，在养子嘶声的呼唤和热切的亲吻中，神智渐渐恢复过来。但这一次养父的脸色和神智，却没有一丝好转的征兆。脸上那层灰暗的紫色，愈聚愈重。

养父的嘴唇很轻微地动了一下，目视程前。程前明白了，急忙将桌上的假牙拿来给养父安上。养父艰难地扯动嘴角，挣出一丝笑来。"爸，你还有什么要说吗？小久在这里，小久听你的话，你说呀，说呀！"程前喊着。养父微张着嘴，一动不动。

主治医生走上来，轻声说："病人已经不行了。""不，我爸没事，他还有话要跟我说。"程前大喊。医生无语喟叹，退到一边。"爸，你怎么不说呀？"程前急切地呼叫。突然，他站起身，拿来纸、笔，"爸，我写给你看，咱们笔谈！""您是让我事业更努力吗？"程前写完将字拿到养父眼前；养父艰难地摇摇头，用温存的目光告诉程前：你是个好孩子，我知道你会努力的。"照顾好妈妈？"程前再写。养父又摇头：你自幼孝顺，怎么会照顾不好妈妈呢？"婚姻的事？"这次养父点了点头，嘴角挣出最后一丝笑意。双唇慢慢闭拢，眼睛缓缓阖上。

在阖上双眼的瞬间，老人右手的拇指在程前的手背上轻轻按了两下，这是只有程前才明白的两句话："好孩子，我心暖。""我很满足。谢谢！"

程前紧紧握住养父的手，怔了大半晌，好像并不明白已经发生的事情，蓦地，爆出一声悲呼："爸，你别走，小久在这里，你回来！回来！"程前在养父的脸上不停地亲吻，泪飞如雨，打湿了老人僵硬的面颊。周围的医生、护士无不动容，病房内一片唏嘘。

1996年5月6日，在上海胸外科医院华侨病房，一位老人病逝了。在他生命最后的日子里，他的养子以一腔孝心，关爱着他，温暖着他，他走得安详而满足。

养父去世的第二天，程前即赶回北京，主持当天的"正大综艺"。上亿的观众看了那期的节目，但是有谁能在金牌主持人程前脸上看出他内心巨大的悲怆和哀痛呢？

谏诤章第十五

【原文】

曾子曰："若夫①慈爱、恭敬、安亲②、扬名，则闻命③矣。敢问子从父之令④，可谓孝乎？"曰："是何言与⑤！是何言与！"

【注释】

①若夫：发语词。②安亲：父母亲安心接受儿女的孝养。即《孝治章》所谓"生则亲安之"。③命：指示，教诲。④从父之令：听从父母的命令或指示。⑤是何言与：这是什么话！是，代词。与，语气词。

【译文】

曾子说："诸如爱亲、敬亲、安亲、扬名于后世等等。已听过了老师的教诲，现在我想请教的是，做儿子的能够听从父亲的命令，这可不可以称为孝呢？"孔子说："这算是什么话呢！这算是什么话呢！"

【评析】

父母的行为也不是百分之百都正确的。一个人难免会犯错误，作为一个孝顺的子女并不代表就一定要父母说什么子女就听什么。在他们犯糊涂的时候要耐心劝诫，做父母的哪有不希望自己的孩子好的呢？只要是委婉真诚的劝导，每一个父母都是深明大义的。

【现代活用】

荀灌娘退敌救父

晋朝愍帝建兴元年，襄阳太守荀崧升调为平南将军，领兵驻守宛城（今河南省南阳市）。荀崧膝下有一个女儿，叫灌娘，此时虽然才13岁，却武艺出众，舞枪如游龙戏水，射箭能百步穿杨。宛城外是一片平原，灌娘整天驰骋在这广漠原野之中，猎射飞禽走兽，常常满载而归。她是父母的掌上明珠，满城军民更对她称赞有加。

有一年的春末夏初，匪首杜曾带领几万贼兵由西域流窜到宛城。当时宛城守军仅有千余人，又值青黄不接的季节，贮存的粮草有限，很难长期坚守，情况十分危急。

匪首杜曾原是官家子弟，因全家遭奸人所害，含冤莫白，便招亡纳叛，落草为寇。起初只想为父报仇雪恨，怎奈招募的匪徒成分复杂，到处奸淫掳掠，骚扰州县，危害很大。经朝廷派兵连番围剿，流窜到了宛城，想占领这个富庶之地作为根据地。

荀崧自忖城中兵微将寡，倘若长此困守，待到粮尽援绝之时，后果不堪设想！思前想后，只有派遣一个智勇双全之人突围出城，驰往临近的襄阳城求救。因襄阳太守石览，原为荀崧的旧部，此时他兵精粮足，雄踞一方，只要他能发兵前来，必可解救宛城之围。满城文武官员十分赞同荀崧的计划，但没有一人愿意担当突围求救的任务。

正当荀崧感叹不已、一筹莫展之际，蓦然间，荀灌娘从屏风后转出，朗声对父亲说道："女儿愿往襄阳投书请援！"荀崧闻言大惊，即时拒绝道："你这么小的年龄，怎能突出重围抵挡贼兵的追杀！"不料灌娘却回答说："女儿虽小，但已练就一身武艺，出其不意，攻其不备，必可突围。与其坐以待毙，不如冒险一试。倘能如愿，则可保全城池和拯救黎民百姓的生命财产。如果不幸事败，不过一死而已。同是一死，何不死里求生，冒险一行呢？"

事已至此，荀崧考虑良久，终于同意了女儿的请求。于是，便选派了壮士十多人，组成了一支闪电突击队，借着夜幕作掩护，一拥而出，向襄阳城飞奔而去。情急马快，穿垒而过，贼兵一时措手不及，眼睁睁地看着一队人马消失在夜幕之中。

一路奔波，这支闪电突击队于第三天的午后抵达襄阳，襄阳太守石览看到老上司的求救信，又听到灌娘的慷慨陈词，对一个13岁的女孩子敢于冒险，突破千军万马包围的精神和胆识，不禁大为感动。他当即发兵，同时修书一封派人昼夜飞驰荆州请太守周仿协同出兵解救宛城之围。

两路大军赶到宛城，与杜曾之贼兵展开激战，荀崧也率兵从城里杀出，三路夹攻，荀灌娘亦挥舞银枪左冲右突，奋勇杀敌。杜曾抵挡不住，顿时兵败如山倒，只得率领剩余的残兵败卒溃退逃窜，宛城之围遂解。

绝笔救父

复生：

你大逆不道，屡违父训，妄言维新，狂行变法，有悖国法家规，故而断绝父子情缘。倘若不信，以此信作为凭证，尔后逆子伏法量刑，皆与吾无关。

谭继洵白

谭继洵是谭嗣同的父亲，复生是他对儿子的称呼。谭嗣同是维新变法的英雄，与林旭、杨深秀、刘光第、杨锐、康广仁并称"戊戌六君子"。

都说父子情深，那么父亲又缘何如此抵抗变法之事，写下如此恩断义绝的家书呢？

当时，中日甲午战争以中国的失败而告终。谭嗣同在浏阳倡办《湘报》，成立学社。之后，他就以学社为阵地，联合志士仁人积极宣传新学，探讨爱国真理，寻求救亡之法。这期间，谭嗣同的才华被光绪皇帝赏识，不久被授予四品衔，与康有为、梁启超等人一起，成为光绪推行新政的心腹参谋。

但新法一开始就遭到以慈禧太后为首的顽固派的激烈反对，他们企图置维新派于死地。事态演变得越来越激烈，到1898年9月21日，赞成维新派的光绪皇帝被囚，百日维新宣告失败。

于是慈禧下令大肆搜捕维新志士，谭嗣同自然在劫难逃。当时梁启超等人劝他一起逃往日本避难，但是被他斩钉截铁地拒绝了。他说："各国变法无不以流血而成，今中国未闻有因变法而流血者，此国之所以不昌也，有之，愿自我开始！"他又对梁启超说："你快走吧，多多保重，将来变法要靠你们了！"

梁启超等人离京以后，北京城内乌云密布，眼看一场更大的风暴即将来袭。

谭嗣同早已将个人安危置之度外，但他知道清政府一贯厉行"一人犯法，累及家族"的株连法，想到自己被捕后定会累及七十多岁的老父亲，他顿时心如刀割。父亲是他唯一的亲人，早在谭嗣同12岁的时候，他的母亲和姐姐、哥哥三人均病死于一场瘟疫，母亲临死前对他说："你父亲脾气倔强，我死后你要好生顺着他，照顾他。"在母亲病故之后，谭嗣同也感染了瘟疫，一连三日高烧不退，父亲到处求医治病，日夜在他身边守护，终于使他逃出了死神的魔爪。现在眼看父亲将因自己而受刑，作为父亲唯一的儿子却束手无策，谭嗣同既心痛又着急。

然而逆境之中显奇着儿，他心中忽然一亮，转身走到书桌前，取出信笺秉笔而书。写好之后，他长长吐了一口气。他将信笺折好放进抽屉后，走到窗前仰天自语："父亲，孩儿有难，决不牵累您老人家，母亲生前重托，我也决不会忘记！"原来他写下的，就是故事开头那封父亲要求断绝父子关系的家书。落款是父亲的名字，笔迹是父亲的笔迹，不过这一切都是谭嗣同为了搭救父亲伪造的。

果然到了第二天，一队清兵冲进浏阳会馆抓谭嗣同，还四处搜寻书房里的"罪证"。这时，谭嗣同看到书桌里那封伪造父亲笔迹的信笺被清兵搜到，心中的石头才落地，父亲终于有救了，他也可以安心地走了。

1896年9月28日下午，北京宣武门外菜市口大街刑场上发出震撼天地的疾呼："有心杀贼，无力回天；死得其所，快哉快哉！"谭嗣同英勇就义。

而那封使父亲幸免于难的书信，也成为谭嗣同的绝笔。

对父母"强迫"的孝心

金巧巧是知名的青年演员，沈阳人，她的父亲和母亲都是高级知识分子——大学老师。由于严格的家教，金巧巧从小就养成了自立的个性和坚强的性格。幼儿时期，父母就送她学习芭蕾舞，小脚常常被磨得血肉模糊，但懂事的金巧巧总瞒着父母，想方设法不让他们看见。有一次，妈妈偶然看到了金巧巧发肿的小脚丫，心痛得直掉泪，可乖巧的金巧巧却学着大人般的口吻安慰妈妈说，一点也不疼。当时妈妈真是悲喜交加，为自己养了这么一个懂事、孝顺、疼爱父母的女儿而感到欣慰和自豪。

1994年9月至1998年6月，金巧巧就读于北京电影学院表演系（本科）。从北京电影学院毕业后，金巧巧只身一人在北京奋力打拼，演艺事业刚有起色，她便拿出了自己全部家当，在北京购置了一处房产作为新家，为的是把父母从沈阳老家接过来，好好孝敬二老。

光阴似箭，从1998年到现在，一晃十年过去了，金巧巧一直陪在父母身边，细心呵护、照顾，寸步不离。圈子里的朋友，曾经不解地问金巧巧，和父母住在一起多不方便，为什么不搬出来住？金巧巧说，她从小就和父母住在一起，怎么会感到不方便呢？要是他们不在她身边，她反而担心得不得了。她要每时每刻都看到他们健康、快乐，这就是她最大的安慰和幸福了。为此，金巧巧的爸爸还透露了女儿给他们二老制定的"四强迫"：一、强迫体检。每年春天，女儿都会精心安排好医院和医生，带父母去做例行体检。为此金爸爸还颇有微词，其实，父亲心疼女儿挣钱不容易，自己身体又这么硬朗，何必花这冤枉钱！可金巧巧从不这么认为，她说这钱花得值得，身体健康是革命的本钱。只要父母健康，她就有了奋斗拼搏的原动力，只要父母生活幸福，自己辛苦一点算不了什么。二、强迫上医院看病。每当父母身体稍有不适，总逃不过女儿锐利的眼睛。每到这个时候，金巧巧都会拉着爸妈上医院看病。用金巧巧自己的话说，就是父母的健康是一点也马虎不得的，否则有一天自己会后悔莫及，她不想让自己留有遗憾。三、强迫买衣服。金巧巧平时很节俭，如今还穿着几年前购置的衣服，舍不得丢掉。然而，女儿为父母购置衣着却十分大方，遇见称心合适的衣服就会给爸爸妈妈买回来。她说爸爸妈妈年轻辛辛苦苦操持家庭生活，舍不得穿什么好衣服，如今自己能挣钱了，一定要父母享受享受生活。四、强迫去饭店改善生活。平时，父母的饮食很简单，金巧巧会不时带他们到有特色的饭店换换口味。

金巧巧长大了，到了谈婚论嫁的年龄，每每提及择偶标准，金巧巧总是把是否孝顺双方老人作为挑选另一半的必要条件。金巧巧说，不孝顺父母的人，是丝毫没有责任感的、没有爱心的，这样的男友无论如何她也不会接受。其实不光对未来的男友，对身边的朋友，金巧巧也是这样要求他们的。在她看来，只有对得起父母的养育之情，才能担负起对朋友和社会的责任。

二

【原文】

"昔者，天子有争臣①七人，虽无道②，不失其天下；诸侯有争臣五人，虽无道，不失其国③；大夫有争臣三人，虽无道，不失其家④；士有争友⑤，则身不离⑥于令名⑦；父有争子，则身不陷于不义。"

【注释】

①争臣：直言劝告的臣子。②无道：没有仁政。③国：指诸侯的治邑。④家：指大夫的食邑。⑤争友：能直言规劝的朋友。⑥不离：不失。⑦令名：美好的名声。

【译文】

"从前，天子身边有敢于直言劝谏的大臣七人，天子虽然无道，还是不至于失去天下；诸侯身边有敢于直言劝谏的大臣五人，诸侯虽然无道，还是不至于亡国；大夫身边有敢于直言劝谏的家臣三人，大夫虽然无道，还是不至于丢掉封邑；士身边有敢于直言劝谏的朋友，那么他就能保持美好的名声；父亲身边有敢于直言劝谏的儿子，那么他就不会陷入错误之中，干出不义的事情。"

【评析】

孝不是一味地顺从，孝是建立在走正途的前提下。君亲有了过失，为臣子的，就应当立行谏诤，以免陷君亲于不义。

【现代活用】

目连救母

从前有个叫目连的佛教弟子，他在俗世的母亲叫青提夫人。他们住在西方，家里很有钱，有数不清的牛马。青提夫人为人又小气、又贪心，还喜欢滥杀小动物。丈夫死了之后，她一个人带着儿子过活。这个儿子小名叫罗卜，他妈妈没有善心，他却很有善心，经常施舍穷人，尊重和尚，布施捐钱，每天设素食招待僧人，用心读大乘的教义，从不间断。

有一天，罗卜要出去做生意，先到屋里向母亲告别："儿子要去做生意，挣了钱来侍奉您，家里的钱，我想分成三份：一份我带了去，一份留着您用，另一份施给穷人。"

母亲听了，觉得很符合自己的心意，就让目连去了。自儿子走了之后，青提夫人在家过得十分可心，天天杀鸡宰羊地烧好东西吃，一点也不想儿子，更不要说弄明白自己行动的好坏了。每逢尼姑和尚来的时候，就叫佣人棒打着赶他们出去。看到孤老，就放狗去咬。过了半个来月，罗卜做完生意回来了，在回家之前，他先叫佣人回家报告一声。青提夫人听说儿子回来了，匆匆忙忙地在院里周围挂了彩旗来欢迎，以至于把草皮也踩坏了。过了两天，罗卜回到家，拜见母亲，向母亲问好。青提夫人见了儿子，十分欢喜，说："自从你走了之后，我在家里，经常做善事。"

有一天儿子在邻居家谈到了青提夫人。邻居说她不做善事，每天杀生来吃，不拜佛祖却拜鬼神，和尚尼姑来了，她叫人欺侮他们。儿子听了，闷闷不乐地回家，问母亲这是不是事实。母亲听说了，怒气冲冲地说："我是你妈妈，你是我儿子，我们是怎么样的至亲，你不相信我的话，反而听别人乱嚼舌头。今天如果你不相信我，我就发咒，我如果说了谎话，七天之内就死掉，死了下地狱。"

罗卜听了，哭着叫母亲不要生气，不要发这样的咒。哪知青提夫人发誓，上天早就知道了。青提夫人七天之内果真死了，灵魂到了地狱受苦。罗卜见母亲死了，十分悲痛，戴了三年孝，设了七七四十九天的斋饭，他想着如何来报答母亲的恩德，想来想去，只有出家最好。

如来佛祖什么都晓得，等罗卜出了家，就让他学到了第一流的神通，给他取了号，叫作大目连。大目连晓得很多知识，本领超过了罗汉，有了尊贵的地位。他还在想怎样来报答父母，所以用天眼来看两位老人托生什么地方。看到阿爹已升入天堂，天天过得快乐逍遥，母亲却在地狱里受折磨。

目连看到母亲受苦，十分难过，就前来告诉如来："如来佛啊！我母亲生前做了许多善事，应该升到天堂的，却下到了地狱，这到底是为什么？我虽然和罗汉一样尊贵，本事却是有限，弄不清其中的道理，所以想问问您。希望您可怜我，告诉我这其中的奥秘。"

如来把目连叫到跟前："你听我说，不要这样哭个不停。只因为你母亲活着的时候不行善事，天天杀生，欺侮和尚尼姑，是她自己作了孽，就一定要受到报应，到地狱里受苦，谁能救得了呢？"

目连听了，苦闷极了。既然知道了母亲受苦的根源，他就打算去救母亲，只是恨自己神通不够，进不了地狱的门。他向如来请求说："我想见一眼我的母亲，可是我的神通还不够。希望您能发发慈悲，拿出您的威力来，就算只能看一眼，我也永生不忘您的恩德了。"

听了目连的多次恳求，如来见他可怜，就借给目连一个神奇的拐杖，一个神奇的钵盂。目连借来神通，"腾"地升到空中，像风一样快，一会儿到了地狱门口，摇着拐杖，地狱门就自动打开了。

地狱里面黑洞洞的，许多深黑色的墙壁，许多扇漆黑的大门，四面是黑铁做的城墙，城中有许多铜做的烟囱，黑红的火焰从里面喷出来。在城中受罪的人，每天要死去活来上万次，有的要走刀山、穿剑林，有的用铁犁拉过身子，有的用铜汁灌到嘴里，有的被迫吞下滚烫的铁丸，有的手抱热的铜柱，身体已经被烤得焦烂了。他们身上都带着刑具，一刻也不能脱下。牛头小鬼每天来割他们身上的肉，看守的小卒每天来拷打他们。放在锅里又煎又煮，受的罪实在难当。目连的妈妈青提夫人也在这些人中间，遍体伤痕，哪里还有往日的模样！

目连想见母亲，就低声下气地再三请地狱的看守照应，才算被允许了。这时青提夫人虽然听到了儿子的叫声，可是浑身像是散了架，如何站得起来？夜叉查点过罪人的人数，把要领出的罪人名单交给小鬼，牛头和狱卒拿着棒、举着叉，将青提夫人拉了出来。目连这才看到了母亲，几步抢上前去，哭着抱住母亲，长久说不出话来。过了好久，目连才边哭边说："母亲，您做了那么多善事，总应该升入天堂，为什么却要受这样大的苦？"

青提夫人叫目连的名字："罗卜啊罗卜，今天落到这样的下场，都是因为我生前造的孽。想我活着的时候，为人小气，嘴巴又馋，老是杀生，不做善事，哪想到有今日哪！罗卜啊罗卜，娘现在遭的是什么罪呀，每天又渴又饥，有时叫我上刀山、穿剑林，有时把我扔到沸水里煮，有时用铁犁拉过我的身体，有时把铜汁倒进我嘴里，还把我绑在烫铁床上。这么多年了，我还没有喝到过汤水，我的身体差极了，还全是伤疤啊。"

目连听了，更加难过，看母亲生前生后，面貌像变了个人，自己地位高贵，常有好菜好汤，自己的亲生母亲却是连一口汤也喝不上。目连施展神通，变来了好吃的饭食，端给母亲吃。哪知青提夫人活着时罪太深了，汤一端上来就成了铜汁，饭菜刚想吃就变成了大火，目连看到这个情景，知道是母亲以前做错了事，流下了眼泪。

目连施展本领又回到了如来佛祖那里，把看到的跟如来讲了，请求如来佛祖救救自己的母亲。如来佛祖本来是个很慈悲的人，无时无刻都想为别人做好事，看目连这样孝顺，为了救母亲，做了那么大的努力，就告诉目连说："我可以告诉你一个方法。你要多多准备些好的果子和吃的，等到有一天，许多和尚都解去忧愁，罗汉们都欢喜的时候，你把好菜好果端出来，再三地恳求他们救你的母亲，或许能成功。佛祖在世的时候曾经留下过这个仪式，把它叫作盂兰会，所以现在还推崇它。"

目连听了，非常高兴。就照着如来佛祖说的去做，每个座位上都用彩条和花朵来装饰，香炉里焚上上好的香，准备了好多稀罕的食物，在案桌上供起来，真心真意地企求如来佛祖和众多的佛爷，救救自己的母亲，让她离开阴间，早日升入极乐世界。

这样的诚意，终于使得目连的母亲提早离开了地狱，免得长期遭受折磨。但因为罪孽深重，不能够升到极乐世界，脱胎变成了都城里一条母狗。每天在街上跑着，吃着不干不净的东西。

目连的天眼看到了这一切。他来到京城，寻找这条母狗。狗见了这个和尚很高兴。目连知道这是母亲变的，眼泪流了出来，就问母亲现在做狗，比在地狱的时候，情形怎么样。青提夫人见儿子发问，心中也很高兴，就说在地狱里，白天黑夜都受苦，也是自作自受。幸亏目连设了盂兰会，才让她离开那里。虽然变成一条母狗，东西不干净但毕竟还能吃下去，比在地狱时要好多了。只是觉得太对不起目连了。

目连知道自己的力量不能再次救母亲进极乐世界，就又来请教如来佛祖。如来佛祖正好在讲授这方面的教义，被目连的一片孝心打动，就叫目连记着：在庵园里，请四十九个和尚，做七天的道场，日日夜夜要念经拜忏。挂上布幡，点上灯笼。看到动物就要放它一条生路，自己要读佛经中大乘教的教义，诚心地祭请各个佛祖。目连一一照办，青提夫人才终于升入了极乐世界。

佛经里经常告诫弟子们，一定要像目连一样孝顺。如果父母双亲都还健在，就要听他们的话，好好侍奉他们。如果他们有天忽然死去了，就要吃素食、听佛法，报答他们的养育之恩。

中秋过十六的典故

中秋节，是我国四大传统节日之一，可以说是普天同庆。然而，浙江宁波欢度中秋节却是在八月十六，此中缘由，与当地古代一位大清官、大孝子的一段感人故事有关。

南宋时，明州（今宁波市）鄞县有个名叫史浩的书生，他的外祖父曾随岳飞元帅英勇抗金，南征北战，屡立战功。后来，岳元帅惨遭秦桧等奸臣陷害，沉冤莫白。外祖父因此在满怀悲愤之下，解甲归田，回到明州老家经营酒业。然而，外祖父念念不忘为岳元帅昭雪冤情，光复大宋河山。

史浩从小就经常听外祖母讲述岳飞与外祖父等忠臣良将的英雄事迹，深受教诲，立志刻苦读书，准备长大后报效祖国。

宋高宗绍兴十五年，史浩中了进士。他由于有出色的才华和高尚的品德，深受皇帝赏识，因此官职不断升迁，升至枢密使，还被授为太子教读，深受太子敬重，成为南宋著名贤臣之一。

隆兴三十二年六月，宋孝宗登基即位，即提升史浩为右丞相，同时采纳史浩等爱国人士的策略，先为岳飞平反昭雪，追封岳飞所有家眷、部下的官爵。后于次年二月，贬逐秦桧党羽，并任命力主抗金的张俊为枢密使，统率江淮各路兵马，出师抗金。

张俊抗金，开始节节胜利。后因部将邵宏渊与李显忠闹矛盾，导致符离之败。这样，大大动摇了宋孝宗抗金的信心，不仅削除了张俊的兵权，还重新任用秦桧的党羽汤恩退，并将败绩归咎于史浩等忠臣良将，把史浩降职为江浙巡察。

史浩一到江南，就简装微服，深入各处城乡，明察暗访百姓疾苦。获悉地方上的许多贪官污吏、土豪劣绅，长期以来不顾国计民生，只顾贪赃枉法，横征暴敛，加上连年的风灾水患，这成为人民的两大祸害，导致民怨沸腾。于是，史浩一面大力惩办祸国殃民的官吏豪绅，一面为民请命，上表朝廷请求拨款兴修堤防水利，治患抗灾。他还亲自率领百姓勘察各地河道、堤防，制订疏通河道、固筑堤防和引水灌溉等兴利除弊的各项规划，而且亲临现场督工，沐雨栉风地带领百姓日夜苦干、大干，一定要抢在"秋老虎"（江浙沿海台风、水患的别称）未来之前，把人民财产受灾的损失降到最低程度。

史浩这一系列的善举，深受江南百姓的爱戴，人们齐声称颂他为"史青天"。百姓欢欣鼓舞，干劲冲天，江浙一带处处呈现出百废俱兴、欣欣向荣的景象。可是，史浩却因操劳过度而日益消瘦，双眼时时布满血丝。

终于有一天，史浩再也支撑不住，昏倒在工地上。这下把大家都吓坏了，七手八脚忙把史老爷抬到就近的农舍中，请来医术最好的郎中为他诊治。郎中经过把脉之后对大家说："老爷因劳累过度，加上长期的日晒雨淋，得了寒热症。除了对症下药之外，还须静养数天。"

三天后，史浩的病情大为好转，但体质还很虚弱，刚刚起坐，便询问各地防灾工程进展如何，当得知一切顺利之后，忽然又若有所思地询问身边侍卫："今天是什么日子？"当他得知已是农历八月十六时，马上起身，吩咐左右带马过来，然后翻身上马，带领两个随从，匆匆赶回百余里外的鄞县老家。任凭大家怎么苦劝，都阻挡不了。

原来，史浩是个出名的大孝子。他历来不管在何处当官，一定要在每年八月十五日这天赶回老家与家人团聚，共庆中秋佳节，接着便于次日为外祖母祝寿。而外祖母也特别疼爱这个孙儿，每年的中秋节，老人家都早早备好晚宴，等待孙儿到来。

可是，今年的中秋节，外祖母偕同全家人一等再等，一直等到月上三竿，还不见史浩的影子。一家人不知何故，急得团团乱转。老夫人更不用说，便忧心忡忡地宣布罢宴。

次日傍晚，史浩终于形容憔悴、风尘仆仆地赶到家中，在家眷兴高采烈地迎接下，双膝跪倒在外祖母面前，诉说为何误了回家过节和为祖母祝寿的缘由，请求外祖母宽恕。外祖母听罢，笑眯眯地扶起史浩，连声称赞说："好孙儿，你尽心竭力为民办好事，不仅是个好官，也是俺史家的好儿孙，错过一次中秋节不要紧。"

这时，外面突然人声嘈杂，院子里一下子涌进来许多人。原来，全村的人都早已知道史浩为民办事而误了回家同老太夫人共庆中秋，因此大家也就一齐在昨天不欢度中秋节。此时闻说史浩回来，个个和颜悦色地端着月饼和果品，一齐来到史府，齐声对着史浩和老夫人说："十六的月亮比十五圆，大家就在今晚一同欢度中秋吧！"

从那时起，宁波人都拿史浩的事迹教育后代，而宁波中秋过十六的习俗也就一直沿袭至今。

连着母子心的电话

佟大为是八零后孝子的榜样。他1982年出生于辽宁抚顺，年轻有为，现在是著名的青年演员，深受广大观众的喜欢。关于如何更好地孝顺父母，佟大为有自己独到的见解。很多朋友认为，只要给父母钱，为家里置办东西，就是孝顺，佟大为却不同意这种观点。他认为父母不缺这些东西，最关键的是要看透、理解父母的心意，懂得去表达孝心，多在精神方面给父母关爱。

佟大为一年大部分时间都在外面拍戏，但不管一天的工作多么紧张忙碌，每次都会在电话的另一头和母亲亲切地唠家常，把自己的见闻、感受、一天的工作心得体会，和同事相处的是否融洽，甚至今天吃了什么、穿了什么，天气冷不冷，在外地的生活习惯不习惯，又见到哪些影迷和观众，他们都和自己说了些什么，身边朋友的趣事，今天拍戏的剧情是怎样的，领导对自己的表现是否满意……佟大为都会一一告诉母亲，因为这些都是母亲百听不厌的话题。儿子乐于与母亲分享一天的心情和感受，他甚至把每天和母亲的电话沟通当成了自己最享受的"夜宵"。孝顺的佟大为从不认为和母亲日复一日而又近乎是同样内容的电话沟通可有可无，儿子内心懂得母亲内心最渴望了解儿子的一切，不然母亲一颗牵挂的心就老是悬在半空中，担心儿子的一切。所以为了让母亲心安，佟大为把和母亲的沟通视为铁打不动而且特别有意义的事情，每天和母亲煲起电话粥来都津津有味，并且乐此不疲，心情愉悦。有时一天竟然打了好几次，而他自己都没有察觉。不了解实情的人还以为他是给女朋友打电话呢。

提起孝顺父母，佟大为感触颇深。他联想起了中央电视台的一个公益广告：一位年迈的母亲满怀欣喜地做好一桌饭菜等儿女回家团圆，可一打电话，儿女们不是在开会，就是在出差，要不就是在和朋友聚会，结果空空的桌子边只剩下老人孤单落寞的身影。佟大为特别理解母亲，他决不让自己的母亲像这则广告中的母亲那样感到孤单寂寞。只要稍微有空，佟大为就会想尽一切办法回家看望母亲。陪母亲聊聊天，叙叙旧，喝杯茶，给母亲捏捏脚、捶捶背，陪母亲到商场转转，到公园散散步，只要陪在母亲身边，无论干什么，母亲都会像孩子一样高兴。孝顺的儿子从不让母亲感到孤单寂寞，他努力让母亲的世界到处都充满欢声笑语。

三

【原文】

"故当不义①，则子不可以不争于父；臣不可以不争于君；故当不义则争之。从父之令，又焉得为孝乎？"

【注释】

①当：面对。

【译文】

"所以，如果父亲有不义的行为，做儿子的不能够不去劝谏；如果君王有不义的行为，做臣僚的不能够不去劝谏。面对不义的行为，一定要劝谏。做儿子的完全听从父亲的命令，又哪里能算得上是孝呢！"

【评析】

当遇到了不该做的事时，为人子女的，为人部属的，为人臣子的，都应当勇于劝谏，直陈其利害关系。其实这也是忠诚和愚忠的不同。

【现代活用】

张良敬老得兵书

张良（约前251－前186），字子房，汉初"三杰"之一，伟大的战略家、政治家，原六国之一韩国贵族的后代。曾经结交刺客，想用大铁锤击杀秦始皇，没有成功。后来投奔刘邦，成为重要谋士。刘邦曾称赞他能"运筹于帷幄之中，决胜于千里之外"。

张良刺杀秦始皇失败后，被全国通缉，他只好更名改姓，在一个叫下邳的地方躲了起来。

有一天，他经过一座石桥，看到桥上坐着一位老人，穿着布衣，鹤发童颜，神态十分悠闲。老人也看见了张良，仔细打量着他，若有所思地点了点头。

就在张良走过老人身边的时候，老人忽然"哎呀"叫了一声。张良一看，原来老人的鞋子掉到了桥下。老人盯着张良，粗声粗气地说："小子，你帮我把鞋子捡上来吧。"

张良一愣，没想到老人会用这种口气跟他说话。不捡吧，觉得心里过意不去；捡吧，老人的态度又实在让人受不了。

看他站着发愣，老人催促道："还不快去捡？难道你要让我老人家亲自动手吗？"

张良强忍心中的不满，走到桥下，帮老人把鞋子捡了上来，递给老人。没想到，老人不但不感谢，还大声说："给我穿上！"

张良看着老人，想知道他是不是在捉弄自己。然而老人的眼中并无恶意，反而透露出慈祥和智慧。这眼神让张良感到温暖。于是他跪下来，恭恭敬敬地帮老人穿好鞋，然后向老人告辞。

老人大笑，说："孺子可教啊！五天后的早上，咱们桥头再见！"

五天后，张良一觉醒来，发现天快亮了。忽然记起老人的话，赶紧起身，急匆匆地赶到桥上。老人此时已经站在桥头上，见张良才来，生气地说："和老人约，怎能晚到？五日后再来！"说完就走了。

第二次，张良早早就去了，没想到还是比老人晚。

第三次，张良半夜就到桥上等候，等了一会儿老人才来。老人高兴地说："这就对了。"于是拿出一本书，说："这本书你拿去吧，熟读此书，就可辅助明君，必成大业。"

张良跪下接过书，正想说些感谢的话，老人已转身飘然而去。

张良回到家中，打开那本书，原来是久已失传的《太公兵法》。从此，张良日夜研读这部兵书，终于成为著名的战略家，辅佐刘邦成就了帝业。

以忠尽孝的马本斋

马本斋是各族人民敬仰的英雄，殊不知，英雄的背后，有一位伟大母亲的关怀与支持。正因为如此，马本斋一生最敬重的，就是自己的母亲。母亲的深明大义，使马本斋通过以忠尽孝的方式，实现了忠孝两全。

1937年夏天，"七七事变"的消息传到了马本斋的家乡东辛庄，他与母亲商量："国难当头，我作为中华民族的子孙，决不能袖手旁观！"母亲赞成他的意见。于是马本斋领了村里一帮小伙子习拳练武，准备对付侵略者。

这一年8月30日，是东辛庄人民最难忘的日子。上午，全村人不约而同地来到了清真寺。在高涨的爱国气氛中，东辛庄"回民义勇队"宣告成立，马本斋被推举当了义勇队的队长。站在一旁的母亲语重心长地对儿子说："本斋，大伙这样看重你，你可得好好给大伙儿办事啊！"马本斋深知母亲的心意，他郑重地点点头，从此开始了保家卫国的战斗。

"回民义勇队"的旗帜竖起来后，队伍越来越强大。1937年秋后，马本斋率领"回民义勇队"开赴抗日杀敌的战场，打翻日军的军用卡车，阻击下乡骚扰的汉奸队伍……在斗争中，他听说共产党、毛主席领导的队伍才是真正打天下的队伍，只有八路军才能取得革命的彻底胜利，于是他率领"回民义勇队"参加了八路军。从此，在共产党、毛主席的领导下，他们成了打不烂、拖不垮的铁军，所到之处，攻无不克，无坚不摧，被誉为百战百胜的"回民支队"。

然而敌人是无比狡猾的。1941年8月27日，趁"回民支队"转移时，敌人抓去马本斋的母亲，妄图以此来迫使马本斋投降。母亲被捕的消息很快传到了"回民支队"，大家都纷纷要去营救。一向孝顺母亲的马本斋闻讯更是心如刀绞，他回忆起母亲给他讲"苏武牧羊""岳母刺字"等故事的情景，回忆起母亲教育他为穷人拉队伍，使他走上革命道路的往事，心头涌起阵阵波涛。他对政委说："请党放心，我是共产党员，从入党那天起，我就把自己的一切交给了党。娘被抓走了，儿子心里是难过的，但是儿子照样打鬼子，才是对母亲最大的孝，也是对母亲最大的安慰。"

面对敌人的威逼利诱，母亲坚决拒绝劝儿子投降，为了不让儿子为难，她甚至选择了用绝食同敌人斗争，最终光荣牺牲。母亲的牺牲使马本斋悲痛不已，然而他的选择是擦干眼泪，继续和敌人进行不屈不挠的斗争。

带病照顾住院母亲的孝女

牛莉出生于运动员世家。从影前，牛莉是个运动员，荣获花样游泳冠军，射击冠军。牛莉说，自己首先是一名军人，然后是一名演员，所以她认为自己很坚强。但铁打的汉子也有脆弱的时候，更何况作为女人，牛莉也不例外，她也有自己的酸甜苦辣。但即使在外面再苦再累，受了再多委屈，拍戏的时候无论受伤生病或是遇到难处，牛莉都不会向父母倾诉，她告诉父母的从来都只是自己顺心的方面，她之所以这样做，就是要让他们为自己少操心。

2002年秋天，牛莉在深圳拍摄电视剧《豪门惊梦》，不幸将左腿摔成骨折。伤势很严重，痛得她整夜睡不着觉。但父母打来电话询问她的近况，她强忍着泪水，对母亲说道："妈，我很好，请您和爸爸放心。"挂上电话后，这头的牛莉蒙头大哭，让泪水任意流淌。

在拍摄完《豪门惊梦》后，牛莉的腿依然没有完全恢复，她回到了北京的家里。推开家门，让她感到意外的是，她没有看到父母迎接，表弟告诉她："你妈患糖尿病住院了。"牛莉连忙赶到了医院，在病床上见到了被疾病折磨得面容憔悴的母亲，她眼泪止不住地流出来了，边哭边说："妈，你都病成这样了，为什么不通知我回来照顾你？"

而躺在病床上的母亲却突然看出了牛莉左腿有些异样，发现她走路有些不正常，反问她："孩子，你的腿怎么了？是不是受伤了？"牛莉这才把腿受伤的事情告诉了母亲。听完牛莉的诉说以后，母亲心中充满了责备与欣喜。责备她受重伤也不跟家里说一声，欣喜的是女儿的腿并无大碍。

母亲心疼她，让她继续接受治疗，在母亲的要求下，牛莉最后也住进了那个医院接着治疗腿伤。于是，在这间医院的病房里，人们欣喜地看到有一对穿着病服的一老一少，她们脸上洋溢着无比的幸福。大家认出了年纪轻的那个是明星牛莉，她走路显得有点瘸，但是她仍然尽力扶着一旁的母亲，陪母亲散步。母亲躺在病床上，她就给母亲揉揉肩膀捶捶腿；母亲要到病房楼下晒晒太阳，她就搀扶着母亲一步一步缓缓地下楼。尽管自己的腿没好利索，但是牛莉一直尽心照顾母亲，全然忘了自己也还是个病人，也需要照顾。在她心里，母亲比自己要重要得多。

牛莉说，父亲最喜欢唱的一首歌是《常回家看看》，而她总是用自己的行动诠释着那充满生活亲情的歌词。无论拍戏多忙，牛莉都会抽出时间回家陪父母聊天。她给父亲专门开辟了养花的空间，回到家时，系上围裙帮妈妈打扫卫生刷碗筷，给父亲捶背按摩，每当和父母在一块的时候，她说自己是最幸福的。

　　牛莉对父母的照顾很细心，现在每年牛莉都会安排父母去国外旅游。当他们旅游回来后，她耐心地倾听他们讲述一路见闻的异国风情。母亲的身体不好，牛莉会牢牢记得让母亲定期去做健康检查。牛莉说，自己要做他们贴心的小棉袄，让他们感觉到舒心。

感应章第十六

一

【原文】

子曰:"昔者,明王事父孝,故事天明①;事母孝,故事地察②;长幼顺③,故上下治④。天地明察,神明彰⑤矣。"

【注释】

①事天明:能顺应天意,通于天。②事地察:能探知大地的意志,通于地。③长幼顺:长辈和晚辈的关系合乎礼法,和睦融洽。④治:整饬,有条不紊。⑤神明彰:指天地众神降福保佑。彰,彰明,显现。

【译文】

孔子说:"从前,圣明的天子,侍奉父亲非常孝顺,所以也能虔敬地奉祀天帝,而天帝也能明了他的孝敬之心;他侍奉母亲非常孝顺,所以也能虔敬地奉祀地神,而地神也能洞察他的孝敬之心;他能够使长辈与晚辈的关系和顺融洽,所以上上下下太平无事。天地之神明察天子的孝行,就会显现神灵,降下福祐。

【评析】

长幼都顺于礼节,就能够得到神明的庇护。长幼有别,是中国人比较重视的一方面。兄友弟恭也是儒家文化提倡重视的。

【现代活用】

因不孝而遭雷劈

在中国有一句很狠的话就是"你被雷劈了"。这对于中国人来说就是遭天谴,是做了不合理的事情被上天惩罚了。

在中国文献中,因为不孝而被雷劈的事情有好几起。据南宋潘阳人洪迈在他的作品《夷坚志》中记载,南宋时期的兴国军(今湖北阳新)有个叫熊二的人,他就因为不孝而遭到了雷劈。

故事是这样的:熊二的父亲熊明以前在军队上服役,年老之后就被除了兵籍,因为年老体弱,不能够谋生,而且他的妻子也去世了,熊明只好将所有的希望都寄托在儿子熊二身上。但是熊二的脾气很坏,看待父亲如同路人一样,致使熊明不得不外出乞讨。熊明多次含着眼泪找到自己的儿子熊二,恳求他收留自己,但是熊二每次都是大骂父亲一通,叫父亲滚远。熊明几次都想将儿子告官,但是又不忍心,就每天晚上在家里烧香祈祷,希望儿子能够回心转意。就这样两年过去了,有一天长空无云,熊二在外喝酒赌博,突然天空就暗了下来,暴雨突至,雷电交加,即使有人站在自己面前,也看不清楚。就在这时有人呼喊"熊二",过了一会儿,天气又晴朗了,但大家都没有见到熊二。于是大家分头去找熊二,最后在城门之外找到了熊二的尸体。只见熊二的两眼爆出,舌头也断了一截,背上有红字"不孝之子",历历在目。洪迈在记载这件事的时候,时间竟然非常具体,是在南宋孝宗皇帝淳熙三年九月初七发生的。

在时隔三百年的明朝也有一件被雷劈的不孝子的事,被人记载了下来。这件事记载在明朝人王文炳在万历年间修的书《庆远府志》中。当时的庆元府,即是现在的广西宜山县,在柳州的西北方向。庆元府有一个叫曾蛮的人,他对待自己的母亲非常不孝,每次吃饭的时候,总是给母亲很少的食物。他的母亲总是吃不饱。每年祭祀的时候,曾蛮都会留下许多肉食,但是就是不给母亲吃。他还经常和妻子一起骂母亲,甚至有时还打母亲。他的母亲只能忍耐着。就在嘉靖年间的一天,突然风雨大作,雷电交加,电击打中了曾蛮住的屋子,奇怪的是左邻右舍的房子都安然无恙。打雷的时候曾蛮的母亲的发髻挂在了一个竹筐上,虽然竹筐烧了,但是她的发髻好好的。曾蛮夫妇两个则是悬挂在了半空中,头发直直向上。很快,雨就停了。曾蛮夫妇两个人从空中摔下来，晕倒在地，几天后就死掉了。

历史上在民间流传最广的当数戏曲《清风亭》中被雷劈死的不孝子张继保了。这部戏曲取材于南宋孙光宪的《北梦琐言》。

《北梦琐言》中记载了唐朝张褐的故事。张褐是河间人，有五个儿子，每个儿子都有功名。按照《北梦琐言》记载，张褐的第五个儿子叫张仁龟，他是张褐与一个妓女所生的孩子。张褐怕老婆知道，不敢将张仁龟带回家，就送给了他的一个朋友张处士。不过张褐还是很挂念这个儿子，常常在钱财上接济他们，并出钱供养张仁龟读书。张仁龟长大后，知道了自己的身世，于是就离开了养父，找到生父张褐的家里，这时生父张褐已死，张褐的夫人经过一番考量，最后还是接纳了张仁龟。就在张仁龟走后，他的养父含恨去世了。张仁龟后来考中了进士，做了官，在他去江浙赴任的途中，竟然莫名其妙地死了。当时的人认为张仁龟受到了天罚。

这个故事到了明清之时，经过好事者的一番修改，张仁龟就成了戏曲中的张继保，他的养父母则成了张远秀夫妇，故事的名称就叫《清风亭》，又叫《天雷报》。整个故事围绕孝而展开，情节非常感人，张继保考上进士之后，不再认自己的养父母，最后因遭到雷击而死。

现在《清风亭》流传甚广，徽剧、京剧、川剧、湘剧、秦腔等剧种都有演出，成为宣扬孝道的重要曲目。

不孝子阿孝

相传有个富商，姓丘名仁。年近半百之时，老伴才产下一子。俗话说，老年得子胜似老蚌生珠。老夫妻因此乐得几个昼夜合不上眼。此后，他俩把丘家这根独苗当作掌上明珠，取名阿孝。

阿孝自幼养尊处优，锦衣玉食，呼奴使婢，目空一切，在家犹如小皇帝，出外就像小霸王。父亲长年外出经商，对他缺少管教。母亲只知对他一味溺爱，百依百顺。由此，终于造成他性格野蛮顽劣，骄矜狂妄，小小年纪，除了父母之外，里里外外的人都十分讨厌他。

阿孝七岁那年，入学还没三天就成了害群之马，整天不是打同学就是骂先生，把课堂闹翻了天。先生无奈之下施加戒尺惩罚，丘母闻知，不管是非就携子登门向先生闹了一通，老师再也没办法管了。结果，阿孝读了三年书转换了九个学馆,斗大的字识不到一箩筐。后来,因坏得出名,远近学馆都把他拒之门外,他便索性丢掉书本流入社会,成了小混混。此时,父母才意识到这小子已被惯坏了,长此发展下去,后果不堪设想,须对其严加管教。可是为时已晚,阿孝已"病入膏肓",无可救药,父母只能顿足捶胸,无可奈何!

随着年龄的增长,阿孝混成了一个地痞流氓,终日勾结一帮恶棍烂仔,闯荡街头,寻花问柳,寻衅斗殴,吃喝嫖赌,为非作歹。父母若敢对他斥责,他轻则恶语相对,重则拳脚相加,最后竟把父亲活活气死。

丘父死后,阿孝更加肆无忌惮。不久,他从外边带回一个叫阿花的女人,两人臭味相投,成了一对鸦片伴侣,赌场伙计,酒肉鸳鸯。不到三年,便把父母一生辛苦积攒的百万家产挥霍得一干二净。渐渐地,他到了靠变卖家产度日的境地。

一天午夜,阿孝酒后回家,经过母亲房前,骤然听到母亲在梦中呓语,口里不停地喃喃念着:"我…我要藏钱……"阿孝听后心头一动,猜想母亲必然还藏着钱。次日早上,趁母亲外出之机,他撬开房门,翻箱倒柜地搜了大半天,结果丝毫不见钱的影子,只有母亲准备自己过世时用的寿衣,堆放在那只旧箱子里。阿孝便把这些寿衣悉数拿到当铺典当了,买些肉酒回家与阿花大吃大喝起来。

中午,丘母回家,见阿孝他们俩在扬筷碰杯,喝酒吃肉,便上前讨点充饥。阿孝见状把脸一沉,随手从地上捡起一块被丢弃的猪蹄骨递过去。丘母说:"我这般年纪,怎啃得了这块骨头?"阿孝冷笑地说:"这猪脚我已帮你剥掉了皮,你还不满意?好吧,想吃肉有的是,快把藏着的私房钱交出来!"丘母闻声心头一惊,急忙连声申辩。阿花在一旁看得不耐烦,便从门扇后面取出一根竹棍,怂恿阿孝动武。阿孝觉得有道理,马上接过竹棍,对着母亲恶狠狠地举起……

丘母早已被儿子打怕了,眼看又要遭受皮肉之苦,不得已供认还有几两碎银子,是她平时一分一文积攒起来的,藏在箱子里面的寿衣之中。阿孝闻说之下,犹如当头一棒,又心疼又悔恨,随即破口大骂母亲:"你这老家伙,若早点实说,我就不会将那些'死人衣裤'全都送进当铺里,真是人有晦气,连当东西还得倒贴钱。"丘母听说败家子竟连她的寿衣也拿去当掉了,立刻心如刀绞,老泪纵横,满怀悲愤却无处倾诉,她跌跌撞撞地转身走出家门,一步一流泪地来到南山冈上亡夫的墓碑前,跪倒地上,呼天号地地号啕大哭起来,哭着哭着便昏倒过去了。不知过了多久，丘母被阵阵喝骂声惊醒过来，睁开肿胀的双眼，只见逆子和恶妇凶神恶煞地站在她身旁，一个手执竹棍，一个拿着绳索，要她帮忙抬一块石板回家当作板凳。丘母此时又悲又恨，又渴又饿，但又无法抗拒，只得听从。这石板足有二百斤重，阿孝用绳索把它绑紧之后系上竹棍，叫母亲在前面扛抬那截短的，自己却在后边抬那截长的，还叫阿花帮忙搀扶。

丘母年迈力弱，咬紧牙关，用尽气力往上一抬，顿时浑身颤抖起来，只踉跄两步，便眼冒金星，两腿一软，跌坐在地上。阿孝见状破口大骂："无用的老东西，只会吃饭，不会干活，我已主动抬这截长的了，照顾你抬那截短的啦，你还假死假活的。"

此刻已近黄昏，四野寂静无人。阿花眼见时机已到，便对阿孝使了个眼色，两人趁母亲不备，一齐动手，用力将母亲推下了山崖。山野之间回荡着一阵惨叫声……

丘母命不该绝，掉下山崖之后，只跌断了腿骨，划伤了皮肉，跌倒在山路边无法动弹。

这时，恰巧有个名叫阿厚的青年卖货郎路过此地，听得有人痛苦呻吟之声，便循声寻去，发现一位遍体血污的老妇蜷缩在山道旁，急忙上前把她搀扶起来。

阿厚问明情由之后，不禁义愤填膺，表示要代丘母将这谋杀亲娘，十恶不赦的禽兽告上县衙治罪。丘母一听，却犹豫起来："虽然逆子罪孽深重，但万一被判成死罪，岂不绝了丘门香火？"沉吟片刻后，只好长叹一声，对阿厚说："恩人，算了吧！就让这恶人自遭报应吧！"

阿厚见丘母到此地步，恕子之心依然不灭，只好爱莫能助地摇头叹气，把丘母背回自己家中。

阿厚的妻子阿慧，见到丈夫从外边背回来一个身受重伤的老妇，急忙放下手中的活计，帮着丈夫把丘母安放在床上，一边小心翼翼地为丘母换衣服，洗净身上的血污，一边叫丈夫赶快请来郎中为其诊治。

经过郎中的悉心治疗和阿厚夫妇无微不至的关怀照顾，两个月之后，丘母的伤痛基本痊愈，能够下地走路了。

有一天一大早，丘母对着阿厚夫妻双膝下跪，叩谢救命恩情。阿厚慌忙将她扶起说："老人家，你我同是苦命之人。我自幼失去双亲，孤苦伶仃，非常羡慕人家有父母的关爱。您如今被逆子抛弃，无家可归，不如就此长住我家，做我干娘，让我夫妻奉养您终生，不知尊意如何？"

丘母本来自恨一时无能报答阿厚夫妻的深恩大义，万没想到他俩竟然还要认她这个苦命的孤老婆子为干娘，顿时既感激又惭愧，两眼热泪盈眶，连声婉言辞谢。后来，见阿厚夫妻着实是情真意切，只好含愧答应了。

从此，阿厚夫妻对丘母百般孝顺。可是，丘母却有点受宠若惊，欢慰之余未免有些犹疑："自己万般关爱的亲生骨肉是何等的忤逆狠毒，素昧平生的干儿媳却这般至仁至孝，难道人情世理、人伦道德竟如此悬殊倒置吗？"丘母百思不得其解，决定寻找机会试探阿厚夫妻。

有一天，丘母在家中帮忙"刮锅"（刮锅底烟灰）时，"砰"的一声，失手把铁锅打破了。阿厚闻声跑了过来，先对干娘浑身上下仔细地察看了一遍，见到干娘毫发无损，随即笑容满面地连声安慰干娘："打破旧锅乃是鸡毛蒜皮的小事，只要老人家不受损伤便是万事大吉。"

过了几天，阿厚出门做买卖。阿慧单身忙着家务，丘母抱着两岁大的孙儿在玩耍。突然间丘母向前打了个趔趄，手中的婴儿便掉在地上，摔得"哇"地一声大哭起来。阿慧见状赶忙过来从地上抱起婴儿，笑着安慰婆婆说："没关系，没关系，小孩个个都是在跌倒中长大的，只要婆婆平安无事就谢天谢地了。"丘母闻言顿时感动得热泪夺眶而出，一股暖流再一次涌上心头。

当晚，丘母把阿厚夫妻叫到跟前，悄声对他俩道出了多年来隐藏在心头的秘密：数年前，先夫丘仁眼见败家子阿孝已是劣性难改，无可救药，便暗地里偷偷在南山三叠石地方埋藏下两缸银子，以备老两口晚年无依无靠之时，取出度日。后来被逆子气得一病不起，临终之前，才将此事秘密告知老伴，再三告诫她千万不能轻易取出和走漏风声。时至今日，丘母决定将这批银子取出来献给这个温暖的新家庭。

阿厚夫妻听罢，连声推辞说："母亲，这是您老人家的私人财产，我等何德何能受此重礼，万万不能当受。"可是，丘母却心坚似铁，非要他俩接受不可，阿厚夫妻只好从命。于是他们带齐锄头绳索，随着干娘悄然来到南山埋藏银子的地方。几经挖掘，果真从地里挖出两缸银子，欢欢喜喜地抬回了家中。

事后丘母用这些银子为阿厚一家建起了一座精致豪华的四合院，余下的一部分作为生意的资本。一家老小四口共享天伦之乐，过上了兴业发家、和谐幸福的生活。

一年后的一天早晨，丘母闻听门前有乞讨之声，便盛了满满一筒白米前去布施。当她走到门口一看，顿时两眼发直，脑袋瓜不禁"嗡"的一声，手中的白米不觉掉落，撒了满地。原来，眼前这两个蓬头垢面、衣衫褴褛的乞丐竟是逆子阿孝和恶妇阿花。丘母心头即刻好像被灌进了一盆辛酸苦辣的五味汤，"砰"的一声关上了门。

且说阿孝夫妻，他俩自从把老母推下山崖之后，满以为神不知鬼不觉，从此人少一口，米少一斗，不用再为这老婆子扶生送死，两口子可以逍遥自在。哪知道坐吃山空，不久之后竟将那唯一的一张睡床也卖掉了，落得夜间席地而眠。

一天深夜，阿孝在梦中突然被一阵剧痛搅醒，却是一只可恶的老鼠正在啃咬他的脚趾。阿孝勃然大怒，跳起身来，叫醒阿花，关紧门窗，两人合力捕捉老鼠。经过一番忙乱折腾，老鼠终于被捉住了。阿孝正要将它打死，阿花却说，就这样轻易打死太便宜了它，必须慢慢折磨它，用火焚烧，方解心头之恨。阿孝觉得有理，便用绳子绑紧老鼠尾巴，叫阿花取来煤油浇在老鼠身上，划亮一根火柴点着。刹那间，"呼"的一声，老鼠变成了一团火球，痛得"吱吱"叫，求生的本能使它拼命挣扎，绳子也被烧断了，老鼠就满屋乱窜，所到之处，衣服、柴草、杂物都被点燃了。霎时间，满屋浓烟滚滚，烈火熊熊，任由阿孝夫妻如何奋力扑救，大火也越烧越旺，两人大惊失色，赶紧逃了出去，高声呼救。

这时，邻居们都在睡梦中被这场火爆声、呼救声惊醒，纷纷跑出家门看个究竟。当人们看清是阿孝家中失火时，个个拍手称快，没人愿意出手帮忙救火。并非他们都幸灾乐祸，只是因阿孝一贯在家虐待双亲，出外欺凌乡亲，臭名昭著，恶迹昭彰，大家早已恨不得每人吐一口唾沫把他淹死。加上他是一座独立的四合院，怎么烧也不会殃及四邻。

就这样，片刻之间，丘家房屋被烧得仅剩下几截断垣残壁。阿孝夫妻虽保住了性命，但已无处栖身，无计度日。邻里百姓谁肯接济这两个"瘟神"，往日那帮狐朋狗友也没人再愿意接触这两个穷鬼。万般无奈，夫妻俩只好流落他乡，留窑宿庙，沿街乞讨，不知不觉中来到阿厚家门前，想不到竟见到了虽遭毒手却大难不死的母亲。

阿孝夫妻认出眼前这位身居豪宅、衣着华丽的老妇人正是母亲。起初两人大吃一惊，以为是大白天见鬼了，直至母亲关上大门方才回过神来，明白了眼前事的确是千真万确的事实。阿孝心头又不禁一动，暗忖：母亲去年未被摔死，却被这富户人家收留。此时自身穷途末路，何不抓住母亲心慈手软的弱点，爱子如命的性格，来个苦肉计？或许能使母亲回心转意，自己也可获一笔意外之财。想罢便与阿花一阵耳语，之后双双跪在门前，一把鼻涕一把泪地大声号哭，哀求老母念及骨肉之情，宽恕晚辈的罪过，体恤他俩的困境。开门相认，酌情资助。

　　且说丘母，虽然对逆子恨之入骨，避而不见，但此时此刻却百感交集，心乱如麻，门外的哀哭声像利针一样刺痛着她的心。回想当初十多年里，受尽养育逆子之苦，只因本身晚年得子乐而忘形，只晓得对儿子过度的偏袒放纵，却忽视了对他严正的道德教育，导致他顽劣成性，步入邪道，迷途不返，害得老伴死不瞑目，自身又备受折磨乃至惨遭毒手，最终落得个家破人散、流离失所的悲惨下场。这一切虽然归咎于逆子之罪孽深重，但扪心自问，自身可完全推卸教子无方的责任吗？眼下这逆子恶妇死皮赖脸地纠缠不休，出尽家丑，长此下去，将如何是好？丘母经过一番苦苦思索之后，出于骨肉之情未泯和自责，还是边叹息边取出30两银子来到窗口，高声说道："无耻畜生，拿去吧！今后倘若再来纠缠，定要报官究治。"说完，便将银子扔出了窗外。

　　这样一来，阿花顿时见钱眼开，破涕为笑，飞快地从地上捡起银子塞进怀中。同时，阿孝见此招果然奏效，又想得陇望蜀，马上跑到窗边，恳求母亲再度馈赠，谁知母亲却将窗门关上了。阿孝眼看如意算盘落空，只得转身，回头却不见阿花的踪影，顿时心头一紧，料定这贱货企图独吞银子而逃走了，便大步流星地追寻过去。一直追到街中，阿孝终于把阿花一把抓住，破口大骂，要她交出银子。阿花到了此时也不示弱，双方就在街上推搡扭打起来……阿孝用力过猛，把阿花推倒在街边。"砰"的一声，阿花的脑袋撞在一块石板之上，顿时血如泉涌。直到围观的人们正想上前抢救时，阿花却一命呜呼了。

　　血案发生了，凶手阿孝当即被差役扭送到县衙。结果定了个失手杀妻之罪，收监候判。不久，阿孝就病死在大牢中。

二

【原文】

"故虽天子，必有尊也①，言有父也②；必有先也③，言有兄也。宗庙致敬④，不忘亲也⑤。修身慎行，恐辱先⑥也。宗庙致敬，鬼神著⑦矣。孝悌之至⑧，通于神明⑨，光于四海⑩，无所不通。"

【注释】

①有尊：有他所尊敬的人。②言：助词，无实意。③先：所礼让的人。④宗庙：祭祀先祖的地方。⑤亲：祖先的恩情。⑥先：祖先。⑦鬼神著：祖先的神灵显现，前来享受子孙诚敬的祭祀。著，显现。⑧之至：到了极致，到了极点。⑨通：通达。⑩光：照耀。

【译文】

虽然天子地位尊贵，但是必定还有尊于他的人，那就是他的父辈；必定还有长于他的人，那就是他的兄辈。在宗庙举行祭祀，充分地表达对先祖的崇高敬意，这是表示永不忘记先人的恩情。重视修养道德，行为谨慎小心，这是害怕自己出现过错，玷辱先祖的荣誉。在宗庙祭祀时充分地表达出对先人的至诚的敬意，先祖的灵魂就会来到庙堂，享用祭奠，显灵赐福。真正能够把孝敬父母、顺从兄长之道做得尽善尽美，就会感动天地之神；这伟大的孝道，将充塞于天下，磅礴于四海，没有任何一个地方它不能达到，没有任何一个问题它不能解决。

【评析】

如果你真的牵挂一个人，冥冥之中就会有一种力量将两人连在一起。这种奇妙的心理现象是无法解释的。然而那种无形的力量有时却可以感动天地，产生奇迹，这就是孝产生的威力！

【现代活用】

"书圣"和水饺师傅

王羲之是我国历史上数一数二的大书法家。他的书法到底有名到什么程度呢？据说有一次，王羲之到集市上去，看见一个老婆婆拎着一篮子六角形的竹扇在叫卖。竹扇很简陋，没什么装饰，自然很难卖出去。王羲之很同情老婆婆，就在每把扇面上题了几个字。集市上的人知道后，都纷纷要买，一篮子竹扇一下子就卖完了。

王羲之的书法这么好，说起来，还跟另一个老婆婆有些关系。

那是发生在王羲之17岁时候的事情。当时，王羲之在卫夫人的精心指点下，书法大有长进，名气在外，很多人都想请他题字、写对联，这让他骄傲起来，经常拒绝为别人写字。

一天，他经过一家饺子铺，看见贴着一副对联："经此过不去，知味且常来。"字写得缺乏骨力，结构松散。王羲之心想："真是丢人哪，这样的字也敢拿出来献丑？"正想走开，突然感到有点儿饿，又看见饺子铺里座无虚席，就走了进去。

只见铺子里面是一堵矮墙，矮墙前边有一口大锅，锅内沸腾的水在翻滚。一只只饺子从墙的后边飞过来，就像排着队要下水的小鸭子一样，"扑通扑通"，不偏不倚都"跳"进了大锅的中央。他惊呆了。

不久水饺端上来了。看看，个个玲珑精巧；尝尝，味道鲜美可口。一大盘的水饺一会儿就被王羲之吃完了。

付账后，王羲之来到矮墙后边，看见一个白发老婆婆正坐在一块大面板前，独自一人擀饺子皮、包饺子馅，动作非常麻利。一批饺子包好了，她看都不看一眼，随手就把一只只饺子抛出墙外。

王羲之惊叹不已，恭恭敬敬地行了礼，问："老妈妈，您花了多长时间练成这手功夫的？"

"熟要50年，深要一辈子。"老婆婆回答。

王羲之心想，自己学写字才不过十几年，就自满起来，好不应该。脸上一阵发热。

他又问老婆婆："贵店的饺子名不虚传，但门口的对联却似乎叫人不敢恭维，为何不找人写得好一点儿呢？"

老婆婆一听，生气地说："听说王羲之那种人架子太大，哪里会瞧得起我这个小铺子？"

王羲之面红耳赤，一句话也说不出来，低着头离开了饺子铺。第二天，他亲自把一副对联送到白发老婆婆手中，老婆婆这才知道他就是王羲之。当老婆婆为昨天的事向他道歉时，王羲之诚恳地说："您哪里有什么错呢？您让我知道了自己的水平还很有限，让我懂得了学无止境的道理，您就是我的'饺子师傅'，我应该感谢您才对呀！"

从此以后，王羲之谨记"熟要50年，深要一辈子"这句话，虚心刻苦练习书法，终于成为一代"书圣"。

戏曲艺术大师敬老三小事

梅兰芳出生于京剧世家，北京人，8岁学艺，11岁登台，他刻苦钻研，勤于实践，继承并发展了京剧，形成了风格独特的"梅派"。梅兰芳是世界人民熟知的戏曲艺术大师，是我国最杰出的京剧表演艺术家之一。梅兰芳在成长的道路上，曾得到过一些梨园界前辈的教育和指点。他成名后，十分感激和尊敬这些前辈老师，常常关心照顾他们。

1931年春天，南北京剧界名家聚集上海演出。演出的剧场在浦东的高桥，乘船过江后还有近二十里路，路途遥远而且交通不便，雇车很不方便。这一天，梅兰芳与杨小楼好不容易找到一辆车，刚坐上去，正要上路，突然见到年近六旬的龚云甫老先生步履蹒跚、疲惫地走过来。梅兰芳见到龚先生，立即下车打招呼。当得知龚先生没有雇到车时，便诚心诚意请龚先生上车与杨小楼先生先走。龚先生推辞说："畹华（梅兰芳先生的字），你今天的戏很重，不坐车，到台上怎么顶得住？"梅兰芳谦恭地说："我还年轻，顶得住，您老别为我担心。"说着就搀扶龚老上了车，他自己则冒雨步行赶到了剧场。当时，梅兰芳已是名震海内外的"四大名旦"之一，论资历和声架子，但为人善良敦厚，依然处处为别人着想。

一次酒会，梅兰芳与张大千两人都受邀参加。一位是泼墨挥毫、丹青写意的国画大师，一位是扮相俊美、唱念俱佳的京剧名伶，一些官场人物以为两位大师相遇，必然会有一番排座位争名次的矛盾。谁知梅兰芳一进门见到了张大千，恭敬地拱手致意，尊称"大师"。而张大千更是幽默，故意做出要给梅

·195·

兰芳下跪的姿态，慌得梅兰芳赶忙双手相扶，问他为什么这样做。张大千说："古人说：君子动口不动手。您以唱念为业，是'动口'的，'君子'当之无愧。我以作画为生，是'动手'的，自然属于'小人'。今'小人'见'君子'，岂有不跪之理？"说罢，两人开怀大笑。

　　梅兰芳知遇齐白石大师的故事也被大家津津乐道。那一年，北京一位附庸风雅的人举办宴会，为装点门面，请了许多名人，齐白石大师也在被邀之列。白石老人生活俭朴，穿戴十分朴素，与衣冠楚楚的来客相比，显得有些寒酸。因此，他到达会场时，无人理睬，被冷落在一角。过了一会，赫赫有名的梅兰芳进来了，主人及满屋宾朋蜂拥向前，争着与梅兰芳握手寒暄，表现得十分亲热。突然，梅兰芳发现了后排的齐白石老人，连忙让开一只只伸过来的手，挤出人群，快步走到齐白石面前打招呼、问安，又将老人搀扶到前排就座，大声说道："这是我的老师齐白石先生。"在场的人见状，无不惊讶和敬佩，齐白石老人也深为感动。过了几天，白石老人特意赠给梅兰芳一帧《雪中送炭图》，图上题诗一首：

记得前朝享太平，
布衣疏食动公卿。
而今沦落长安市，
幸好梅郎识姓名。

用歌唱出尽孝的心声

　　安琥被推荐为第二届中国演艺界十大孝子候选人，入选理由是：他努力工作，改善母亲的生活；他出人头地，让父母为自己骄傲；他倾注于歌声，让在外的游子《早去早回》。2008年新年刚刚开始，安琥推出了他独立制作的贺岁单曲《早去早回》。"秋云几重一挥手，儿行千里母担忧。笑开口，泪倒流，谁是谁的心头肉。"就像这首歌曲里唱的一样，安琥将全部的爱都奉献给了母亲。他是个大孝子。

　　2000年，安琥只身一人来到北京闯荡，开始了北漂生活。刚到北京没几天，他就想家了，想妈妈了。突然有一天，妈妈真的出现在他面前，安琥在北京站接妈妈，望着眼前的妈妈，高兴地泪水盈眶。时至今日，回想起当年的情景，安琥动情地说："我真的一辈子也忘不了妈妈在北京站的身影。那天，她身后背着厚厚的棉被，左手拿着高压锅，右手拿着鸡鸭鱼肉……当时，妈妈成了全北京站的焦点'人物'。"妈妈把家里的好吃的都带给了儿子。安琥终于明白了，原来妈妈平时省吃俭用，完全都是为了儿子，当儿子需要的时候，妈妈全都会无私地拿出来。

与妈妈在一起的日子，令安琥欣慰的是，他又能像小时候一样，偎依在妈妈身旁，和她唠家常……多少个夜晚，他在妈妈的身边有说不完的话，妈妈静静地听着，笑着。由于工作原因不能经常陪伴妈妈，安琥每天都会给妈妈打一个电话，让妈妈安心。

除了满足妈妈一些物质的需要，同时，努力给妈妈精神上的满足，安琥认为自己在外面努力工作便是对妈妈最好的报答。

安琥努力工作，改善妈妈的生活。妈妈在乡里乡外有一个响当当的名字，叫"香港老太"，这完全要归功于儿子安琥。儿子走南闯北见的世面多了，总想把外面接触到的新鲜事物带回老家。于是，妈妈就成了安琥的"牺牲品"。红的、绿的……城里人都不敢穿的衣服，他一股脑儿地买给妈妈。起初，在田间种地面朝黄土背朝天的妈妈，哪敢穿那样时尚、鲜艳的衣服，叫乡亲们看了非笑掉大牙不可。安琥每次回家时都会买好几件时髦的衣服，用他的"三寸不烂"之舌说服妈妈多享受生活。妈妈说："这样穿着无法上街。"他就拉着妈妈专往人多的地方去，村里的人看惯了，也都称赞安琥的孝顺。于是，安琥心里美滋滋的，更加"得寸进尺"，把年迈的妈妈打扮得"花枝招展"。如今，安琥打扮妈妈又有了新的招数。每次回家不仅买一些好看的衣服，还买一些养颜的化妆品，在儿子的心目中，妈妈永远年轻漂亮。

有一次，只有小学文化的妈妈给安琥写了一封家书。虽然家书的字迹歪歪扭扭，几乎全是错别字，但在孝顺的儿子眼里，这封家书如同至宝。儿子甚至将其装裱好了，挂在床头。安琥说每当看到这封妈妈亲手写的信，就仿佛听到了妈妈对儿子万般疼爱的叮咛，心里就很温暖。

三

【原文】

"《诗》云：'自西自东，自南自北，无思不服①。'"

【注释】

①无思不服：没有人不服从。思，语气词。

【译文】

"《诗经》里说：'从西、从东、从南、从北，东西南北，四面八方，没有人不肯归顺、服从！'"

【评析】

孝悌之道，不但人会被感动，就连天地神明也会被感动。古语有云：以天为父，以地为母。人为父母所生，即天地所生，所以说有感即有应。通过以上说明可以得知，孝悌之道是无所不通的。

【现代活用】

东海孝妇

汉朝年间，山东琅琊郡东海县（今之临沂市郯城县）有个贤淑善良、孝义双全的女子，名叫周青。她对婆婆十分孝顺，对丈夫情深意笃，深受邻里称赞。

谁知婚后不久，丈夫不幸病故。周青强忍丧夫之痛，立志守节，侍奉年迈的婆婆。婆婆是个胸怀豁达、深明大义之人，不忍周青芳龄守寡，贻误终身，便苦口婆心地劝说周青改嫁。周青对婆婆说："丈夫去世，姑姐远嫁外地，家中唯剩婆媳相依为命，我应责无旁贷地侍奉婆婆终生。"从此以后，周青更加无微不至地孝敬婆婆。婆婆见苦劝无效，便常对邻居叹道："孝夫事我勤苦，哀其亡子守寡。我老，久累丁壮，奈何？"后来，婆婆见媳妇决意守寡，为了不再拖累于她，便索性自缢身亡。

周青的姑姐是个极其自私狠毒的泼妇，弟弟刚死，她便存心想占其家产，碍于弟媳妇决不改嫁，成了绊脚石，遂对弟妇忌恨在心。后见母亲自缢身亡，便诬为弟妇所害，一纸诉状把弟妇告上衙门。

东海县令是一个草菅人命的糊涂官，受案之后，竟然不查实情，便将周青拘进衙门，酷刑逼供。周青终因受刑不得，屈打成招，落得个"蓄意改嫁，图谋家产，杀害婆婆"的罪名，被判斩刑。

当时衙中有一小吏，人称于公，秉性刚直。他深知周青孝敬婆婆十多年，芳名美誉远近传颂，岂有谋杀婆婆之理，此案分明错漏百出，便不顾职微言轻，竭力为周青鸣冤翻案，向县令苦谏、跪谏、哭谏。莫奈县令坚执己见，维持原判。于公眼见屈杀孝妇，回天无力，便仰天落泪，辞职而去。

周青被押上刑场之时，正值六月六日的中午，现场观众无不为她同情落泪，鸣冤叫屈。

午时三刻已到，执行斩刑的刽子手举起鬼头大刀，一刀砍下，"咔嚓"一声，刀落头断，周青的脖子喷溅出一股白色的鲜血，（于今郯城县南面，有个村子，名叫"白血汪"，传说就是当年周青被斩杀的地方）。突然间，天昏地暗，阴风惨惨，怨雾重重，竟然降下一场铺天盖地的大雪。（后来，刑场附近便空前长出一种绿叶红花的小草，人们给它命名为"六月雪"）。

周青死后，人们把她埋在一个不起眼的小山丘。当地自此一连遭受三年奇旱，滴水未降，寸草难生，百姓困苦不堪。直到新县令上任，于公及许多知情邻里再次为周青翻案申冤，并对新县令痛陈三年奇旱乃因上一任县令屈杀孝妇而遭天谴。

新县令是位明智之士，受理百姓申诉之后，重新查实案情，为周青平反，洗清罪名。后来，新县令与于公带领差吏们前往周青墓前祭奠，刚刚焚香跪下，天空即时雷电交加，降下大雨。

周青的墓冢直到清朝初年才得以扩大规模重建，旁边还立着康熙皇帝题写的碑文。

后来，我国元代著名的戏剧家关汉卿写了杂剧《窦娥冤》，其中六月飞雪、楚州地面苦旱三年的情节显然取材于这个故事。于是，东海孝妇周青的名声也就几乎被窦娥取代了。

感悟母爱

　　四十多年前，王洪琼降生在四川省奉节县白帝镇凉水村。4岁那年，父母相继去世，留给她和半岁的弟弟的是一间摇摇欲坠的茅草房。两个孤苦无依的姐弟被当地的生产队收养起来。半年后，经人劝说，王洪琼不得不把年仅一岁的弟弟送给别人。那一天，当一个外地男人将弟弟接走时，王洪琼哭喊着追了将近二里路……

　　十多年后，一位远房亲戚为这个苦命的女子物色对象。可是，远近却没有人愿意接纳这个相貌平常、一贫如洗的妹子。

　　有一天，王洪琼又跟着人来到新城乡堰沟村相亲时，她的眼睛顿时瞪直了，站在她面前的是个矮小、痴呆、说话结巴的，名叫苏兴强的男人。

　　王洪琼的心在滴血，她想拒绝，但无家可归的现实使她不得不往好处想：这个男人虽然傻一点，但他家有两间瓦房，离城又近，比起自己流浪的生活已是好得多了。经过几个昼夜的思考，她答应了。

　　不久，这个拥有10口人的大家庭分了家，王洪琼与丈夫分得一间破陋的瓦房，一床破烂的棉被。

　　1974年正月初三，王洪琼生下了一个男孩。她笑了，老实巴交的男人也乐得合不拢嘴。然而，笑容未消，忧虑却袭上心头："大人都养活不了，儿子拿什么养活呢？"王洪琼躺在用竹片搭成的"床"上，仰望着结满蛛网的房顶，心中阵阵酸楚。

　　她苦着自己，尽心尽力地疼爱着儿子、丈夫。只要家里有点大米、玉米，她总是先满足他俩，而自己则顿顿用青菜应付。眼看儿子一天天长大，虽不那么健壮，却也活泼可爱，王洪琼感到很欣慰。

　　儿子苏龙兵5岁那年，突然出了麻疹。王洪琼从来没见过这症状，吓得手忙脚乱。邻居说："小儿出麻疹很正常，过几天自然会好的。"

　　王洪琼信以为真，照常外出挣工分。次日，她正在地里干活，丈夫突然跌跌撞撞地跑来说："儿子哭着哭着就没声音了。"王洪琼赶紧回家一看，儿子的嘴唇已经干裂，遍身虚汗淋漓。她知道大事不好，赶紧抱起孩子朝医院跑，可伸手往口袋里一摸，身上仅有五角钱，医院怎么肯收治儿子呢？

王洪琼只得哭着将儿子抱回家，四处向人打听治疗麻疹的草药"偏方"。

村里的人终于帮她打听来了偏方，她背上篓筐便上了山。她在山上急急忙忙四处寻觅着，突然，她的前脚踩空，连人带筐滚下一百多米深的山沟。也许是上天的怜悯，她居然还活着，但头破了，手伤了。她捂着头再次往山上艰难地爬去……

回到家里，她撕了一条破布将头包好，赶紧给儿子熬药。一天天过去，儿子喝了药后依然哭不出声，王洪琼狠了狠心——借钱也要送儿子去医院！她找公婆，求邻居，可那时的乡民因她家穷，不肯借钱给她！急疯了的她不得已只好跑到信用社请求贷款。可信用社只能给集体贷生产用款，私人贷款根本不可能！王洪琼长跪不起，一个劲儿磕头，鲜血都磕出来了。信用社干部见状扶起了她，破天荒贷给她200元。

200元钱在医院里很快用完了，眼见医院要停药，王洪琼急得在病房外号啕大哭，再找信用社已不可能，怎么办呀？这时，一个人走了过来，悄悄教她一个找钱的法子：卖血！

很快，王洪琼战战兢兢地用300cc血浆换来了30元钱，一个星期后，她又换了名字卖了一次血。靠着这卖血换来的60元钱，儿子又开始新的治疗。可是，医生最终还是告诉她：耽误治疗的时间太长，儿子哑了！王洪琼当场昏了过去，醒来后，流着泪背着儿子回了家。

儿子残废了，身体极其虚弱，王洪琼决定用赎罪的心调养他，便又一次次偷偷跑到县人民医院卖血，用这些钱为儿子买来鸡蛋、大米，而她和丈夫天天却吃着青菜、红薯、洋芋。儿子的身体渐渐好起来，她的身体却越来越差，几次晕倒在田间、屋内。但她知道丈夫靠不住，依然用瘦小羸弱的身躯支撑着这个贫苦的家。

1982年12月30日，王洪琼又生了个小儿子苏剑。她把整个身心都倾注在小儿子身上，寄望他将来能拯救这个贫苦的家。

11个月后，小儿子发起高烧。无钱的王洪琼以为没什么大问题，只是去买了几片阿司匹林。然而她却大错特错了。几天后，儿子的烧不但不退，嗓子也喊不出声音！有了一次教训的王洪琼心头一下子寒透了。她慌忙再去求信用社贷了300元，又偷偷跑去医院卖了300cc血。小儿子被赶紧送进医院。医院告诉她："你儿子连续一周发了40度高烧，很可能会变成哑巴！"

王洪琼一听，脸色马上被吓得煞白。她瘫倒在医生面前说："医生，求求你，我的大儿子已经哑了，你千万要救救我的小儿子啊！"王洪琼急疯了，她在这段时间里几乎一个月卖一次血。儿子被烧得大张着嘴巴，她便嘴对嘴地给儿子喂开水、服药……

然而，一切努力都无法挽救小儿子，她的小儿子又哑了！王洪琼垮了，她决定自尽。她想最后尽一次母亲的义务，用卖血的钱买了儿子最爱吃的东西和一瓶农药。回到家中，看到两个不懂事的哑巴儿子抢着吃糖果时，她的心在滴血。

"儿啊！妈对不起你们！"她在村外的山上转了一圈又一圈，当她回家准备最后再看一眼儿子、丈夫时，寻死的勇气一下子消失了。傻乎乎的丈夫蜷缩在灶门前，两个哑巴儿子在床上无声地玩耍。"我死了，他们怎么活下去啊？"

1993年9月，王洪琼到县城卖菜，听说县里办了一所聋哑学校，不觉心里一动：何不将11岁的小儿子送来读几年书？尽管到此时她还有100多元的债务，但她还是决定给儿子一个读书的机会。

"村里还有健康儿子无法读书，你让哑巴儿子读书能负担得起吗？"很多人都劝阻她，但她有她的想法：儿子哑了，只有让他读书，将来才能在社会立足，没钱，我再去卖血！大儿子智力太差，年龄又大，只能把小儿子带到奉节县聋哑学校。当听说学生必须每个月交30元生活费时，她吃了一惊！

一贫如洗的王洪琼迟疑了一下，终于咬了咬牙说："老师，下午我就把生活费交来。"半个小时后，她来到医院门口，转了一圈又一圈，迟迟疑疑不敢进去。她到这里的次数太多了，医生早已熟悉了她，按规定，卖血至少要隔三个月，可她前月刚来卖过一次血。果然，当她进去之后，医生认出了她："你不要命啦！"这不能怪医生，无论是从医院的制度还是从职业道德来讲，医生都不能同意。

王洪琼又跪下了："我儿子是个哑巴，今天我送他到城里聋哑学校读书，他欢天喜地，可人家要交钱，我总不能让儿子失望呀！"

医生感动得摇头叹息，一挥手，又给她抽了300cc。

王洪琼捧着80元钱（此时已由30元涨至80元），40年来从未如此高兴过，尽管眼冒金星，她还是在大街上为儿子买回了学习用品和日用品，而后又到学校交了生活费。

苏剑看到书包，欢天喜地地一把抢过。可他哪里知道，这是妈妈用鲜血换来的呀！

此后，为了解决苏剑每月30元的生活费，王洪琼每隔2至3个月便要悄悄地去卖一次血。

1994年3月，王洪琼为了给苏剑凑齐下学期的学费，连续两次到医院卖血。由于卖血过频，加上严重营养不良。一天，正在灶前煮猪食的她突然昏倒，右脚不知不觉伸进了灶洞。

王洪琼彻底失去知觉，火红的热炭烫焦了她的脚掌，她却浑然不知，恰好被外出干活的大儿子收工回家发现，赶紧使出吃奶的气力将烧伤的母亲抱到床上，跪在母亲的床前咿咿呀呀地大声哭喊着。

苏剑被乡亲们唤了回来，当乡亲在路上用手语告诉他，母亲为了让他读书，已经连续卖了十多次血时，12岁的苏剑顿时大张着嘴，泪流满面，发疯似地向家里跑去……

苏剑一步一跪地扑倒在母亲床前，用幼稚的双手拼命比划着："妈妈，妈妈，我再不念书了，你的血会抽光的呀！"

王洪琼怎能不让儿子读书呢？可是小苏剑从此却变成了另一个人。他一回家，便抢着帮妈妈干活，在学校里，就是课间休息，也抱着书埋头苦读。他的智力一般，可是为了报答母亲，他竭尽全力读书。

1994年下半年的全省统考中，苏剑的语文考了96分，数学考了97分，位列全市的前列。

那一天放学，他捧着试卷飞奔回家，撞开家门，"扑"地一声跪倒在母亲面前。王洪琼被小儿吓了一大跳，等她看到儿子捧过头顶的试卷时，喜极而泣。

小苏剑用勤奋换来优良的成绩宽慰着母亲，王洪琼从此有了笑容。17年间，她共卖了约2万cc鲜血，照此数字计算，她身上的血大约被抽光了5次。她的笑容来得太迟了。

王洪琼卖血养家及送子求学的境遇是当地一段令人心酸的美谈，她的淳朴乡邻从来不吝于向她伸出援助之手。尽管他们同样过着贫困的生活，但总是用几块钱、几个鸡蛋资助着这苦难的一家。

1994年教师节，奉节县石油公司的领导到聋哑学校慰问教师，当听到王洪琼卖血送子求学的经历之后，感动得流下热泪，当即捐出一笔钱。王洪琼卖血送子求学的事迹也登上了各大新闻媒体。

四川省化学工业厅领导、职工为奉节县聋哑学校捐赠了大批衣服，苏剑及其家人得到了20件半新衣裤，足够一家人穿上3年。

重庆银渝贸易公司一名员工多次打来电话，要把苏剑接到重庆聋哑学校读书。与此同时，该公司十多名青年自愿为他提供经济援助。

一个没有署名的山区贫困户居然也寄来50元钱。他在信中说："我们都很穷，但您的命比我们更苦。这点钱您就收下吧！走过17年漫漫卖血路的母亲，从此请您把自己的鲜血都留给自己！"

戏中的慈母，戏外的孝女

萨日娜，生于内蒙古，是一位善良美丽的蒙古族姑娘。她是戏中的慈母，戏外的孝女，其仁孝之心犹如天边明月，闪耀着皎洁的光辉。

一部《中国月亮》，让26岁的萨日娜从此与"母亲"结下不解之缘。之后的十多年里，萨日娜成功地塑造了无数的母亲形象，精湛的表演技术使亿万观众为之感动、为之喝彩。

萨日娜的父母都是演员出身，母亲是蒙古族人，父亲是回族人，都能歌善舞。萨日娜在一个充满民主的家庭长大，从小就特别懂事。因为父母经常在外演出，萨日娜就帮奶奶操持家务，担负照顾妹妹的责任。萨日娜曾经面对采访说，在很小的时候，父母就告诉她怎样去生活，她会把这些体悟运用到演戏当中去。

提及《闯关东》，萨日娜父亲首先看中了剧本，觉得剧中的"文他娘"与萨日娜的奶奶性格极为相似，十分支持萨日娜主演这个角色。萨日娜说，拍这部戏时，她常常回忆起自己与奶奶之间的种种细节，这让她自然地融入到了角色当中。

在戏里时常扮演各种角色的母亲，萨日娜对"母亲"这个词语理解更深了，尤其是自己做了母亲以后，她说自己感受更加深刻。她每天都要给父母打电话，生怕自己因事情繁多忘记了，如果哪天没有和父母通电话，萨日娜整天都会心里不安。

2005年，为了更好地照顾好父母，萨日娜为父母在北京郊区某老年人社区买了一套房子。只要有时间，她都会带上女儿去看看两位老人。萨日娜的这种孝心也影响到了女儿，萨日娜说孝心要一代一代地传下去，只有自己尽孝了，将来才会得到儿孙的孝敬。

萨日娜是当之不愧的孝子，她不仅是个孝顺的女儿，也是一个孝顺的儿媳。公公婆婆习惯了老家的生活，不愿搬到北京来。在拍戏之余，她总会抽出时间，陪同丈夫带上女儿回到山东烟台，在家住上一段时间。"从拍摄《大染坊》开始，公公都会把我拍的戏看好几遍，有的甚至连台词都会背了"，说到这里的时候，萨日娜满脸洋溢着无比的幸福。

因为萨日娜在戏中一直塑造着母亲的形象，以至于许多演员见到她的时候，都会亲热地直呼她"娘"来打招呼。这时，萨日娜心底总感觉很温暖。

事君章第十七

一

【原文】

子曰："君子之事上也①，进思尽忠②，退思补过③，将顺其美，匡救其恶④，故上下能相亲也。"

【注释】

①事上：侍奉君王。②进：指为朝廷做事。③退：退居在家。④匡：纠正。

【译文】

孔子说："君子侍奉君王，在朝廷之中，尽忠竭力，谋划国事；回到家里，考虑补救君王的过失。君王的政令是正确的，就遵照执行，坚决服从；君王的行为有了过错，就设法制止，加以纠正。君臣之间同心同德，所以，上上下下能够相亲相爱。"

【评析】

侍奉长官，觐见君主，知无不言，言无不尽，思虑以尽其忠诚之心。退下来后，就审视自己的职责，是否有未尽到的责任？言行是否有了过失？长官也就会做到亲善下属。君臣到了这种程度，可谓同心同德，上下一心，社会还能治理不好吗？国家还能不太平吗？这也是儒家理学对孝的另外一种解释，就如后来的"居庙堂之高则忧其民，处江湖之远则忧其君"一样。

【现代活用】

辞官尽孝的李密

东汉末年，天下大乱。后来经过曹操、刘备、孙权的纷争，形成了魏、蜀、吴三国鼎立的局面，天下总算稍微安定下来。后来，魏国经过几十年的稳定发展，实力强大起来，而蜀国因为缺乏好的国君，实力衰落了。于是，魏国便灭掉了蜀国。

灭掉蜀国以后，魏国内部也出现了分裂，最后的结果是司马家族取代了曹家，建立了新的王朝，这就是西晋。

西晋的第一位皇帝是晋武帝司马炎，他听说原蜀国有一个叫李密的人，很有才学，又能尽孝，曾经得到诸葛亮的器重，在原蜀国担任过官职，现在闲居在家中，不愿出来做官。为了笼络蜀国旧臣，晋武帝特例下了诏书，让李密为朝廷效命，却被李密拒绝了。这下惹怒了晋武帝，他认为李密是在故意逃避，不把自己这个皇帝放在眼里，因此传出话：李密要再不听命，就把他杀掉。

可这时的李密，无论如何也不能离开家里。原来，李密从小就是个孤儿，是他的祖母把他拉扯大的。祖母非常疼爱李密，李密对祖母也非常敬重，两人相依为命，谁也离不开谁。现在，祖母已经96岁了，身体也不好，这个时候，正需要李密照顾，他怎么能走开不管呢？

于是，李密恭恭敬敬地给晋武帝写了一篇《陈情表》，把自己的身世和为什么不能应诏做官的原因告诉了晋武帝：

我是个多灾多难的人，刚出生6个月，慈爱的父亲就不幸去世了。4岁时，舅舅又逼迫母亲改嫁。从此，我痛失双亲，茕茕孑立，形影相吊。后来又患了重病，9岁了还不会走路。照顾我的人，只有我敬爱的祖母。若没有祖母的抚养，我就没法活到今天。

如今，祖母年龄一天比一天大，精力也一天不如一天，体弱多病，如同日薄西山，气息奄奄，朝不虑夕。如果我不伺候，就无人养老送终。我今年只有44岁，祖母却已经96岁了。我伺候祖母的时间还能有几年呢？可报效国家的日子还有很长。请您体谅！

武帝看完信，眼眶湿润了，连连赞叹："真是个孝顺的孙子啊！真是个孝顺的孙子啊！"就同意了李密的请求。

事君章第十七

"石渠奖学金"的由来

唐山工程学院有一个"石渠奖学金",是由世界著名桥梁专家茅以升设立的。

民国二十九年的一天,在茅以升家里,兄弟几人聚在一起,商量如何为母亲庆祝七十大寿。哥哥说:"母亲对我们的爱远多于她对自己的爱,她发现我们的错误时,总是会耐心地开导,以理服人,从来不打骂训斥。现在我们能够有所成就,能够报效祖国,得感谢她老人家的养育之恩啊。我们兄弟几个一定要好好为母亲庆七十大寿!"

弟弟说:"母亲为了我们辛苦操劳了一辈子,我们在家乡镇江为母亲设计建造一座花园小楼,作为母亲大寿的礼物。"

茅以升听着哥哥和弟弟的话,沉浸在幸福又心酸的回忆里。他想起童年时代家中的一场大火,母亲为救孩子,冒着生命危险一次又一次地冲进火海。孩子们脱险了,母亲却遭受了很重的烧伤,很久才治愈。他想起1911年,自己15岁时准备离开家乡北上投考唐山路矿学堂(后改名为交通部唐山工业专门学校,以后又改称唐山交通大学),家人认为孩子年龄太小,到千里之外求学,不放心。而母亲大力支持说:"读书是大事,孩子的前程要紧,让他到外面闯闯,可以多学本领。"他在母亲的鼓励下,远赴北方求学,从此立志做个有真才实学的人。他想起1935年,自己在造钱塘江大桥时,困难重重,甚至还遭到上下左右的误解和责难,母亲说:"唐僧取经,八十一难,唐臣(茅以升字唐臣)造桥,也要遇到八十一难,只要有孙悟空,有他那如意金箍棒,还不是一样能渡过难关吗?!"母亲的话给了他坚持下去的勇气。

茅以升激动地说:"我们兄弟几人能够学有所成,全都要靠我们的母亲,她是我们第一个老师,也是我们最好的老师。我们要把母亲孜孜以求、诲人不倦的精神大力弘扬下去,这才是对母亲最好的祝贺。我建议以母亲的名字设立'石渠奖学金',奖励研究土木工程力学的优秀学员。"

茅以升的主张得到弟兄们的赞同,大家捐款三千法币在唐山工程学院设立了奖学金。由于茅以升母亲的名字叫韩石渠,所以奖学金的名称就叫"石渠奖学金"。

二十七年如一日报答妈妈的恩情

李双江，歌唱家，国家一级演员，是被广大观众熟知并喜爱的男高音歌唱家，他的作品传遍了祖国的大江南北，广为传唱。能取得今天的优异成绩，自然离不开母亲的谆谆教导。在中央音乐学院学习的时候，由于要勤工俭学，李双江节假日很少回家。可儿子日夜都思念着母亲，走在学校空荡荡的操场上，眼前就会浮现出母亲带着十几个孩子，洗衣、做饭、做鞋子的生活场景来。有一回李双江走着走着就抱住眼前的一棵青槐树，忘情地痛哭起来。如今50年过去了，青槐树长成了老槐树，岁月见证了儿子对母亲的一片深情。

李双江刚刚到北京总政歌舞团时，觉得自己的生活条件有了些好转，应该把母亲接到身边来，但是当时只有正营职干部才有资格带父母到部队里生活，他就天天跑到机关里去磨领导。最后领导被他的孝心感动了，就同意了他的请求。他终于如愿以偿地把母亲接到北京。就这样，他用真挚的情感与母亲度过了27年的幸福时光。

母亲80岁那一年，突然病了。儿子为了让母亲心情变好，利于疾病治疗，带着母亲走了很多地方。李双江这边挎着水壶，那边挎着干粮。背着老母亲上火车下火车，上飞机下飞机，里里外外，上上下下，一路上，李双江累得腿都软了，可他就是不让母亲从背上下来。走着走着，李双江感觉到脖子里湿漉漉的，回头一看，原来是母亲的眼泪一滴一滴掉到了自己的脖子里。母亲为儿子的孝顺流下了幸福的眼泪。李双江说："娘啊，您不必这样。儿子就是想报答您。娘为我们儿女的成长吃尽了苦，受尽了累。儿子现在有条件带着娘跑一跑，我很珍惜这种幸福。"经过几次这样的旅游，母亲的病奇迹般好了。

母亲健在的时候，李双江每天都和母亲一起吃饭，然后推着母亲到附近的紫竹院公园散心，呼吸新鲜空气，享受属于他们母子的二人世界。日复一日，年复一年，三年来，无论工作多忙，李双江从未间断过。

母亲去世后，每当李双江工作中遇到麻烦，或身心疲惫了，都会来到母亲的墓园，沏上一壶热茶，与母亲还像以前一样聊聊工作和生活。聊天过后，他的心里就一下子舒坦、畅快了许多，仿佛母亲的音容笑貌就在眼前，仿佛母亲并未走远。他说："每次给母亲扫墓都是一次心灵的净化。"

二

【原文】

"《诗》云:'心乎爱矣,遐不谓矣,中心藏之,何日忘之①?'"

【注释】

①遐不谓矣:遐,远。谓,告诉。

【译文】

"《诗经》里说:'心中洋溢着热爱之情,由于相距太远所以不能倾诉。心间珍藏,心底深藏,无论何时,永远不忘!'"

【评析】

忠君之人未必会从统治者那里得到他应有的待遇,然而至少他无愧于自己的良心。他永远都会为自己的这种行为自豪,同时也永远会得到百姓真心的敬爱!

【现代活用】

小李寄义勇斩蛇

这是东晋时期干宝所著《搜神记》中的一个故事。

三国期间,东吴建安郡(今属福建省三明市)将乐县有座名叫庸岭的高山,绵延数十里。山深林密,西北部石缝之中有一条大蛇,长七八丈,经常出没危害人畜。地方官吏祭以牛羊,仍然未得安宁。传说蛇精每年须吃一个十三四岁的女童,当地才能平安无事。于是,当地官吏便四处搜寻贫苦人家和犯罪家庭的女孩,养到八月之时祭蛇,将该女孩送到蛇穴洞口,由蛇吞噬。年年如此,已有9个女孩葬身蛇腹。

这一年,地方官吏四处搜寻祭蛇童女,未有所得。

当时，将乐县中有一个14岁的女孩，姓李名寄，家中共有6个姐妹，她排行最小。她耳闻目睹多少家庭因骨肉葬身蛇腹所受的痛苦，多少父母因女儿命丧蛇口所造成的惨状，不禁义愤填膺，决心应招祭蛇，伺机为民除害。当她把这个志愿告知父母时，父母坚决不允。李寄便对双亲说："爹娘生育我们6个女孩，没有男儿，我等姐妹既无帮助父母的本领，又不能供养双亲衣食，只是成为父母的累赘，不如早死，把我卖去祭蛇，还能得到一些钱来供养父母，岂不更好？"但是父母疼爱女儿，怎么也不肯答应。

李寄为民除害之心已决，便偷偷离家外出，求得一把锋利的宝剑和一条凶猛的猎犬。到了八月祭蛇之时，李寄先将数石米麦用蜜糖拌好，置于洞口。不久，大蛇闻到香味便出来吃。但见蛇头大如笆斗，眼似铜铃，十分吓人。李寄毫无惧色，先放猎犬与大蛇搏斗，自己则从一旁挥剑猛砍，终于杀死了大蛇。而后，李寄进入蛇穴，见到面前9个童女的骷髅残骸，便痛心地说："你们怯弱，为蛇所食，实在可怜。"然后胜利回家。很快，李寄斩蛇的义勇之事轰动全县，满城官民大为赞颂。

后来，南越王闻知李寄斩蛇为民除害的英雄事迹十分惊奇和敬佩，便礼聘册立李寄为王后，并封李寄之父为将乐县令，母亲和姐姐也都全部得到了封赐。

孝心换来奇迹

1968年，河南省襄城县统张村的张天运妻子病故，留下4个孩子。29岁的未婚姑娘李亚锋因敬佩张天运的人品，嫁给了他。李亚锋嫁到张家半年后，就与丈夫一起去医院做了绝育手术。张天运曾劝妻子要个孩子，李亚锋说还是做了好，不然将来一碗水端不平，会伤孩子们的心。为此，张天运特意把儿女们叫到李亚锋跟前说："你们都跪下，听爹说，娘是为了你们才不要孩子的。今后，她就是你们的亲娘！"

30年的时光过去了。在李亚锋的养育操劳下，张家的儿女都已长大成人。在村里同龄人中，他们是唯一全都上过学的姐弟。

1980年，大女儿张秋香出嫁时，李亚锋倾其所有，为女儿做了当时村里出嫁姑娘最多的嫁妆。李亚锋又接连给三个儿子成了亲。后来，李亚锋的家便成了"幼儿园"，张家七个孙辈中，如今大的已经12岁，小的也已经8岁了，个个都是由李亚锋抱大的。

天伦之乐充溢在这个三代之家，病魔却悄悄地向李亚锋袭来……

1994年秋天，李亚锋患了糖尿病，虽经住院治疗，但病情并未好转。一年后，老人病情突然加重，右脚脚趾头开始变黑、溃烂、脱落，并发出难闻的气味。

为了给母亲治病，大儿媳将孩子们的压岁钱拿了出来，二儿媳连夜跑回娘家借了500元，三儿媳一下子拿出3000元。张家弟兄们从不计较谁拿钱多少，因为大家清楚，为了给母亲治病，每个人都会不惜一切的。大姐张秋香家的日子不宽裕，每当她回家把钱悄悄放在母亲床头时，弟兄三个就拿起来塞回给她。大姐不依，泪涟涟地说："我也是娘养大的，兴你们尽孝，不兴我尽心？"

医生们诊断后，无不摇头说："糖尿病引发的脉管炎和糖尿病综合征已经到了后期，你们别再跑了，回家准备后事吧。"

得知母亲将不久于人世，儿女们争着把母亲往自己家拉。大哥、二哥见弟弟把母亲背回家，就每日到他家去侍候母亲。五天后，大哥趁三弟不在，偷偷把母亲背到了自家。老二没"抢"到母亲，就去找父亲评理。张天运没办法，就让兄弟三个轮着侍候母亲。

在儿女们的悉心照料下，1997年秋，经历了半年的昏迷之后，李亚锋老人又奇迹般地苏醒了。

二儿子听说鲁山有一位87岁的老中医能治母亲的病，就专程把母亲背上汽车找到老中医。老中医开的处方中有几味中药不好找，弟兄三人相约，即使是上天入地，也要把母亲的药配齐。

东奔西走，经历千难万难，十多种稀奇中药终于按方子配好了。涂在患处一个月，母亲的脚开始消肿，原来坏死的部分开始愈合了。

孝心能创造奇迹。被多家医院判了死刑的李亚锋老人，在儿女的照料下，后来竟能下床拄着拐杖走动了。

丧亲章第十八

【原文】

子曰："孝子之丧亲也①，哭不偯②、礼无容③、言不文④，服美不安⑤，闻乐不乐⑥，食旨不甘⑦，此哀戚之情也。"

【注释】

①丧亲：失去父母亲。丧，丧失，失去。②哭不偯：痛哭得气竭声嘶。偯，哭泣的尾声。③无容：指因极为悲哀，寝食俱废，无心梳洗，面容身形憔悴消瘦。④言不文：说话不讲究藻饰修辞等。⑤服美：穿华丽的衣服。服，穿。⑥闻乐不乐：前一个乐为音乐的乐，后一个乐为快乐的乐。⑦食旨不甘：旨，美味。甘，香甜。

【译文】

孔子说："孝子的父母亡故了，哀痛而哭，哭得像是要断了气，不要让哭声拖腔拖调，绵延曲折；行动举止，不再讲究仪态容貌，彬彬有礼；言辞谈吐，不再考虑辞藻文采；要是穿着漂亮艳丽的衣裳，会感到心中不安，因此要穿上粗麻布制作的丧服；要是听到音乐，也不会感到愉悦快乐，因此不参加任何娱乐活动；即使有美味的食物，也不会觉得可口惬意，因此不吃任何佳肴珍馐；这都是表达了对父母的悲痛哀伤的感情啊！"

【评析】

孝子在父母还在世的时候要竭尽所能地孝敬他们，他们去世后也会伤心欲绝，不论是生前还是死后，无所不尽其极。就算是这样的孝顺双亲，也只是在一定程度上报答了父母的抚育之恩。但是孝子报恩在心理上，应是没有期限的。

【现代活用】

顾恺之为母画像

幼年的顾恺之，长得虎头虎脑，非常可爱，家人都叫他虎子。他的父亲当过朝廷的官员，后来辞官不做，隐居在家中。顾恺之一出生，母亲就去世了，所以他从来没有见过自己的母亲。

懂点儿事以后，每当见到别的孩子都有母亲爱护，顾恺之心里就感到很孤单，常常冲进书房问父亲："父亲，请您告诉我，我的母亲在哪儿？"

"虎子，你母亲到很远很远的外婆家去了。"父亲觉得孩子还太小，就善意地欺骗了他。

"那母亲什么时候回来？"顾恺之睁大眼睛问。

"大概……半年吧。"父亲若有所思地说道。

于是，顾恺之就开始扳着手指一天天地算时间。半年很快过去了，可是母亲又在哪里呢？于是他又去问父亲。父亲觉得该让孩子知道真相了，就把母亲去世的经过告诉了顾恺之。得知母亲已经永远离开了人世，离开了自己，顾恺之心痛极了，不由得放声大哭起来。

从此以后，顾恺之变得沉默寡言，心中反反复复地描绘着母亲的模样。他不止一次地问父亲：母亲的脸长得啥样，身材长得啥样……父亲耐心地告诉他后，他又去问奶奶。就这样，母亲的形象渐渐清晰起来。

8岁时，他对父亲说："父亲，我想给母亲画像。"父亲说："好是好，可你没见过母亲，万一画不像怎么办？"顾恺之说："母亲就在我的心里，我一定能画好的。"

他专心致志地学着画母亲，画完一张就拿去让父亲看画得像不像。"不像，画得一点儿也不像。"父亲摇摇头。顾恺之听了并不气馁，又接着画第二张，父亲又说画得不像……

当他把第十张拿给父亲看时，父亲终于点了点头，说："身材有点儿像了，可是面部还不太像。"

得到父亲的肯定，顾恺之心里甜滋滋的，画得就更来劲了。

他又花了半年时间，画成了一张母亲的全身像。他先拿给奶奶看，奶奶说："像，真像你母亲！"

顾恺之还不相信，又拿给父亲看。父亲看了连连点头，说："像了，像了，只有眼神不太像。"

顾恺之从此天天专门学画人物的眼睛，画了又改，改了又画。

当他又把一张母亲的画像送到父亲书房时，父亲一愣：这不是妻子出现在眼前了吗？连忙说："这就是你的母亲，快把这幅画挂起来。"

20岁时，顾恺之已是当时颇有名气的画家了。他善于画人物，尤其擅长画女人，在他的画中出现的女人个个形神兼备，惟妙惟肖。当别人问他拜谁为师时，他的回答是："我的母亲是一直活在我心中的老师。"

为母寻药方走遍千山万水

陈小春是香港当红的艺人，深受广大观众的喜爱，更是人人称道的孝子。

母亲不幸患肝癌期间，陈小春想尽一切办法挽救母亲的生命，更是亲自到内地寻药，走遍了内地的各大城市。无论中医还是西医，无论是大医院还是小诊所，只要是和医治母亲的病有关的方法，无论听起来多么渺茫，陈小春都不放弃一线希望。除了外出为母寻医问药，经常陪伴在母亲身旁精心照料，他说为了母亲就是失败千次万次也心甘情愿，也值得。那段日子，他整个人都消瘦了许多。母亲是土生土长的香港人，善良而纯朴，她甚至不知道自己究竟患了什么病，为什么会患上这种病。每当母亲为此而感到困惑的时候，陈小春就会依偎在母亲身边耐心地给母亲讲："是妈妈的肚子里生了一块大石头。只要按时吃药，好好治疗，石头就会消失，病也就好了。"母亲虽然依旧困惑自己的肚子里为什么会长石头，但看着孝顺听话的儿子，自己也不害怕了，母亲就不再问什么了。她相信儿子的话，会积极配合医生，尽早把肚子里的石头拿掉。正是由于陈小春坚持不懈的努力，才使得身患绝症的母亲延长了数年的生命。对此，陈小春如今可以欣慰地说无憾了。

母亲年纪大了，喜欢唠叨，陈小春把母亲的唠叨都视为幸福，从来没有因为母亲的唠叨而不耐烦过。小时候因为不听话，陈小春常挨妈妈的打。然而每次打完儿子，母亲都心疼得泪流满面。尽管事隔多年，每当提起此事，陈小春总是充满感恩，眼睛里湿湿润润。

母亲去世以后，陈小春更加珍惜和父亲在一起的日子。他怕父亲不习惯香港快节奏的生活，就在内地的乡下给父亲安了家。平日里让父亲养些鸡、鸭、鹅等动物，借以解闷。父亲也爱上了现在的生活，无忧无虑地安享晚年。

面对社会上一些不孝之子，陈小春深恶痛绝，声称这样的人连畜牲都不如。他认为，母亲怀胎十月，含辛茹苦把儿女养大，子女孝顺父母，是天经地义的事情。

孝丧是一种态度

孝道贯穿在人的一生当中，包括赡养、敬奉、起居、丧葬、祭祀等。《孝经·纪孝行》要求："孝子之事亲也，居则致其敬，养则致其乐，病则致其忧，丧则致其哀，祭则致其严。"

古人认为，孝丧是人生中特别重大的事。樊迟问孝孔子，孔子回答："生，事之以理；死，葬之以礼、祭之以礼。"就是说，父母活着的时候要尽心尽力地奉养他们，去世后要按照礼节安葬、祭祀他们。

孝丧，是慎终追远。就是要求子女谨慎恭敬地为父母送终，经常怀念久远的祖先。

孝丧，是子女对父母的生与死的一种态度，是孝行的一个重要方面。为父母养老送终是为人子女的责任和义务，"养老"与"送终"相比，人们似乎更注重"送终"。子女们能否恭敬而体面地处置父母的丧事，谨慎而哀伤地为父母送终，更能衡量一个人的孝行。正如孟子所说的："养生者不足以当大事，唯送死可以当大事。"

孝丧，是饮水思源，不忘父母。父母把我们带到这个世界，含辛茹苦地把我们培养成人，虽然父母已经离去，但我们必须明白，没有父母就没有我们的今天，要永远不忘父母的恩德，牢记父母的教诲，努力实现父母生前的夙愿。

孝丧，是心灵的教化。曾子曾说："慎终，追远，民德归厚矣。"就是说，慎重地办理父母的丧事，虔诚地追念祖先，自然会教化引导百姓归于忠厚老实。在通常情况下，父母的离去，子女在悲伤之中就会条件反射地回想父母活着时的音容笑貌，想到父母的种种好处，父母养育我们的种种艰辛。同时，看到灵堂的香烟缭绕，坟头幡纸飞舞，也会反思：父母健在时我们有诸多不敬，处事不周，使父母伤心难过，现在父母已经驾鹤西去，阴阳两相隔，想要弥补却为时已晚。"子欲养而亲不待"的那种痛心、那份追悔，可想而知。这或许就是我们通常讲的"幡然悔悟"吧！

孝丧，就是要提倡厚养薄葬。孔子在《论语·子张》中说："礼，与其奢也，宁俭。丧，与其易也，宁戚。"就是说，对于丧礼，主要是要有悲伤哀痛之情，不应该故意的铺张浪费。曾子就是这样，他要求人们对忘故的父母和先人常有思念之心，不要因时间流逝而忘却父母的养育之恩。丧礼不必追求排场。他的父亲曾点去世时，他没有大操大办，被后人奉为厚养薄葬的典范。用今天的话来说，就是要注重生前尽孝。即所谓"生前一滴水，胜过死后百重泉"。不要父母在世时不尽力奉养，甚至忤逆、虐待，父母去世后却把丧事办得极尽铺张。做儿女的与其把坟墓建得十分堂皇，倒不如父母活着的时候多尽一点孝心来得真实。

二

【原文】

"三日而食①，教民无以死伤生②。毁不灭性③，此圣人之政④也。丧不过三年⑤，示民有终也。"

【注释】

①三日而食：父母去世，孝子不食三日，三日之后，就可进食。②无以死伤生：不可因亲人之死而伤害到活着的人。③毁不灭性：因哀痛而身体瘦削，但不危及生命。毁，哀毁。④政：礼法制度。⑤丧：守丧，服丧。

【译文】

"丧礼规定，父母死后三天，孝子应当开始吃饭，这是教导人民不要因为哀悼死者而伤害了生者的健康。尽管哀伤会使孝子消瘦羸弱，但是绝不能危及孝子的性命，这就是圣人规定的礼制。为父母服丧，不超过三年，这是为了使人民知道丧事是有终结的。"

【评析】

死去的亲人不被遗忘，想来也是种幸福。死是对生的一种考验，只有真正的孝子才能经受住这种考验。

【现代活用】

笃行孝道的知县

郑板桥在做山东潍县知县的时候，为了更多地了解人民的生活状况，经常换上便衣，走出县衙，到各处去查访。

一天，他和他的书童两人来到县城南边的一个村庄，见到一户人家的门上贴着一副对联：

家有万金不算富，
命中五子还是孤。

看样子，这副对联贴上去的时间并不长。郑板桥觉得很奇怪，对书童说："既不过年又不过节，这家人为什么要贴对联呢？而且对联写得又这么不寻常，其中一定有隐情，我们还是进去看一看吧。"

书童上前敲门，来开门的是一个老人。老人将郑板桥让进屋内，只见家徒四壁，一贫如洗。郑板桥问："老先生，您贵姓啊？今天家里有什么喜事吗？为何门口贴上了对联？"老人叹一口气，说："敝人姓王，不敢欺瞒先生，今天是敝人的生日，触景生情，便写了一副对联用来自娱自乐，让先生您见笑了。"郑板桥"哦"了一声，沉吟半晌，好像明白了什么，于是对老人说了几句祝寿的话，便告辞了。

出了老人家门，郑板桥直奔县衙。一回县衙，便命令衙役："来人，把城南村王老汉的十个女婿全部带到县衙来。"衙役答应一声，迅速地去办差了。

书童十分纳闷，问道："老爷，您怎么知道刚才那个王老汉有十个女婿？"郑板桥给他解释说："通过分析他写的对联就知道了。人们平常都把小姐称为'千金'，他'家有万金'，不就是有十个女儿吗？俗话说'一个女婿半个儿'，他'命中五子'，不就是十个女婿吗？"书童一听，恍然大悟。

老汉的十个女婿很快就到齐了。郑板桥好好给他们上了一课，不仅讲了孝敬老人的道理，还规定十个女婿轮流侍奉岳父，让老人安度晚年。最后又严肃地说："你们中如果有谁对岳父不好，本县一定要治他的罪。"

第二天，十个女儿带着女婿都上门来看望老人，还给老人带来了不少衣服和吃的东西。王老汉看到女儿女婿们一下子变得如此孝顺，心里十分高兴，同时也有点儿莫名其妙，不明白到底发生了什么事。一问女儿，才知道刚才来过的人就是知县郑大人。

三孝子为救娘"典身"

山东兖州有家人，父亲叫尹彦德，母亲叫时苓。他们有三个儿子，全都是大学生：大儿子尹训国，中国人民大学法学院硕士研究生；二儿子尹训宁，山东农业大学园艺系学生；三儿子尹训东，山东大学国际贸易系学生。一家出了三个大学生，时苓在兖州街头便有了一个响亮的美称——大学生的妈妈。

不幸的是，时苓在抚育孩子期间，患上了乙型肝炎、风湿性关节炎、甲状腺肿瘤等多种疾病。为了孩子们的学习，她一直默默地忍受着病痛的折磨。直到1999年，她突然发起了高烧，血色素降到1.8克，生命垂危，不得不躺进济宁医院。经过仔细诊断，她被确诊患有"自身免疫溶血性贫血"。

医生说，治疗这种病的唯一方法是置换血浆，每星期至少要换两次，而一次费用就高达六千元。尹家父子听后，顿时傻眼了，哪来这么多钱啊！父亲忧愁地来回踱步，三个儿子更是你看看我，我瞅瞅你。最后，他们不得不将自家一套两室一厅带院落的房子以三万元的价格卖掉，先解救命之急。

三万元很快便被病魔吞噬了，母亲的病情却依然不见好转。随着病情发展，时苓不得不从济宁医院转至北京友谊医院治疗。三个儿子看着一天天消瘦的父亲，再看看生命垂危的母亲，心急如焚。

1999年5月的一天，在北京友谊医院走廊，尹氏三兄弟为筹划医疗费之事苦思冥想。老大尹训国突然眼前一亮，脱口而出："向社会企事业单位求援，提前预领五年工资。"老二训宁、老三训东一时茅塞顿开，兄弟三人当即就俯在走廊的座椅上,你一句我一言地写成了一封"自荐书"。

1999年10月20日,陕西汉江药业股份有限公司董事长吕长学和总经理王政军获知山东三学子"典身"救母的消息,被这旷世孝心所感动。他俩召集公司西安办事处的同志们讨论研究此事,最终达成共识,认为三学子"典身"救母,正符合"把忠心献给祖国、把孝心献给父母、把真诚献给朋友"的企业精神,于是便向学子发出了邀请函。

总经理王政军对三个学子说:"我们接纳你们,一是被你们想尽办法为母亲治病的孝心所打动,这是中华民族的传统美德;二是你们自强自立的创新意识,正是现代企业所需要的;三是面对新世纪知识经济的竞争,我们企业需要高素质的人才。"

12月25日,尹氏三兄弟与陕西汉江药业股份有限公司正式签署了一份特殊的协议,提前领取了五年的工资。他们大学毕业之后,将无偿为公司工作五年。

孝以顺为美

面貌清秀、谈吐文雅的白雪是军人的女儿。父亲从警一生,清正廉明,这使白雪从小就立志做一个正直、宽厚的人。她12岁读艺校,只身一人在外闯荡,心中牵挂的,一直是家乡年迈的双亲。

有一年,白雪随军到兰州演出。演出当中,却忽然传来了父亲被车撞伤,已经送进医院抢救的噩耗。白雪随即向部队领导请了假,连夜赶回老家。躺在病床上的父亲早已不省人事,昏迷了一天一夜。扶在父亲的床头,白雪将所有的悲痛都放在心里。只要父亲还有一线希望,她就不放弃一切努力。在父亲病榻边上的几十个日日夜夜,是白雪一生中最难忘的日子。每天,她亲自给父亲换洗尿布,擦洗身体,喂水喂饭,一刻也不停地悉心陪护在父亲身边。有时父亲不经意地抽搐一下,白雪都会绷紧全身的神经猜测父亲的心思。"是爸爸哪里不舒服吗?还是医生的用药不合适呢?"每一次,无数个问题都会在白雪的脑子里盘旋,她生怕因自己的稍一疏忽而错过了对父亲最关键的治疗和呵护。苍天不负有心人,父亲最终在女儿的亲情感召下得以康复。回想起躺在医院里昏迷的日子,老人欣慰地回忆:"当时我什么也不记得,不认识了。就看到一名肩上有五角星徽章的人在我眼前每天来回地晃动,一刻也不离开。现在知道那五角星徽章就是最疼爱我的女儿啊。"

孝以顺为美。白雪从不和爸爸妈妈顶嘴，即使父母批评自己时也会顺着他们。白雪觉得，只有他们不生气，才会有一个健康的身体和愉悦的心情，才会晚年幸福。身为人母的白雪，谈起教子来也颇有心得。她说孝顺是最讲究传承的文化。子女孝顺自己的父母，等到自己做父母的时候，晚辈自然而然地也会孝顺你，甚至不需要过多的教导。对于儿子，白雪虽然一样地疼爱呵护，但在孝顺长辈方面要求却非常严格。她甚至不容许儿子和爷爷、奶奶大声说话，更不要说不听家长的话或和长辈顶嘴了。谈到未来儿子是否会孝顺自己，白雪很自信："我很孝顺我的爸爸、妈妈，儿子将来一定会孝顺我"。

三

【原文】

"为之棺、椁、衣、衾而举之①；陈其簠、簋而哀戚之②；擗踊③哭泣，哀以送④之；卜其宅兆，而安措之⑤；为之宗庙⑥，以鬼享之⑦；春秋祭祀⑧，以时思之⑨。"

【注释】

①为之棺椁衣衾而举之：椁，古代的棺木有两重，盛放尸体的叫棺，套在棺外的叫椁。衣，寿衣。衾，死人盖的被子。举之，举行敛礼。分小敛和大敛。为死者穿着衣服称小敛，把尸体放入棺内，称大敛。②陈其簠、簋而哀戚之：陈，陈列，摆设。簠簋，古代祭祀宴享时盛黍稷的器皿，用竹木或铜制成。大抵簠多为方形，簋多为圆形。戚，哀伤。③擗踊：捶胸顿脚。古丧礼中，表示极度悲痛的动作。擗，捶胸。踊，跳跃。④送：送殡；送葬。⑤卜其宅兆而安措之：卜，占卜。宅，墓穴。兆，坟地。安措，安葬。⑥为之宗庙：指在家庙里为死者设立相应的牌位。⑦以鬼：按照对逝者的礼法。⑧春秋：指春、夏、秋、冬四季。⑨以时：按时。

【译文】

"父母去世之后，准备好棺、椁、衣裳、被褥，将遗体装敛好；陈设好簋、篚等器具，盛放好上供的食物，寄托哀愁与忧思；捶胸顿足，号啕大哭，悲痛万分地出殡送葬；占卜选择好墓穴和陵园，妥善地加以安葬；设立宗庙，让亡灵有所归依，供奉食物，让亡灵享用；春、夏、秋、冬，按照时令举行祭祀，表达哀思，追念父母。"

【评析】

亲人去世的悲哀是旁人无法劝解的，也是自己无法释怀的。父母的养育之恩是做子女的一辈子也答谢不完的，所以对生者尽孝、对死者尽哀，哀伤虽然无法减弱，但是遗憾却可以降到最低。

【现代活用】

事父母即是事佛

相传，安徽省太和县有位叫杨辅的人。因他父母只生下他一人，对他疼爱有加。为了他的前程，父母辛勤劳作，节衣缩食地供他读书。可是，由于杨辅天赋不足，尽管刻苦攻读，到头来还是无缘功名，从十多岁一直考到30岁，科科落榜。

十多年的科场挫折使杨辅心灰意冷，感觉人生无常，便立志信佛修道。后来，他听说四川省有个无际大师，道法高深，便决心拜他为师。于是，杨辅不顾父母的反对，经过几千里辛苦跋涉来到四川。真是功夫不负有心人，初冬时节，杨辅终于遇见了无际大师。

无际大师面对这位风尘仆仆的汉子，便问他何方人氏，家境怎样，到四川省来寻他何干。杨辅一一如实回答。

无际大师听罢，便微笑着对杨辅说："你要拜我为师，何不直接去拜佛。"杨辅说："老师父，我很想见佛，但不知道佛在哪里，敬请老师父明示。"无际大师说："你现在赶快回家，半夜时分叩响家门，看到身上披着棉被，脚上倒穿鞋子的，那就是佛了。"

杨辅听了无际大师的话，深信不疑，急忙辞别大师，启程回家。经过一个多月的跋涉，终于回到家乡。

这时已近腊月，天寒地冻，冷风嗖嗖。杨辅遵照大师的嘱咐，挨到当夜三更时分，他才叩响自家的大门，呼唤爹娘开门。

此刻，杨辅的母亲忽然听到宝贝儿子在这寒夜回家的叩门声，高兴得从床上跳下来，衣服也不穿了，胡乱抓起床上那床棉被披在身上，鞋子穿倒了也全然不觉，匆匆忙忙地上前开门迎接她的爱子。杨辅看到披着棉被，倒穿着鞋子的母亲，顿时恍然大悟，明白了父母便是无际大师所说的活佛。

从此之后，杨辅一心勤耕力作，竭力孝敬父母，在物质方面尽量满足父母，在精神方面尽量使父母快乐，成了出名的孝子。

后来，杨辅享寿80岁，儿孙满堂，家道殷实，家庭和谐。临终之时，用《大集经》上的一句话语告诫儿孙说："世若无佛，善事父母，事父母即是事佛也。"

兄妹争相救父

2003年1月24日下午三点半，广西桂林解放军181医院接待室，25岁的韩峰和23岁的弟弟韩磊坐在记者对面，两兄弟眼睛发肿，哽咽不止。此时，他们的妹妹——18岁的广西钦州市小学教师韩瑜正在手术室里，再过一会儿她自己的肾将被摘下移植到父亲的体内。

事情的原委是这样的：

他们的父亲被医院诊断为慢性肾炎晚期，2000年初，转为尿毒症。父亲的病情牵动着儿女们的心。一个偶然的机会，韩峰、韩磊和韩瑜三兄妹从报纸上了解到，如果家庭提供肾源，不仅可以节约很多医疗费，而且更容易"种植"。

"我是老大，我有责任捐肾给爸爸。"当大哥的韩峰当仁不让，首先提出来为父亲捐肾。

"不行！我也是儿子，凭什么我就不能捐？"弟弟韩磊毫不示弱地展开了"捐肾权"争夺战。

"女儿也是父亲生的，要捐就捐我的。"小妹韩瑜此言一出，立即招致两个哥哥的强烈反对："你年龄小，一个女孩子家，摘掉一个肾，将来怎么嫁人？"

韩瑜说："这样吧，我们三个人签订一个君子协定，谁的肾好，谁就捐给爸爸。"这个提议得到两个哥哥的积极响应，当即草拟了一份协议，三兄妹郑重签名画押。

"协议书"签订后，韩峰和韩磊对妹妹耍了一个"花招"，他俩没有遵守协议中三人同去检查身体的约定，而是提前跑到桂林解放军181医院做检查，目的是"先做为快"，一旦身体检查合格，就能堵住妹妹的换肾之路。岂料这次检查让哥儿俩大失所望：韩峰的左肾偏小，韩磊携带有乙肝病毒，他俩的肾都不能移植。

　　两位哥哥想不到，妹妹韩瑜此时也同样"耍"了他俩，她悄悄溜进钦州市第一人民医院做检查，结果是双肾十分健康！

　　三兄妹争相捐肾的消息被父亲知道后，他大为震惊！特别是自己的千金宝贝要"割肾救父"，让他更没法接受。他坚决拒绝了女儿的孝心："割掉女儿身上的肉，比剜出我的心都痛呀！我说什么也不会接受你的肾。"

　　"不！"韩瑜跪在父亲的病床前，眼泪哗哗地直掉，"爸爸，我的生命是你给的，我现在只割舍一个肾算什么呀？如果你不答应女儿的请求，我会一生不安啊！"韩瑜跪在地"要挟"父亲："若不接受我的肾脏移植，我已写好了辞职书，将日日夜夜陪着跪在父亲病床前……"

　　半个小时过去了，两个小时过去了……母亲、哥哥和亲友们纷纷赶来劝她，但韩瑜仍双膝跪地不起，她的膝盖磨出了血丝，她咬着牙全身开始发抖。父亲再也忍受不住，放声痛哭："我的乖女儿呀！你快起来吧……"父亲默认了女儿献肾的举动。

　　18年前，父亲给了女儿生命。今天，十几分钟的手术，女儿让父亲"获得了新生"。

孝心签进合约里

　　王文杰是国内知名的大导演，对母亲的孝顺在演艺圈子里也是屈指可数的。

　　王文杰自己认为，孝敬长辈，不光是儿女的一种义务和责任，更是一种上天的恩赐和享受。不管父母的能力有多大，为儿女的事业和前程能帮上多少忙，只要他们健在，儿女的头上就有一片晴空。就算遇到再大的风雨、挫折，有父母的大力支持，发自内心的淳朴的亲情的温暖，就会为儿女的心里撑起一片晴天。

　　2000年以后，王文杰把父母带到了自己身边，与母亲在一起的时候，是他最幸福的时光。

那一年，父亲生病了，王文杰正在拍戏最紧张的时候。然而他心里总是惦念着病榻上的父亲，尽可能多挤出一点时间，伺候病床上的老父亲。在父亲的床边，为父亲一口一口送水、一口一口喂饭，表达他对父亲最朴实、直接的爱。父亲的悄然离去，使孝顺的王文杰受到了重重的一击，他满怀"子欲养而亲不待"的苦楚，更加珍惜和母亲在一起的时光。收起失去父亲的悲痛，王文杰将所有的爱都倾注到母亲身上。春节，他在百忙之中抽出时间带着母亲去西双版纳，或去北戴河疗养，只要母亲心里高兴，儿子愿意舍弃时间和一切去陪伴她。

母亲年纪大了，难免行动不便和感到孤独，细心的王文杰就把母亲带到剧组，让母亲守护在自己身边。他创造一切可能的条件不让母亲孤独，找人给母亲做好吃的，陪母亲聊聊天，母亲怎么开心就怎么来。有一次，王文杰接戏与投资方签合同的时候，把老母亲一同带到剧组是合同里必需的条件，剧组同意了，他才接戏，但不给剧组增加麻烦，自己承担经济支出，否则他就会慎重考虑是否要放弃这个机会。在他的眼里，母亲最重。所有的功名可以割舍，对母亲的爱，却无法忘怀。

王文杰认为不仅要努力满足母亲物质和金钱上的需要，更重要的还是对母亲精神上的满足，尽自己最大的努力，关爱母亲的身心健康。每次拿了奖，获得了荣誉，王文杰都喜欢和母亲一起分享，他认为是母亲一生默默地付出成就了他今天的辉煌。

四

【原文】

"生事爱敬，死事哀戚，生民①之本②尽矣，死生之义③备矣，孝子之事亲终④。"

【注释】

①生民：人民。②本：本分，义务。③义：道义，情分。④孝子之事亲终

矣：孝子侍奉父母的任务完成了。

【译文】

"父母活着的时候，以爱敬之心奉养父母；父母去世之后，以哀痛之情料理后事，能够做到这些，人民就算尽到了孝道，完成了对父母生前与死后应尽的义务，孝子侍奉父母，到这里就算是结束了。"

【评析】

父母在世时要孝敬，父母去世以后也要时常表现出思念和尊敬。孝敬父母不是一时在口上说说，而是一个人一辈子的事情。

【现代活用】

向老秀才赔礼的皇帝

朱标出生时，朱元璋正在行军打仗。儿子的出世，给他带来了莫大的欣喜。兴奋之余，他也对儿子抱以极大的希望。朱标稍大些了，朱元璋就让他拜当时最好的先生为师，接受教育。儿子外出时，他教导儿子说："古代的商高宗、周成王，都知道老百姓的疾苦，所以在位勤俭，成为英明的好君主。你生长在富贵中，习惯了安乐的生活，现在外出，沿途浏览，一要体会自己做事的辛苦，二要好好体察百姓生活的不易，三要知道我创业的艰难。"

传说，为了教育好儿子，朱元璋曾经请了一位很有学问的老秀才给儿子当老师。有一次上课的时候，老秀才让朱标背诵一段《论语》，自己则闭着眼睛听。朱标只背了开头两句，就翻开书照着念。突然，老秀才睁开了眼睛，发现朱标作弊，就训了他几句。朱标不服气，老师很生气，一把抓住他的胳膊扭了过去。刚好这时朱元璋走了进来，看见了，忙替太子求情。老秀才不答应，认为太子目中没有老师，应该得到教训。朱元璋生气了，命令武士把老秀才抓了起来。

事情传到马皇后那里，她觉得朱元璋为儿子护短而惩罚老师，只会害了孩子。于是，在晚上吃饭的时候，她给朱元璋敬了一杯酒，说道："您过去曾经说过，世界上有两种人最没有私心，您还记得吗？"

朱元璋一时记不起来，笑着说："我记不得了，你说来听听。"

马皇后说:"您曾说过,世界上有两种人最没有私心,一种是医生,一种是老师,没有那个医生不想把病人治好,也没有那个老师不想把学生教好。"

朱元璋听了,心中有些后悔。

马皇后趁热打铁说:"玉不琢,不成器。老师虽然严厉了些,但从长远来看,对孩子有莫大的益处。"

朱元璋点了点头,说道:"是我一时心急,错怪了老师。明天我就替儿子向老师道歉!"

第二天,朱元璋和马皇后叫人把老秀才请来,亲自向他道歉。老秀才连声说"不敢不敢"。朱元璋又把朱标叫到跟前,当着老秀才的面,把儿子训斥了一顿,让他好好听老师的教诲,不可再怠慢老师。还请老秀才坐在太师椅上,让儿子跪下给老师叩头认错。

老秀才扶起朱标后,走到书桌前,写了十个大字:明王明不明,贤后贤不贤。马皇后一看,笑着说:"请老师念一下吧!"

老秀才念道:"明王明不?明!贤后贤不?贤!"

朱元璋一听,哈哈大笑。

异地母子心连心

1951年春,一批志愿军伤员从前线被转送到辽宁兴城陆军医院,其中有两个18岁的伤员:一个是左臂粉碎性骨折的郝英祥,家在山西吕梁地区的离石县城;另一个是右臂负伤、伤势较轻的薛义昌,家在山东沂蒙山区。

他俩的床紧挨着,两人成了亲密无间的战友。薛义昌向郝英祥讲述了他母亲的情形。母亲陈继太33岁守寡,含辛茹苦把他们兄妹四人拉扯大。1948年,母亲送他参军。淮海战役前夕,母亲背着煎饼,步行一百余里到部队看他……也就是从那时开始,这位可敬母亲的形象便深深刻在郝英祥心中。

薛义昌重返前线。临上车前,他对郝英祥说:"我到朝鲜以后就不能通信了,你在这里隔一段时间给我家里写封信,安慰安慰我母亲。"郝英祥紧握着战友的手:"你放心,保证做到!"

郝英祥一直给薛家写信。突然有一天,他接到薛义昌的哥哥薛其昌的信:"英祥同志:义昌已在前方战场上牺牲了。县政府已把烈士证送到咱家,全家都悲痛万分，母亲每日哭泣……"

郝英祥决心履行他对战友的生死诺言。他回信说："义昌是不喜欢我们流泪的。请你们把我当成你们家的一个成员吧。"很快，他收到薛其昌的再次来信："母亲很高兴，她说收下你这个儿子，把你也就当义昌了。"

家书寄深情，郝英祥一写就是48年。山西雨涝，他顾不得自家的房漏，给东妈妈写信问："咱那里是否下连阴雨？是否缺塑料布？有困难要对我说。"山东大旱，他忧心如焚，又写信问："咱家的粮食是不是够吃？"工作上的事情，郝英祥也要给妈妈汇报汇报。郝英祥上有老、下有小，经济上也比较困难。但在三年困难时期，他给妈妈寄去布匹，让妈妈过年做衣服。县委干部局发福利品，他为妈妈领了一根能照明的拐杖。妈妈也惦记着这位山西儿子。当时花生米是稀罕物，每年腊月，郝英祥总会收到山东妈妈寄来的花生米，这一寄也是48年！

1977年10月，华北地区石油工作会议在河北沧州召开，郝英祥借机探望了妈妈，朝思暮想的异姓母子终于相见了！妈妈恸哭失声："英祥儿啊！我可是把你盼来了！"在那欢聚的15天里，郝英祥寸步不离妈妈。他看到的是，妈妈黑暗低矮的茅草屋、囤子里的红薯干、锅里的红薯面煎饼，更让他难过和不安的是，家里人顿顿给他炒菜，还想办法弄来白面给他吃。

1994年，郝英祥离休。这次探亲，他一住就是一个多月。他陪伴86岁的母亲唠家常，给她做山西饭菜，帮她干家务活。他还用地排车拉她赶集，引得路人直夸老人家有福气。

为父母排忧的孝顺女

吕丽萍是有名的孝顺女，同时是功力深厚的实力派明星。她是一名电影演员，吕丽萍对父母的孝顺是"全方位"的。除了平时生活上无微不至的照料，吕丽萍更重视对老人精神的细心呵护。孝顺的女儿几乎没有在父母面前说过一个"不"字，只因女儿明白老人上了年纪就像孩子一样，特别需要人鼓励，需要人的理解和体谅，喜欢听悦耳赞美的话。

吕丽萍曾一度掌握家里的"经济大权"。因为父母的生活习惯不同，母亲惯于周济别人，所以花钱难免有些大手大脚，而父亲非常节俭，父母两人经常因为财物问题产生纠纷，甚至吵架。当时只有十几岁的吕丽萍，为了让父母不再吵架，有一天就和父母商量，家庭的经济收支是否可以由自己来管。父母同意了，日后家里的日常开销吕丽萍都要过目，关于买米、买面、买煤的事情，她全部都承揽下来。后来父母就再也没有因为财务分歧吵架了。可见，吕丽萍还是一位能干的管家。

吕丽萍孝顺父母更多地体现在"听话"上。不管什么要求，只要父母提出来，只要他们高兴，她都乐此不疲、全心全力地照办。毕业分配时，吕丽萍本来可以就近留在北京，可被阴差阳错分到了远离家乡的上海，当时吕丽萍很不愿意离开父母。父亲知道后严厉地批评了女儿的错误态度，教导孩子"好男儿志在四方"，岂能因工作地点羁绊了事业和前途。那天晚上，吕丽萍思想挣扎了许久，但一想到父亲的话，就不再顾虑什么了，她怕父亲因此而伤心。吕丽萍最终选择了毅然南下，果然开创了属于自己的一片天地。

父亲去世以前的那段日子，身体非常虚弱。这时候有一个摄制组来找吕丽萍拍戏，可吕丽萍看过剧本后不愿意接，她想多拿出点时间陪伴在父亲身边。父亲知道女儿是为了照顾和陪伴自己推掉工作后，就和吕丽萍急了。父亲坚持说自己不需要人照顾，吕丽萍再一次在父亲面前妥协了。"去就去吧，听父亲的话，就是女儿对父亲最好的报答。"这样，吕丽萍听话地去拍戏了。

吕丽萍对父母的爱还深深地影响和感化着身边的朋友们。

|附录一|

二十四孝图

（一）孝感动天

虞舜，瞽瞍之子。性至孝。父顽，母嚚，弟象傲。舜耕于历山，有象为之耕，鸟为之耘。其孝感如此。帝尧闻之，事以九男，妻以二女，遂以天下让焉。有诗为证：

队队春耕象，纷纷耘草禽。
嗣尧登宝位，孝感动天心。

【注】

舜，传说中的远古帝王，五帝之一，姓姚，名重华，号有虞氏，史称虞舜。相传他的父亲瞽瞍及继母、异母弟象，多次想害死他：让舜修补谷仓仓顶时，从谷仓下纵火，舜手持两个斗笠跳下逃脱；让舜掘井时，瞽瞍与象却用土填井，舜掘地道逃脱。事后舜毫不嫉恨，仍对父亲恭顺，对弟弟慈爱。他的孝行感动了天帝。舜在厉山耕种，大象替他耕地，鸟代他锄草。帝尧听说舜非常孝顺，有处理政事的才干，便把女儿娥皇和女英嫁给他。经过多年观察和考验，帝尧终选定舜做他的继承人。舜登天子位后，去看望父亲，仍然恭恭敬敬，并封象为诸侯。

（二）戏彩娱亲

周老莱子，至孝，奉二亲，极其甘脆，行年七十，言不称老。常着五彩斑斓之衣，为婴儿戏于亲侧。又尝取水上堂，诈跌卧地，作婴儿啼，以娱亲意。有诗为证：

戏舞学娇痴，春风动彩衣。
双亲开口笑，喜色满庭闱。

【注】

老莱子，（东周）春秋时期楚国隐士，为躲避世乱，自耕于蒙山南麓。他孝顺父母，尽用美味供奉双亲，70岁尚不言老，常穿着五色彩衣，手持拨浪鼓，如小孩子般戏耍，以博父母开怀一笑。一次为双亲送水，他进屋时跌了一跤，怕父母伤心，索性躺在地上学小孩子哭。二老大笑。

·231·

（三）鹿乳奉亲

周郯子，性至孝。父母年老，俱患双眼，思食鹿乳。郯子乃衣鹿皮，去深山，入鹿群之中，取鹿乳供亲。猎者见而欲射之。郯子俱以情告，以免。有诗为证：

亲老思鹿乳，身挂褐毛皮。
若不高声语，山中带箭归。

【注】

郯子，春秋时期人。其父母年老，患眼疾，需饮鹿乳疗治。他便披鹿皮进入深山，钻进鹿群中，挤取鹿乳，供奉双亲。一次取乳时，看见猎人正要射杀一只麋鹿，郯子急忙掀起鹿皮现身走出，将挤取鹿乳为双亲医病的实情告知猎人。猎人敬他孝顺，以鹿乳相赠，并护送他出山。

（四）百里负米

周仲由，字子路。家贫，常食藜藿之食，为亲负米百里之外。亲殁，南游于楚，从车百乘，积粟万钟。累茵而坐，列鼎而食。乃叹曰："虽欲食藜藿，为亲负米，不可得也。"有诗为证：

> 负米供旨甘，宁辞百里遥。
> 身荣亲已殁，犹念旧勋劳。

【注】

仲由，字子路、季路，春秋时期鲁国人，孔子的得意弟子，性格直率勇敢，十分孝顺。早年家中贫穷，自己常常采野菜做饭食，却从百里之外负米回家侍奉双亲。父母死后，他做了大官，奉命到楚国去，随从的车马有百乘之众，所积的粮食有万钟之多。坐在垒叠的锦褥上，吃着丰盛的筵席，他常常怀念双亲，慨叹说："即使我想吃野菜，为父母亲去负米，哪里能够再得呢？"孔子赞扬说："你侍奉父母，可以说是生时尽力，死后思念哪！"（《孔子家语·致思》）

（五）啮指心痛

曾参，字子舆，事母至孝。参曾采薪山中，家有客至，母无措。望参不还，乃啮其指。参忽心痛，负薪以归，跪问其母。母曰："有急客至，吾啮指以悟汝耳。"有诗为证：

母指才方啮,儿心痛不禁。
负薪归未晚,骨肉至情深。

【注】

曾参,字子舆,春秋时期鲁国人,孔子的得意弟子,世称"曾子",以孝著称。少年时家贫,常上山打柴。一天,家里来了客人,母亲不知所措,就用牙咬自己的手指。曾参忽然觉得心疼,知道母亲在呼唤自己,便背着柴迅速返回家中,跪问缘故。母亲说:"有客人忽然到来,我咬手指盼你回来。"曾参于是接见客人,以礼相待。曾参学识渊博,曾提出"吾日三省吾身"(《论语·学而》)的修养方法,相传他著述有《大学》《孝经》等儒家经典,后世儒家尊他为"宗圣"。

(六)芦衣顺母

闵损,字子骞,早丧母。父娶后母,生二子,衣以棉絮;妒损,衣以芦花。父令损御车,体寒,失纼。父查知故,欲出后母。损曰:"母在一子寒,母去三子单。"母闻,悔改。有诗为证:

闵氏有贤郎,何曾怨晚娘?
尊前贤母在,三子免风霜。

【注】

　　闵损，字子骞，春秋时期鲁国人，孔子的弟子，在孔门中以德行与颜渊并称。孔子曾赞扬他说："孝哉，闵子骞！"（《论语·先进》）。他生母早死，父亲娶了后妻，又生了两个儿子。继母经常虐待他，冬天，两个弟弟穿着用棉花做的冬衣，却给他穿用芦花做的"棉衣"。一天，父亲出门，闵损牵车时因寒冷打颤，将绳子掉落地上，遭到父亲的斥责和鞭打，芦花随着打破的衣缝飞了出来，父亲方知闵损受到虐待。父亲返回家，要休逐后妻。闵损跪求父亲饶恕继母，说："留下母亲，只是我一个人受冷；休了母亲，三个孩子都要挨冻。"父亲十分感动，就依了他。继母听说后，悔恨知错，从此对待他如亲子。

（七）亲尝汤药

　　前汉文帝，名恒，高祖第三子，初封代王。生母薄太后，帝奉养无怠。母常病，三年，帝目不交睫，衣不解带，汤药非口亲尝弗进。仁孝闻天下。有诗为证：

　　　　仁孝闻天下，巍巍冠百王。
　　　　莫庭事贤母，汤药必先尝。

二十四孝图

【注】

  汉文帝刘恒，汉高祖第三子，为薄太后所生。高后八年即帝位。他以仁孝之名，闻于天下，侍奉母亲从不懈怠。母亲卧病三年，他常常目不交睫，衣不解带。母亲所服的汤药，他亲口尝过后才放心让母亲服用。他在位24年，重德治，兴礼仪，注意发展农业，使西汉社会稳定，人丁兴旺，经济得到恢复和发展，他与汉景帝的统治时期被誉为"文景之治"。

（八）拾葚异器

  汉蔡顺，少孤，事母至孝。遭王莽乱，岁荒不给，拾桑葚，以异器盛之。赤眉贼见而问之。顺曰："黑者奉母，赤者自食。"贼悯其孝，以白米二斗牛蹄一只与之。有诗为证：

    黑葚奉萱闱，啼饥泪满衣。
    赤眉知孝顺，牛米赠君归。

【注】

　　蔡顺，汉代汝南（今属河南）人，少年丧父，事母甚孝。当时正值王莽之乱，又遇饥荒，柴米昂贵，只得拾桑葚供母充饥。一天，巧遇赤眉军，义军士兵厉声问道："为什么把红色的桑葚和黑色的桑葚分开装在两个篓子里？"蔡顺回答说："黑色的桑葚供老母食用，红色的桑葚留给自己吃。"赤眉军怜悯他的孝心，送给他三斗白米、一头牛，让他带回去供奉他的母亲，以示敬意。

（九）埋儿奉母

　　汉郭巨，家贫。有子三岁，母尝减食与之。巨谓妻曰："贫乏不能供母，子又分母之食，盍埋此子？儿可再有，母不可复得。"妻不敢违。巨遂掘坑三尺余，忽见黄金一釜，上云："天赐孝子郭巨，官不得取，民不得夺。"有诗为证：

　　　　郭巨思供给，埋儿愿母存。
　　　　黄金天所赐，光彩照寒门。

【注】

　　郭巨，东汉隆虑（今河南安阳林州）人，一说河内温县（今河南温县西南）人，原本家道殷实。父亲死后，他把家产分作两份，给了两个弟弟，自己独取母亲供养，对母极孝。后家境逐渐贫困，妻子生一男孩，郭巨担心，养这个孩子，必然影响供养母亲，遂和妻子商议："儿子可以再有，母亲死了不能复活，不如埋掉儿子，节省些粮食以供养母亲。"当他们挖坑时，在地下二尺处忽见一坛黄金，上书"天赐郭巨，官不得取，民不得夺"。夫妻得到黄金，回家孝敬母亲，并得以兼养孩子。

（十）卖身葬父

　　汉董永，家贫。父死，卖身贷钱而葬。及去偿工，路遇一妇，求为永妻。俱至主家，令织缣三百匹乃回。一月完成，归至槐荫会所，遂辞而去。有诗为证：

　　　　葬父贷孔兄，仙姬陌上逢。
　　　　织缣偿债主，孝心动苍穹。

【注】

　　董永，相传为东汉时期千乘（今山东高青县北）人，少年丧母，因避兵乱迁居安陆（今属湖北）。其后父亲亡故，董永卖身至一富家为奴，换取丧葬费用。上工路上，于槐荫下遇一女子，自言无家可归，二人结为夫妇。女子以一月时间织成三百匹锦缎，为董永抵债赎身，返家途中，行至槐荫，女子告诉董永，自己是天帝之女，奉命帮助董永还债。言毕凌空而去。因此，槐荫改名为孝感。

（十一）刻木事亲

　　汉丁兰，幼丧父母，未得奉养，而思念劬劳之恩，刻木为像，事之如生。其妻久而不敬，以针戏刺其指，血出。木像见兰，眼中垂泪。因询得其情，即将妻弃之。有诗为证：

　　　　刻木为父母，形容在日身。
　　　　寄言诸子女，及早孝双亲。

【注】

　　丁兰，相传为东汉时期河内（今河南安阳一带）人，幼年父母双亡，他经常思念父母的养育之恩，于是用木头刻成双亲的雕像，事之如生，凡事均和木像商议，每日三餐，敬过双亲后自己方才食用，出门前一定禀告，回家后一定面见，从不懈怠。久之，其妻对木像便不太恭敬了，竟好奇地用针刺木像的手指，而木像的手指居然有血流出。丁兰回家见木像眼中垂泪，问知实情，遂将妻子休弃。

（十二）涌泉跃鲤

　　汉姜诗，事母至孝。妻庞氏，奉姑尤谨。母性好饮江水，去舍六七里，妻出汲而奉之。母又嗜鱼脍，夫妇常作，又不能独食，召邻母共食。舍侧忽有涌泉，味如江水。日跃双鲤，取以供母。有诗为证：

　　　　舍侧甘泉出，一朝双鲤鱼。
　　　　子能知事母，妇更孝于姑。

【注】

　　姜诗，东汉四川广汉人，娶庞氏为妻。夫妻孝顺，其家距长江六七里之遥，庞氏常到江边取婆婆喜喝的长江水。婆婆爱吃鱼，夫妻就常做鱼给她吃，婆婆不愿意独自一个人吃，他们又请来邻居老婆婆和她一起吃。一次因风大，庞氏取水晚归，姜诗怀疑她怠慢母亲，将她逐出家门。庞氏寄居在邻居家中，昼夜辛勤纺纱织布，将积蓄所得托邻居送回家中孝敬婆婆。其后，婆婆知道了庞氏被逐之事，令姜诗将其请回。庞氏回家这天，院中忽然喷涌出泉水，口味与长江水相同，每天还有两条鲤鱼跃出。从此，庞氏便用这些供奉婆婆，不必远走江边了。

（十三）怀橘遗亲

　　后汉陆绩，字公纪。年六岁，至九江见袁术。术出橘待之，绩怀橘二枚。及归，拜辞，橘堕地。术曰："陆郎作宾客而怀橘乎？"绩跪答曰："吾母性之所爱，欲归以遗母。"术大奇之。有诗为证：

　　　　孝顺皆天性，人间六岁儿。
　　　　袖中怀绿橘，遗母报乳哺。

【注】

　　陆绩，三国时期吴国吴县华亭（今上海市松江）人，科学家。六岁时，随父亲陆康到九江谒见袁术，袁术拿出橘子招待，陆绩往怀里藏了两个橘子。临行时，橘子滚落地上，袁术嘲笑道："陆郎来我家做客，走的时候还要怀藏主人的橘子吗？"陆绩回答说："母亲喜欢吃橘子，我想拿回去送给母亲尝尝。"袁术见他小小年纪就懂得孝顺母亲，十分惊奇。陆绩成年后，博学多识，通晓天文、历算，曾作《浑天图》，注《易经》，撰写《太玄经注》。

（十四）扇枕温衾

　　后汉黄香，年九岁，失母，思慕惟切，乡人称其孝。躬执勤苦，事父尽孝。夏天暑热，扇凉其枕簟；冬天寒冷，以身暖其被席。太守刘护表而异之。有诗为证：

　　　　冬月温衾暖，炎天扇枕凉。
　　　　儿童知子职，知古一黄香。

【注】

　　黄香，东汉江夏安陆人，九岁丧母，事父极孝。酷夏时，他为父亲扇凉枕席；寒冬时，他用身体为父亲温暖被褥。少年时即博通经典，文采飞扬，京师广泛流传"天下无双，江夏黄童"。安帝（公元107~公元125年）时任魏郡（今属河北）太守，魏郡遭受水灾，黄香尽其所有赈济灾民。著有《九宫赋》《天子冠颂》等。

（十五）行佣供母

　　后汉江革，少失父，独与母居。遭乱，负母逃难。数遇贼，或欲劫将去，革辄泣告有老母在。贼不忍杀。转客下邳，贫穷裸跣，行佣供母。母便身之物，莫不毕给。"有诗为证：

　　　　负母逃危难，穷途贼犯频。
　　　　哀求俱得免，佣力以供亲。

【注】

江革，东汉时齐国临淄人，少年丧父，侍奉母亲极为孝顺。战乱中，江革背着母亲逃难，几次遇到匪盗，贼人欲杀死他，江革哭告："老母年迈，无人奉养。"贼人见他孝顺，不忍杀他。后来，他迁居江苏下邳，做雇工供养母亲，自己贫穷赤脚，而母亲所需甚丰。明帝时，他被推举为孝廉，章帝时又被推举为贤良方正，任五官中郎将。

（十六）闻雷泣墓

魏王裒，字伟元，事亲至孝。母存日，性畏雷。既卒，葬于山林，每遇风雨，闻阿香响震之声，即奔至墓所，拜泣告曰："裒在此，母亲勿惧。"有诗为证：

慈母怕闻雷，冰魂宿夜台。
阿香时一震，到墓绕千回。

【注】

  王裒，魏晋时期营陵（今山东昌乐东南）人，博学多能。父亲王仪被司马昭杀害，他隐居以教书为业，终身不面向西坐，表示永不作晋臣。其母在世时怕雷声，死后被埋葬在山林中。每当风雨天气，听到雷声，他就跑到母亲坟前，跪拜安慰母亲说："裒儿在这里，母亲不要害怕。"他教书时，每当读到《蓼莪》篇，就常常泪流满面，思念父母。

（十七）哭竹生笋

  吴孟宗，字恭武，少丧父。母老，病笃，冬月思笋煮羹食。宗无计可得，乃往竹林中，抱竹而泣。孝感天地，须臾，地裂，出笋数茎，持归作羹奉母。食毕，病愈。有诗为证：

泪滴朔风寒，萧萧竹数竿。
须臾冬笋出，天意报平安。

【注】

　　孟宗，三国时吴国江夏人，少年时父亡，母亲年老病重，医生嘱用鲜竹笋做汤。适值严冬，没有鲜笋，孟宗无计可施，独自一人跑到竹林里，扶竹哭泣。少顷，他忽然听到地裂声，只见地上长出数茎嫩笋。孟宗大喜，采回做汤，母亲喝了后果然病愈。后来，他官至司空。

（十八）卧冰求鲤

　　晋王祥，字休征。早丧母，继母朱氏不慈。父前数潛之，由是失爱于父母。尝欲食生鱼，时天寒冰冻，祥解衣卧冰求之。冰忽自解，双鲤跃出，持归供母。有诗为证：

　　　　继母人间有，王祥天下无。
　　　　至今河水上，一片卧冰模。

【注】

　　王祥，琅琊人，生母早丧，继母朱氏多次在他父亲面前说他的坏话，使他失去父爱。父母患病，他衣不解带侍候一旁，继母想吃活鲤鱼，适值天寒地冻，他解开衣服卧在冰上，冰忽然自行融化，跃出两条鲤鱼。继母食后，果然病愈。王祥隐居二十余年，后从温县县令做到大司农、司空、太尉。

（十九）扼虎救父

　　晋杨香，年十四岁，尝随父丰往田中获粟，父为虎拽去。时香手无寸铁，惟知有父而不知有身，踊跃向前，扼持虎颈，虎亦靡然而逝。父子得免于害。有诗为证：

深山逢白额，努力搏腥风。
父子俱无恙，脱离馋口中。

【注】

　　杨香，晋朝人。十四岁时随父亲到田间割稻，忽然跑来一只猛虎，把父亲扑倒叼走，杨香手无寸铁，为救父亲，全然不顾自己的安危，急忙跳上前，用尽全身气力扼住猛虎的咽喉。猛虎终于放下父亲跑掉了。

（二十）恣蚊饱血

　　晋吴猛，年八岁，事亲至孝。家贫，榻无帷帐，每夏夜，蚊多攒肤。恣渠膏血之饱，虽多，不驱之。恐去己而噬其亲也。爱亲之心至矣。有诗为证：

　　　　夏夜无帷帐，蚊多不敢挥，
　　　　恣渠膏血饱，免使入亲帏。

【注】

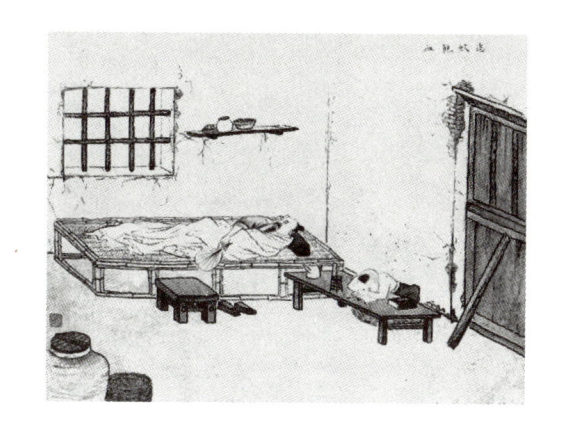

　　吴猛，晋朝濮阳人，八岁时就懂得孝敬父母。家里贫穷，没有蚊帐，蚊虫叮咬使父亲不能安睡。每到夏夜，吴猛总是赤身坐在父亲床前，任蚊虫叮咬而不驱赶，担心蚊虫离开自己去叮咬父亲。

（二十一）尝粪忧心

　　南齐庾黔娄，为孱陵令。到县未旬日，忽心惊汗流，即弃官归。时父疾始二日，医曰："欲知瘥剧，但尝粪苦则佳。"黔娄尝之甜，心甚忧之。至夕，稽颡北辰求以身代父死。有诗为证：

到县未旬日，椿庭遗疾深。
愿将身代死，北望起忧心。

【注】

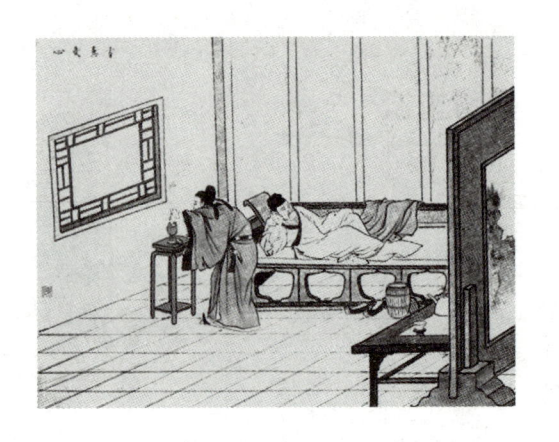

  庾黔娄，南齐高士，任孱陵县令。赴任不满十天，忽觉心惊流汗，预感家中有事，当即辞官返乡。回到家中，知父亲已病重两日。医生嘱咐说："要知道病情吉凶，只要尝一尝病人粪便的味道，味苦就好。"黔娄于是就去尝父亲的粪便，发现味甜，内心十分忧虑，夜里跪拜北斗星，乞求以身代父去死。几天后父亲死去，黔娄安葬了父亲，并为父守孝三年。

（二十二）乳姑不怠

  唐崔山南，曾祖母长孙夫人，年高无齿。祖母唐夫人，每日栉洗，升堂乳其姑。姑不粒食，数年而康。一日病，长幼咸集，乃宣言曰："无以报新妇恩，愿子孙妇如新妇孝敬足矣。"有诗为证：

   孝敬崔家妇，乳姑晨盥洗。
   此恩无以报，愿得子孙如。

【注】

　　崔山南，名，唐代博陵（今属河北）人，官至山南西道节度使，人称"山南"。当年，崔山南的曾祖母长孙夫人，年事已高，牙齿脱落，祖母唐夫人十分孝顺，每天盥洗后，都用自己的乳汁喂养婆婆，如此数年，长孙夫人不再吃其他饭食，身体依然健康。长孙夫人病重时，将全家大小召集在一起，说："我无以报答新妇之恩，但愿新妇的子孙媳妇也像她孝敬我一样孝敬她。"后来崔山南做了高官，果然像长孙夫人所嘱，孝敬祖母唐夫人。

（二十三）涤亲溺器

　　宋黄庭坚，元符中为太史，性至孝。身虽贵显，奉母尽诚。每夕，亲自为母涤溺器，未尝一刻不供子职。有诗为证：

　　　　贵显闻天下，平生孝事亲。
　　　　亲自涤溺器，不用婢妾人。

【注】

　　黄庭坚,北宋分宁(今江西修水)人,著名诗人、书法家。虽身居高位,侍奉母亲却竭尽孝诚,每天晚上,都亲自为母亲洗涤溺器(便桶),没有一天忘记儿子应尽的职责。

(二十四)弃官寻母

　　宋朱寿昌,年七岁,生母刘氏为嫡母所妒,出嫁。母子不相见者五十年。神宗朝,弃官入秦,与家人决,誓不见母,不复还。后行次同州,得之,时母已年七十余矣。有诗为证:

　　　　七岁离生母,参商五十年。
　　　　一朝相见后,喜气动皇天。

【注】

　　朱寿昌，宋代天长人，七岁时，生母刘氏被嫡母（父亲的正妻）嫉妒，不得不改嫁他人，母子五十年音信不通。神宗时，朱寿昌在朝做官，曾经刺血书写《金刚经》，行四方寻找生母，得到线索后，决心弃官到陕西寻找生母，发誓不见母亲永不返回。终于在陕州遇到生母和两个弟弟，母子欢聚，一起返回，这时母亲已经七十多岁了。

附录二

劝孝歌

（一）

孝为百行首，诗书不胜录。
富贵与贫贱，俱可追芳躅。

若不尽孝道，何以分人畜？
我今述俚言，为汝效忠告。

百骸未成人，十月怀母腹。
渴饮母之血，饥食母之肉。

儿身将欲生，母身如在狱。
惟恐生产时，身为鬼眷属。

一旦见儿面，母喜命再续。
一种诚求心，日夜勤抚鞠。

母卧湿簟席，儿眠干裯褥。
儿睡正安稳，母不敢伸缩。

儿秽不嫌臭，儿病甘身赎。
横簪与倒冠，不暇思沐浴。

儿若能步履，举步虑颠覆。
儿若能饮食，省口恣所欲。

乳哺经三年，汗血耗千斛。
劬劳辛苦尽，儿至十五六。

性气渐刚强，行止难拘束。
衣食父经营，礼义父教育。

专望子成人，延师课诵读。
慧敏恐疲劳，愚台忧碌碌。

有过常掩护，有善先表暴。
子出未归来，倚门继以烛。

儿行十里程，亲心千里逐。
儿长欲成婚，为访闺门淑。

媒妁费金钱，钗钏捐布粟。
一旦媳入门，孝思遂衰薄。

父母面如土，妻子颜如玉。
亲责反睁眸，妻詈不为辱。

人不孝其亲，不如禽与畜。
慈乌尚反哺，羔羊犹跪足。

人不孝其亲，不如草与木。
孝竹体寒暑，慈枝顾本末。

劝尔为人子，孝经须勤读。
王祥卧寒冰，孟宗哭枯竹。

蔡顺拾桑椹，贼为奉母粟。
杨香拯父危，虎不敢肆毒。

如何今世人，不效古风俗？
何不思此身，形体谁养育？

何不思此身，德性谁式谷？
何不思此身，家业谁给足？

父母即天地，罔极难报复。
天地虽广大，难容忤逆族。

及早悔前非，莫待天诛戮。
万善孝为先，信奉添福禄。

（二）

自古圣贤把道传　孝道成为百行源
奉劝世人多行孝　先将亲恩表一番
十月怀胎娘遭难　坐不稳来睡不安
儿在娘腹未分娩　肚内疼痛实可怜
一时临盆将儿产　娘命如到鬼门关
儿落地时娘落胆　好似钢刀刺心肝
赤身无有一条线　问爹问娘要吃穿
娘坐一月罪受满　如同罪人坐牢监
把屎把尿勤洗换　脚不停来手不闲
白昼为儿受苦难　夜晚怕儿受风寒
枕头就是娘手腕　抱儿难以把身翻
半夜睡醒儿哭唤　打火点灯娘耐烦
或屎或尿把身染　屎污被褥尿湿毯
每夜五更难合眼　娘睡湿处儿睡干

倘若疾病请医看　情愿替儿把病担
对天祷告先许愿　烧香抽签求仙丹
煎汤调理时挂念　受尽苦愁对谁言
每日娘要做茶饭　儿啼哭来娘心酸
饭熟娘吃儿又喊　丢碗把儿抱胸前
待儿吃饱娘端碗　娘吃冷饭心也安
倘若无乳儿啼唤　寻觅乳母不惜钱
或喂米羹或嚼饭　或求邻舍讨乳餐
白昼儿睡把事办　或织布来或缝衫
儿醒连忙丢针线　解衣喂乳哄儿眠
晚间儿睡把灯点　或做鞋袜或纺棉
出入常把娘来唤　呼爹叫娘亲喜欢
学走恐怕跌岩坎　常防水边与火边
时时刻刻心操烂　行走步步用手牵
会说会走三岁满　学人说话父母欢
三岁乳哺苦受满　又愁疾病痘麻关
或稀或稠一大难　儿出痘花胆更寒
一见痘花有凶险　请医求神把心担
幸蒙神圣开恩点　过了此关先谢天
八岁九岁送学馆　教儿发愤读圣贤
学课书籍钱不算　纸笔墨砚又要钱
放学归家要吃饭　缝衣做饭娘耐烦
衣袜鞋帽父母办　冬穿棉衣夏穿单
倘若逃学不发奋　先生打儿娘心酸
十七八岁订亲眷　四处挑选结姻缘
央媒定亲要物件　件件礼物要周全
备办迎亲设酒筵　夫妻团圆望生男
花钱多少难算尽　还要与儿置妆田
养儿养女一样看　女儿出嫁要庄奁
为儿为女把帐欠　力出尽来汗流干
倘若出门娘挂念　梦魂都在儿身边

劝孝歌

常思常念常许愿　望儿在外多平安
倘若音信全不见　烧香问神求灵签
捎书带信把卦算　盼望我儿早回还
千辛万苦都受遍　你看养儿难不难
父母恩情有千万　万分难报一二三
青发难数恩难算　杀身割肉报不完
倘若生儿娘不管　饿死焉能有今天
为子先将孝道看　人老靠儿养百年
小靠父母老靠子　老而无子命难全
父母吃穿靠子办　切记莫惜银和钱
父母在世休游远　游必有方对亲言
出必告来返必面　爹娘见子心放宽
出门年久速回转　免得爹娘夜不眠
在世孝敬胜祭奠　二老能活几多年
孝顺父母天看见　兄弟妻子要团圆
莫听妻言家分散　兄要忍来弟要宽
娶妻丑陋夫莫怨　五行八字命由天
为妻莫嫌夫贫贱　百世修来共枕眠
三从四德守闺范　学个温良女中贤
夫若与子争长短　莫在后面添孬言
夫若作恶不向善　劝夫行善孝椿萱
一家大小能向善　能体亲心是圣贤
子孝媳贤同奉养　夫妻同孝赵居先
公婆面前莫变面　晨昏二时常问安
居家过日要勤俭　尽心竭力孝堂前
董永尽孝将身典　仙女成婚中状元
黄香孝父温凉席　京师民间广流传
曹庄杀狗把妻劝　孟宗哭竹身受寒
莫说后娘心不善　且看古贤闵子骞
陆绩怀橘遗亲啖　亲涤溺器黄庭坚
杨辅访道老僧点　披衣倒屣活神仙

杨辅回家见母面　竭力尽孝脱了凡
孝顺父母看上面　祖父祖母在堂前
爷爷婆婆要知感　恩养亦是一层天
你孝父母看下面　姑娘姨娘心勿偏
父母有过务苦谏　好言相劝心喜欢
打你骂你莫强辩　子孝自然父心宽
倘若父母有病患　请医调治把药煎
倘若一时钱不便　或借或当莫怨言
父母百年闭了眼　衣衾棺廓要周全
守丧行孝连葬掩　常言亡人入土安
有钱无钱量力办　富贵贫贱不一般
儿有果供灵前献　清明佳节烧纸钱
坟茔修好时常看　莫教风水有伤残
假若坟墓有缺陷　破甲伤丁不产男
丁兰刻木真有显　王衰行孝跪坟前
人有诚心天有感　善事父母能格天
羊羔跪乳将恩感　禽兽还知孝为先
子尽孝道头一件　为媳尽孝贤名传
贤孝二字说不尽　再劝不孝忤逆男
世上有等忤逆汉　忘了根本欺了天
养育之恩不思念　吃烟赌博懒耕田
不孝父母有偏见　重爱妻子伦长短
对待父母如奴汉　交朋接友如祖先
父母吃穿不备办　照看儿女心太偏
父母有病不挂念　反说老病难保全
父母故后不伤惨　还说年老理当然
妻子有病请医看　抓药调治不惜钱
妻子儿女有命险　拍手跺脚咒皇天
逆子逆妇狼心胆　天地不容人憎嫌
法律定得其明显　若犯王法不容宽
骂母拟绞殴者斩　杀者凌耻九族怜

王法逃脱天地显　雷击煎熬下刀山
割心抽肠剜双眼　罪满转生六畜变
不信专把天雷看　单击奸妇忤逆男
孝顺不难有两件　我劝男女记心间
一要为亲行孝念　每日早晚问安然
二要奉亲恳喜欢　或农或商或贵贱
莫嫖莫赌莫吃烟　如戒艳妆勤织纺

中华传统文化核心读本书目

【处世经典】

《论语全集》
享有"半部《论语》治天下"美誉的儒家圣典
传世悠久的中国人修身养性安身立命的智慧箴言

《大学全集》
阐述诚意正心修身的儒家道德名篇
构建齐家治国平天下体系的重要典籍

《中庸全集》
倡导诚敬忠恕之道修养心性的平民哲学
讲求至仁至善经世致用的儒家经典

《孟子全集》
论理雄辩气势充沛的语录体哲学巨著
深刻影响中华民族精神与性格的儒家经典

《礼记精粹》
首倡中庸之道与修齐治平的儒家经典
研究中国古代社会情况、典章制度的必读之书

《道德经全集》
中国历史上最伟大的哲学名著,被誉为"万经之王"
影响中国思想文化史数千年的道家经典

中华传统文化核心读本书目

《菜根谭全集》
旷古稀世的中国人修身养性的奇珍宝训
集儒释道三家智慧安顿身心的处世哲学

《曾国藩家书精粹》
风靡华夏近两百年的教子圣典
影响数代国人身心的处世之道

《挺经全集》
曾国藩生前的一部"压案之作"
总结为人为官成功秘诀的处世哲学

《孝经全集》
倡导以"孝"立身治国的伦理名篇
世人奉为准则的中华孝文化经典

【 成功谋略 】

《孙子兵法全集》
中国现存最早的兵书,享有"兵学圣典"之誉
浓缩大战略、大智慧,是全球公认的成功宝典

《三十六计全集》
历代军事家政治家企业家潜心研读之作
中华智圣的谋略经典,风靡全球的制胜宝鉴

中华传统文化核心读本书目

《鬼谷子全集》
风靡华夏两千多年的谋略学巨著
成大事谋大略者必读的旷世奇书

《韩非子精粹》
法术势相结合的先秦法家集大成之作
蕴涵君主道德修养与政治策略的帝王宝典

《管子精粹》
融合先秦时期诸家思想的恢弘之作
解密政治家齐家治国平天下的大经大法

《贞观政要全集》
彰显大唐盛世政通人和的政论性史书
阐述治国安民知人善任的管理学经典

《尚书全集》
中国现存最早的政治文献汇编类史书
帝王将相视为经时济世的哲学经典

《周易全集》
八八六十四卦，上测天下测地中测人事
睥睨三千余年，被后世尊为"群经之首"

中华传统文化核心读本书目

《素书全集》
阐发修身处世治国统军之法的神秘谋略奇书
以道家为宗集儒法兵思想于一体的智慧圣典

《智囊精粹》
比通鉴有生活,比通鉴有血肉,堪称平民版通鉴
修身可借鉴,齐家可借鉴,古今智慧尽收此囊中

【文史精华】

《左传全集》
中国现存的第一部叙事详细的编年体史书
在"春秋三传"中影响最大,被誉为"文史双巨著"

《史记·本纪精粹》
中国第一部贯通古今、网罗百代的纪传体通史
享有"史家之绝唱,无韵之离骚"赞誉的史学典范

《庄子全集》
道家圣典,兼具思想性与启发性的哲学宝库
汪洋恣肆的传世奇书,中国寓言文学的鼻祖

《容斋随笔精粹》
宋代最具学术价值的三大笔记体著作之一
历史学家公认的研究宋代历史必读之书

中华传统文化核心读本书目

《世说新语精粹》
记言则玄远冷隽,记行则高简瑰奇
名士的教科书,志人小说的代表作

《古文观止精粹》
囊括古文精华,代表我国古代散文的最高水准
与《唐诗三百首》并称中国传统文学通俗读物之双璧

《诗经全集》
中国第一部具有浓郁现实主义风格的诗歌总集
被称为"纯文学之祖",开启中国数千年来文学之先河

《山海经全集》
内容怪诞包罗万象,位列上古三大奇书之首
山怪水怪物怪,实为先秦神话地理开山之作

《黄帝内经精粹》
中国现存最早、地位最高的中医理论巨著
讲求天人合一、辨证论治的"医之始祖"

《百喻经全集》
古印度原生民间故事之中国本土化版本
大乘法中少数平民化大众化的佛教经典